5G 原理及其网络优化

韩斌杰　王　锐　赵晓晖　编著

机械工业出版社

随着 5G 网络大规模建设，ToC 用户渗透率不断提高，5G 业务感知提升更加迫切，同时，网络版本演进越发向着多业务融合、资源切片承载、垂直行业应用的 ToB 方向发展，对一线无线优化人员的要求较以往更上一个台阶。

本书主要介绍 5G NR 组网架构、空中接口（简称空口）协议栈各层的作用、物理层关键技术等，并结合当前 5G 网络部署情况提出规划、优化方面的策略与思考，如设备选型、5G 分流、分场景波束调优等，同时对 5G 网络优化流程进行分析，探讨 5G 覆盖优化、效益提升、端到端分析等方面的关键点。本书可以帮助读者快速上手、边学边练，提升优化效果，本书既可作为一线工作的指导手册，也可作为高等院校的教材。

图书在版编目（CIP）数据

5G 原理及其网络优化 / 韩斌杰，王锐，赵晓晖编著 . —北京：机械工业出版社，2022.12
ISBN 978-7-111-72072-0

Ⅰ . ① 5… Ⅱ . ①韩… ②王… ③赵… Ⅲ . ①第五代移动通信系统 Ⅳ . ① TN929.538

中国版本图书馆 CIP 数据核字（2022）第 217336 号

机械工业出版社（北京市百万庄大街 22 号　邮政编码 100037）
策划编辑：林　桢　　　　　　责任编辑：林　桢
责任校对：张爱妮　王　延　　封面设计：鞠　杨
责任印制：张　博
保定市中画美凯印刷有限公司印刷
2023 年 4 月第 1 版第 1 次印刷
184mm×260mm · 17.5 印张 · 438 千字
标准书号：ISBN 978-7-111-72072-0
定价：119.00 元

电话服务　　　　　　　　　网络服务
客服电话：010-88361066　机 工 官 网：www.cmpbook.com
　　　　　010-88379833　机 工 官 博：weibo.com/cmp1952
　　　　　010-68326294　金 书 网：www.golden-book.com
封底无防伪标均为盗版　机工教育服务网：www.cmpedu.com

前　言

我国移动通信系统自 20 世纪 90 年代以来，经历了模拟、数字、数据和宽带的多次技术变革，为亿万人民生活带来福祉，持续推动了数字经济发展，深刻改变了社会发展的格局。

随着 5G 技术的广泛应用，广大通信行业从业者越来越希望能够有一本深入浅出、上手即可使用的指导书，能够快速掌握基本原理、了解优化方法、解决实际问题，因此本书应运而生。本书打破了 5G 高不可攀的理论门槛，通过与以往几代通信系统的设计理念对比，以点带面地阐述了 5G 的来龙去脉，如在哪些方面引入了必要的技术创新、面向生产工作落地如何细致地剖析攻关、垂直行业应用如何做好个性需求的优化等，本书就是将其娓娓道来，一一解析后分享给读者。

本书共分为 7 章，除第 1 章概述外，第 2 章针对 5G 网络优化涉及的无线网、核心网知识进行了介绍，主要解读 3GPP R15 版本中定义的基础内容，核心仍是面向 eMBB 应用场景。第 3 章针对 5G 网络的规划建设进行详尽的归纳阐述，总结了设备选型、验收等基本思路。第 4 章详细地阐述了 5G 网络关键信令，以及由信令可以挖掘发现的网络问题，并提出了相应的最优解决方案。第 5 章总结了日常无线网络优化工作过程中常见的关键问题，并层层深入地提出了相关的解决方案。第 6 章面向垂直行业的实际应用列举了较为成功的案例，并总结了无线侧支撑垂直行业的关键节点。第 7 章初步探讨了 R16 和 R17 版本的部分前瞻相关探究，介绍了未来通信技术的发展方向和趋势。

与市面现有 5G 书籍偏重原理介绍不同，本书采用了"基础理论＋实操问题＋解决案例"的写作手法，面向运营商当前的效益、感知等问题及解决方案，重点对现网实际优化工作的落地开展了详尽阐述，以便读者在实际生产工作中进行参考。本书作者曾撰写了《GSM 原理及其网络优化》《GPRS 原理及其网络优化》等畅销书，被业界称为"优化绿宝书"，得到了行业从业者的广泛认可。

本书作者长期在第一线进行 4G、5G 网络规划、维护、优化的工作，积累了大量的实操经验，本书无论对高校在校生、无线优化初学者还是网络优化专家均能起到实践指导、辅助提升、借鉴总结的作用。本书基于作者的有限学识和主观角度对协议及 5G 网络轻载阶段工作进行讨论，难免存在疏漏不足之处，未来随着 5G 用户发展、网络负荷提升，相应优化经验有待进一步提炼总结，敬请读者谅解并提出宝贵建议！

目　录

第1章 5G系统概述

5G是第五代移动通信技术（5th Generation Mobile Communication Technology）的简称，是具有高速率、低时延和大连接等特点的新一代宽带移动通信技术，是实现人、机、物互联网络的基础设施。

国际电信联盟（International Telecommunication Union，ITU）定义了5G的三大类应用场景，即增强型移动宽带（Enhanced Mobile Broadband，eMBB）、大规模机器通信（Massive Machine Type Communications，mMTC）和超可靠低时延通信（Ultra-Reliable and Low Latency Communications，URLLC）。

eMBB主要承载爆炸式增长的移动互联网流量，为用户提供更加极致的高速率应用体验；mMTC主要面向智慧城市、环境监测、智能穿戴等以传感和数据采集为目标的应用需求；URLLC主要面向远程遥控、人机协同、车联网（V2X）等对时延和可靠性具有极高要求的垂直行业应用需求。

ITU定义了5G八大关键性能指标，其中高速率、低时延、大连接是5G最突出的特征，峰值速率高达10Gbit/s，时延低至1ms，用户连接能力达到100万个设备/km²，见图1-1。第一个

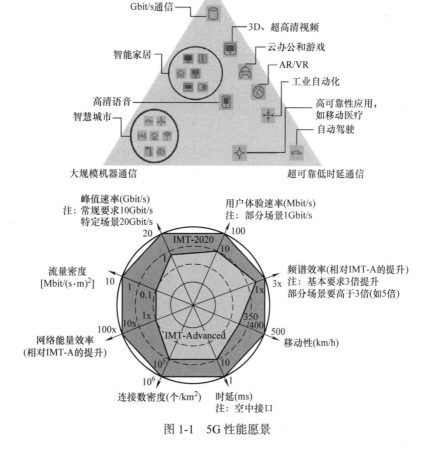

图1-1 5G性能愿景

5G 标准 Release-15（R15）于 2018 年 6 月冻结，支持 5G 非独立组网（Non-StandAlone，NSA）与独立组网（StandAlone，SA），重点满足 eMBB 业务，是 5G 商用的基础版本。R16 标准于 2020 年 6 月冻结，重点支持低时延高可靠业务，可实现对 5G 车联网、工业互联网、非授权频谱等的支持。R17 标准 RedCap 面向海量大连接应用，可以进一步提升无线网络支持蜂窝物联网（Cellular Internet of Things，CIoT）的能力。

3GPP 主要定义了两种 5G 应用频率范围：6GHz 以下（Sub 6G）和 6GHz 以上（毫米波）。全球频率分布如下：低频，我国主要为 Sub 6G，欧洲及日韩主要为 3.5G，美国规划将 2.5G 腾退再使用。高频，美国、日韩已有明确应用频段。

5G 网络部署方面，根据 5G 控制面锚点不同分为两大类：NSA 和 SA。5G 建设早期碍于核心网成熟度及建设进度，因此主要部署 NSA 制式（国内采用 Option3x），在 5G 核心网成熟后转为 SA 制式（Option2）或 SA&NSA 双模。

第2章　5G 关键技术

2.1　5G 演进介绍

4G 时代，网络构架主要包含无线侧（即 LTE）和网络侧（即 SAE），4G 构架在 3GPP 里叫 EPS（Evolved Packet System，演进分组系统），EPS 指完整的端到端 4G 系统，包括 UE（用户设备）、E-UTRAN（Evolved UMTS Terrestrial Radio Access Network，演进的通用陆地无线接入网络）和 EPC（Evolved Packet Core，演进的分组核心网），EPS 是专为移动宽带（MBB）而设计的。

5G 时代，3GPP 组织将接入网（5G AN）和核心网（5G Core）拆分开了，要各自独立演进，这是因为 5G 不仅是为移动宽带而设计的，它更要面向 eMBB（增强型移动宽带）、URLLC（超可靠低时延通信）和 mMTC（大规模机器通信）三大场景。

5G 接入网、5G 核心网、4G 核心网和 LTE 混合搭配，其中选项 3/3a/3x、7/7a/7x、4/4a 为 NSA（非独立组网）构架，选项 2、5 为 SA（独立组网）构架。

就全球主流运营商而言，运营商的 5G 部署路径主要有以下三种方式（见图 2-1）。

图 2-1　5G 部署路径

独立组网就是直接部署一张完整的 5G 网络，简化了非独立组网向 5G 核心网迁移的过程，复杂性较低，国内三大运营商移动、电信、联通均完成了独立组网。

1. NSA——选项 3（Option3）系列：3x

在选项 3 系列中，UE 同时连接到 5G NR 和 4G E-UTRA，控制面锚定于 4G 侧，沿用 4G 核心网（EPC），即"LTE Assisted，EPC Connected"。

对于控制面（Control Plane，CP），其完全依赖现有的 4G 系统 S1-MME 接口协议和 RRC 协议，但对于用户面（User Plane，UP）则存在一定变数，这就是选项 3 系列有 3、3a 和 3x 三个子选项的根本原因。

全球很多领先的运营商都宣布支持选项 3 系列，以实现最初的 5G NR 部署，主要原因如下：

1）选项 3 系列利用 4G 网络，利于快速部署、抢占市场，且成本较低。

2）目前 5G 三大场景中，eMBB 是最易实现的，选项 3 系列可谓是 LTE MBB 场景的升级版。

选项 3x 面向未来，基本无须对原有的 LTE 基站升级投资，国内三大运营商在 5G 部署初期，均采用 NSA 选项 3x 部署，见图 2-2。

在选项 3x 下，控制面依然锚定 4G，但在用户面，5G 基站连接 4G 核心网，用户数据流量的分流和聚合也在 5G 基站处完成，要么直接传送到终端，要么通过 X2 接口将部分数据转发到 4G 基站再传送到终端。它既解决了选项 3 架构下 4G 基站的性能瓶颈问题，同时无需对原有的 4G 基站进行硬件升级，也解决了选项 3a 架构下 4G 和 5G 基站 EPC 分流效果不佳的问题，对于一些特殊业务，比如 VoLTE，还可以单独承载在 4G 基站和 4G 核心网上。

2. SA——选项 2（Option2）

在非独立组网下，5G 与 4G 在接入网级互通，互联愈加复杂。而在选项 2 独立组网下，5G 网络独立于 4G 网络，5G 与 4G 仅在核心网级互通，互联简单，见图 2-3。

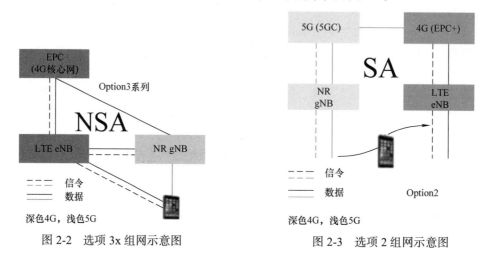

图 2-2   选项 3x 组网示意图   图 2-3   选项 2 组网示意图

一方面，它直接迈向 5G，减少了 4G 与 5G 之间的接口，降低了组网的复杂性。另一方面，与选项 3 系列依托于现有的 4G 系统不同，选项 2 可以直接支持 5G 新特性，比如网络切片、5G 终端可以在 NR 上行双发等。

2.2 5G 无线网基础

通过对比，5G 网络峰值速率、用户体验速率、流量密度、频谱效率、连接密度、时延、移动性、网络能量效率等各方面技术的关键性能指标均优于 4G 网络，下面我们来具体阐述，见图 2-4。

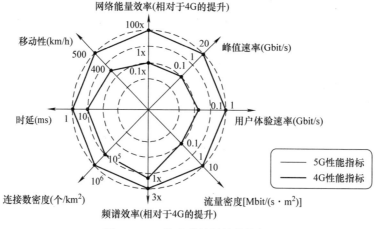

图 2-4   5G 技术的关键性能指标

1. 4G、5G 空口性能需求对比（见表 2-1）

表 2-1 4G、5G 空口性能需求对比

对比内容	要素（业务/上下行等）	4G 性能指标	5G 性能指标
规范号		TR36.913	TR38.913
峰值速率	下行	1Gbit/s	20Gbit/s
	上行	500Mbit/s	10Gbit/s
从 IDLE 到 Connected 的最大时延		50ms	10ms
从 Dormant 到 Connected 的最大时延		10ms	—
用户面时延（DL/UL）	URLLC	/	0.5ms/0.5ms
	eMBB	/	4ms/4ms
峰值频谱效率	下行	30bit/（s·Hz）	30bit/（s·Hz）
	上行	15bit/（s·Hz）	15bit/（s·Hz）
可靠性	URLLC	/	10^5
覆盖		164dB（NB-IoT）	164dB
终端电池时间	mMTC		10～15 年
连接密度			1000000 个设备/km²
移动性（所支持的最大速度）		350～500km/h	500km/h

2. 4G、5G 空口波形和 SCS 相关参量对比（见表 2-2）

表 2-2 4G、5G 空口波形和 SCS 相关参量对比

对比内容	要素	4G LTE	5G NR
波形	下行	CP-OFDM	CP-OFDM
	上行	DFT-S-OFDM	CP-OFDM 或 DFT-S-OFDM
子载波间隔（SCS）		15kHz	灵活可扩展：$2^\mu \times$15kHz（其中，$\mu = 0$, 1, …, 4），如 15kHz、30kHz、60kHz、120kHz、240kHz
CP		正常/扩展	所有子载波间隔（SCS）都是正常 CP，只有 60kHz 采用扩展 CP
FFT 长度（采样点数）		2048	4096
FFT 采样信号带宽		30.72MHz	1966.08MHz
时域采样周期		32.552ns	0.509ns
		采用 15kHz 子载波间隔和 $N_{FFT} = 2048$ 计算得到 32.552ns	采用 480kHz 子载波间隔和 $N_{FFT} = 4096$ 计算得到 0.509ns

3. 4G、5G 空口无线帧结构对比（见表 2-3）

表 2-3 4G、5G 空口无线帧结构对比

对比内容	4G LTE	5G NR
无线帧	10ms	10ms
无线帧中的子帧数	10	10
每子帧中的时隙数	20	与 μ 相关，如 10、20、40、80、160
每个时隙中的符号数	正常 CP 下 7 个符号 扩展 CP 下 6 个符号	正常 CP 下 14 个符号 扩展 CP 下 12 个符号 Mini-slot 下 2/4/7 个符号

4. 4G、5G 空口带宽、频段对比（见表 2-4）

表 2-4　4G、5G 空口带宽、频段对比

对比内容	4G LTE	5G NR
信道带宽	1.4MHz、3MHz、5MHz、10MHz、15MHz、20MHz（使用载波聚合可以获得更大的带宽）	< 6GHz 时最大为 100MHz > 6GHz 时最大为 400MHz
频段	< 6GHz	FR1：410MHz ~ 7125MHz FR2：24250MHz ~ 52600MHz
最大子载波数	1200	3276
最大 PRB 数	100	与 μ 有关，30kHz 下最大为 273 个 PRB
调度最小单位	基于 TTI（子帧）进行调度	基于时隙（Slot-based）或符号进行调度

2.2.1　频谱介绍

5G 频谱基本分配原则叫作 Band-Agnostic，即 5G NR 不依赖、不受限于频谱资源，在低、中、高频段均可部署。目前 3GPP 协议中，定义了两大 FR（频率范围）：FR1 和 FR2（见表 2-5）。

其中 FR1 频段为 410MHz ~ 7125MHz，频段号采用 1 ~ 255，通常指的是 Sub 6G。而 FR2 频段为 24250MHz ~ 52600MHz，频段号采用 257 ~ 511，通常指的是毫米波（尽管严格地讲毫米波频段大于 30GHz）。

表 2-5　频率范围

频率范围名称	对应的频率范围
FR1	410MHz ~ 7125MHz
FR2	24250MHz ~ 52600MHz

与 LTE 不同的是，5G NR 频段号标识以 "n" 开头，比如 LTE 的 B20（Band 20），5G NR 称为 n20。

目前 3GPP 已指定的 5G NR 频段具体如下，见表 2-6 和表 2-7。

表 2-6　FR1 的工作频带

NR 频段	上行链路（UL）频段 BS 接收 /UE 发送	下行链路（DL）频段 BS 发送 /UE 接收	双工模式
n1	1920MHz ~ 1980MHz	2110MHz ~ 2170MHz	FDD
n28	703MHz ~ 748MHz	758MHz ~ 803MHz	FDD
n41	2496MHz ~ 2690MHz	2496MHz ~ 2690MHz	TDD
n77	3300MHz ~ 4200MHz	3300MHz ~ 4200MHz	TDD
n78	3300MHz ~ 3800MHz	3300MHz ~ 3800MHz	TDD
n79	4400MHz ~ 5000MHz	4400MHz ~ 5000MHz	TDD

表 2-7　FR2 的工作频带

NR 频段	上行链路（UL）和下行链路（DL）频段	双工模式
n257	26500MHz ~ 29500MHz	TDD
n258	24250MHz ~ 27500MHz	TDD
n260	37000MHz ~ 40000MHz	TDD
n261	27500MHz ~ 28350MHz	TDD

FR1 最大支持带宽为 100MHz，FR2 最大支持带宽为 400MHz，而每个频谱带宽对应的子

传输带宽配置又是不同的，后面会详细描述。

2.2.2　物理层概述：时频资源及信道与信号

5G 空口资源包括时域、频域和空域三个维度，这里主要介绍 5G 的时域以及频域资源。

5G 时域资源包括无线帧、子帧、时隙（slot）、符号（symbol）等概念。5G 频域资源包括 RE、RB、RG、BWP 等概念，同时 5G 新引入了 Numerology 概念，基于不同取值来确定相应的时域、频域的基本参数。

2.2.2.1　Numerology

Numerology 指子载波间隔、符号长度、CP 长度等一系列参数的合集。由于 5G NR 要应对三大不同场景，因而协议在设计之初便考量了物理层的后续可扩展性及灵活性。

1. CP 长度

CP 长度是 CP 开销和符号间干扰（ISI）之间的权衡——CP 越长，ISI 越小，但开销越大，它将由部署场景（室内还是室外）、工作频段、服务类型和是否采用波束赋形技术等来确定。

2. 每 TTI 的符号数量

时延与频谱效率之间的权衡——符号数量越少，时延越低，但开销越大，进而影响频谱效率，建议每个 TTI（Transport Time Interval，传输时间间隔）的符号数为 2^N 个，以确保从 2^N 到 1 个符号的灵活性和可扩展性，尤其是应对 URLLC 场景。不同的 Numerology 满足不同的部署场景和实现不同的性能需求，子载波间隔越小，小区范围越大，则适用于广覆盖场景；子载波间隔越大，符号时间长度越短，则适用于低时延场景部署。

2.2.2.2　时域资源

1. 帧结构

从时域上看，5G 标准的传输由 10ms 无线帧组成，每个帧被划分为 10 个等时间长度的子帧，每个子帧 1ms。与 4G 相同，5G 无线帧和子帧的长度固定，从而允许更好地保持 4/5G 间共存。不同的是，5G 定义了可变的子载波间隔，时隙和符号长度可根据子载波间隔灵活定义。

5G 定义的每个时隙固定包含 14 个符号（扩展 CP 对应 12 个 OFDM 符号）。子载波间隔（SCS）越大，符号长度和时隙长度就越小，由于子帧长度是固定的，所以每帧时隙数就会增多，见表 2-8。

表 2-8　Numerology

子载波配置	子载波间隔 /kHz	循环前缀（Cyclic Prefix）	每时隙符号数	每帧时隙数	每子帧时隙数
0	15	Normal	14	10	1
1	30	Normal	14	20	2
2	60	Normal	14	40	4
3	120	Normal	14	80	8
4	240	Normal	14	160	16
2	60	Extend	12	40	4

2. 循环前缀

协议引入了灵活的 Numerology，定义了不同的子载波间隔的循环前缀（Cyclic Prefix，CP）

长度。CP 包括正常（Normal）CP 和扩展（Extend）CP 两种类型，对于正常 CP，每个时隙包含 14 个 OFDM 符号；对于扩展 CP，每个时隙包含 12 个 OFDM 符号，扩展 CP 只有子载波间隔为 60kHz（$\mu = 2$）的时候可以支持，其余子载波间隔不支持。

3. 时隙长度

5G 协议中定义的无线帧和子帧的长度是固定的，一个无线帧 10ms，每个子帧 1ms。常规 CP 下行调度中 1 slot = 14 symbol，时隙（slot）长度和符号（symbol）长度是可变的，所以每个子帧内的时隙数和符号数是不一样的。

因此灵活的 Numerology 可以应用于多种场景：

1）时延场景：不同时延需求的业务可以采用不同的子载波间隔。子载波间隔越大，对应的时隙时间长度越短，可以缩短系统的时延。

2）移动场景：不同的移动速度产生的多普勒频偏不同，更高的移动速度会产生更大的多普勒频偏。通过增大子载波间隔，可以提升系统应对频偏的鲁棒性。

3）覆盖场景：子载波间隔越小，对应的 CP 长度就越大，支持的小区覆盖半径也就越大。

4）高频段场景：大的子载波间隔会对高频相位噪声起到抑制作用。

2.2.2.3　频域资源

1. 子载波间隔（SCS）

SCS 在 4G 网络中固定为 15kHz，但在 5G 中新引入了 30kHz、60kHz、120kHz、240kHz 等多种 SCS。FR1 频段支持 15kHz、30kHz 及 60kHz 三种子载波间隔，FR2 频段支持 60kHz 和 120kHz 两种子载波间隔。

2. 资源块（Resource Block，RB）

RB 是资源分配的最小单位，一个 RB 定义为一个符号上的 12 个子载波带宽大小。但和 4G 中一个 RB 的带宽固定为 180kHz（15kHz×12）不同，5G NR 中对于不同的子载波间隔，RB 带宽资源的大小是不一样的，如图 2-5 所示。

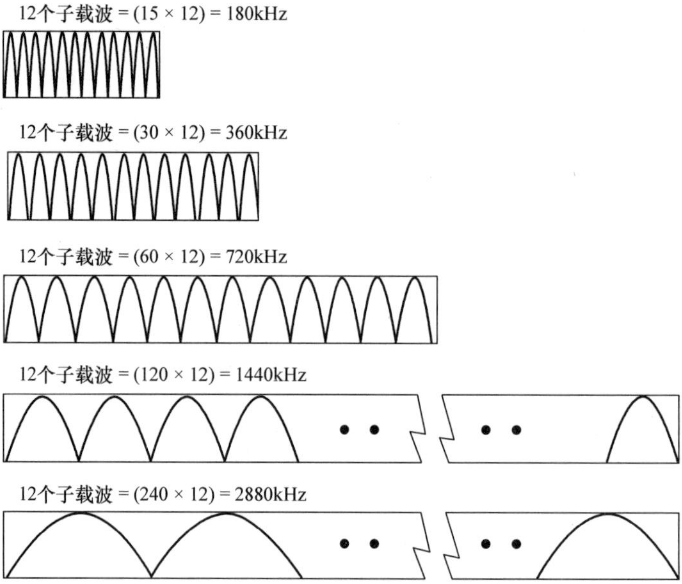

12个子载波 = (15 × 12) = 180kHz

12个子载波 = (30 × 12) = 360kHz

12个子载波 = (60 × 12) = 720kHz

12个子载波 = (120 × 12) = 1440kHz

12个子载波 = (240 × 12) = 2880kHz

图 2-5　不同子载波间隔配置

例如在 100MHz 带宽、30kHz 子载波间隔下，在一个载波中最大支持 275 个 RB，即 $275 \times 12 = 3300$ 个子载波。具体计算如下：

$$最大RB数 = \frac{100MHz}{30kHz \times 12} = 275（最大支持数）$$

考量最小的保护间隔后，最大可用 RB 数 = 273。

3. 资源栅格（Resource Grid，RG）

一个 RG 在频域上包含（RB 数 × 每 RB 的子载波数）个子载波，在时域上包含的符号数不一致，从 $l = 0$ 开始，l 最大取值为 $14 \times 2^{\mu} - 1$，RG 如图 2-6 所示。

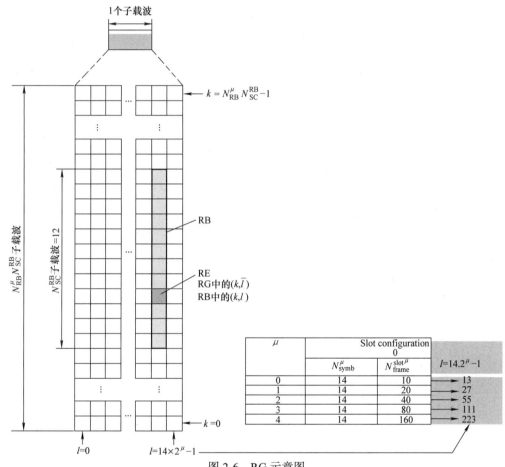

图 2-6　RG 示意图

4. 资源单位（Resource Elements，RE）

RG 中的每个单元称为资源单位（RE），其是传输的最小时频资源单位。和 4G 一样，RE 在时域上占据 1 个 OFDM 符号，在频域上占据 1 个子载波。

5. 资源块组（Resource Block Group，RBG）

RBG 是数据信道资源分配的基本调度单位，用于资源分配和降低控制信道开销，根据 BWP 的大小可以分为 2、4、8、16 个 RB。

6. 资源单位组（Resource Element Group，REG）

REG 是控制信道资源分配的基本组成单位，在时域上是 1 个 OFDM 符号，在频域上是 12

个子载波。1 REG = 1 PRB（PRB 是指 BWP 内的物理资源块，在频域上是 12 个子载波）。

7. 控制信道元素（Control Channel Element，CCE）

CCE（见图 2-7）是控制信道资源分配的基本调度单位，在频域上，1CCE = 6REG = 6PRB。5G CCE 聚合等级为 {1，2，4，8，16}，其中 16 相对于 4G 为新增聚合等级。

8. 部分带宽（BandWidth Part，BWP）

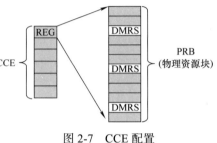

图 2-7　CCE 配置

BWP 是 TS38.211 协议中引入的一个新的概念，即一系列连续的 RB 集合。单个 UE 最多可配置 4 个 BWP，但在同一时刻，只能有一个 BWP 被激活，进行上下行调度。简单来说，UE 工作的带宽可以比 gNB 空口使用的带宽小，可有效降低终端功耗和成本。

2.2.2.4　支持带宽

传输带宽配置见表 2-9 和表 2-10。

表 2-9　FR1 的传输带宽配置（N_{RB}）

SCS/kHz	5MHz	10MHz	15MHz	20MHz	25MHz	30MHz	40MHz	50MHz	60MHz	70MHz	80MHz	90MHz	100MHz
	N_{RB}①	N_{RB}	N_{RB}	N_{RB}	N_{RB}	N_{RB}	N_{RB}	N_{RB}	N_{RB}	N_{RB}	N_{RB}	N_{RB}	N_{RB}
15	25	52	79	106	133	160	216	270	NA	NA	NA	NA	NA
30	11	24	38	51	65	78	106	133	162	189	217	245	273
60	NA	11	18	24	31	38	51	65	79	93	107	121	135

① N_{RB}：支持的最大 RB 数量。

表 2-10　FR2 的传输带宽配置（N_{RB}）

SCS/kHz	50MHz	100MHz	200MHz	400MHz
	N_{RB}	N_{RB}	N_{RB}	N_{RB}
60	66	132	264	NA
120	32	66	132	264

在我国运营商中，中国移动为 n41 频段，中国电信和中国联通为 n78 频段，支持的频段带宽和子载波间隔见表 2-11。

表 2-11　国内运营商频段

NR 频段	SCS/kHz	\multicolumn{13}{c}{NR 频段 /SCS/BS 信道带宽}
		5MHz	10MHz	15MHz	20MHz	25MHz	30MHz	40MHz	50MHz	60MHz	70MHz	80MHz	90MHz	100MHz
n41	15		支持	支持	支持			支持	支持					
	30		支持	支持	支持			支持	支持	支持	支持	支持	支持	支持
	60		支持	支持	支持			支持	支持	支持	支持	支持	支持	支持
n78	15		支持	支持	支持		支持	支持	支持					
	30		支持	支持	支持		支持	支持	支持	支持	支持	支持	支持	支持
	60		支持	支持	支持		支持	支持	支持	支持	支持	支持	支持	支持

下面看一个示例——30kHz 子载波使用效率。

首先看 30kHz 与 15kHz 对应的 RB 数量，以 50MHz 带宽为例，参考 TS38.101 协议，SCS 15kHz 最大 RB 数量为 270 个（50MHz 带宽），而 SCS 30kHz 最大 RB 数量只有 133 个，见表 2-12

表 2-12　各 SCS 对应的最大 RB 数量

SCS/	5MHz	10MHz	15MHz	20MHz	25MHz	30MHz	40MHz	50MHz	60MHz	70MHz	80MHz	90MHz	100MHz
kHz	N_{RB}	N_{RB}	N_{RB}	N_{RB}	N_{RB}	N_{RB}	N_{RB}	N_{RB}	N_{RB}	N_{RB}	N_{RB}	N_{RB}	N_{RB}
15	25	52	79	106	133	160	216	270	NA	NA	NA	NA	NA
30	11	24	38	51	65	78	106	133	162	189	217	245	273
60	NA	11	18	24	31	38	51	65	79	93	107	121	135

所以从 RB 数量对比上来看，SCS 15kHz 效率更高，15kHz 最大带宽只有 50MHz，最多调度 270 个 RB，相对于使用 SCS 30kHz 的场景额外多 1.44% 的带宽资源，也就是说用 SCS 15kHz 的小区频谱效率优于 SCS 30kHz，这样将意味着相同带宽下，SCS 15kHz 确实会比 SCS 30kHz 传递更多数据，但 SCS 15kHz 不支持 100MHz 带宽。因此为使用大带宽提升下载速率，国内运营商 5G 小区均按照 100MHz 带宽进行配置，使用 SCS 30kHz 的频谱效率可以高达 98.28%，见表 2-13。

表 2-13　不同带宽的频谱效率

SCS/kHz	系统带宽			
	15MHz	20MHz	50MHz	100MHz
15	94.8%	95.4%	97.2%	NA
30	91.2%	91.8%	95.76%	98.28%
60	86.4%	86.4%	93.6%	97.2%

以上分析主要基于频域维度，再来结合时域维度看不同 SCS 的 RB 对应的承载 bit 数据的差别，如图 2-8 所示，将 SCS 15kHz 作为基准，一个时隙（slot）为 1ms，1slot 中携带 14 个 OFDM 符号（symbol），每个 symbol 能够承载的 bit 数据基于数字调制的最大阶数，如 R16 版本下行最大支持 1024QAM 调制，则每个 symbol 携带 10bit 数据量。

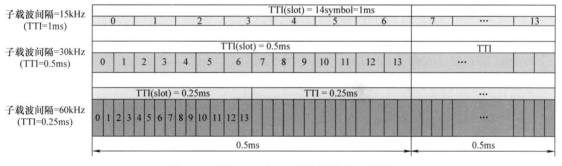

图 2-8　不同 SCS 的 RB 对应的承载 bit 数据

分析上面的频域和时域，SCS 30kHz 的子载波在频域上增加一倍带宽，那么时域上调度的 TTI 就要减半，因为 $t = 1/f$，但从时、频域资源平面分布图上来看，一个 SCS 15kHz 的 symbol 与一个 SCS 30kHz 的 symbol 占用的时频资源是一样的，也就是说在相同的 60kHz 带宽、0.5ms 的周期中，用 SCS 15kHz 一共包含 $4 \times 7 = 28$ 个 symbol，用 SCS 30kHz 一共包含 $2 \times 14 = 28$ 个 symbol，用 SCS 60kHz 一共包含 $1 \times 28 = 28$ 个 symbol，symbol 数量是相同的，那么在使用相同的调制阶数前提下，承载的数据量（bit）也是一样的，参考以下对比图来理解，见图 2-9。

所以综合以上两个方面分析，影响承载数据量（bit）的主要还是看三种 SCS 对应不同载波带宽场景的频谱使用效率来决定，显然使用 30kHz 的 SCS 频谱效率更高。

另外有提出如果在 50MHz 带宽下，SCS 15kHz 的频谱效率比 SCS 30kHz 的效率还高，那是不是可以用两个 50MHz 的小区聚合成一个 100MHz 的小区，不过这样使用的话频谱效率依然只有 97.2%，另外手机终端还要支持 50MHz 小区的 CA（Carrier Aggregation，载波聚合）特性，同时还会有消耗小区更多的控制面资源等问题，因此不如直接使用 100MHz 带宽小区配置方便简单。

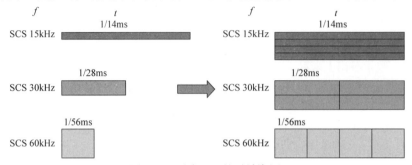

图 2-9　不同 SCS 的时域资源

2.2.2.5　NR 下行物理信道

下行物理信道对应于一组资源单位（RE）的集合，用于承载源自高层的信息。规范定义了物理广播信道（Physical Broadcast Channel，PBCH）、物理下行控制信道（Physical Downlink Control Channel，PDCCH）、物理下行共享信道（Physical Downlink Shared Channel，PDSCH）。下面我们来逐一详细介绍其功能及作用。

1. SS/PBCH 块

5G NR 的一个 SS/PBCH 块，简称 SSB（Synchronization Signal and PBCH Block，同步信号和 PBCH 块）包含 PSS$^{\ominus}$/SSS$^{\ominus}$/PBCH/PBCH DMRS，用于下行同步信号和广播信号的发送。SSB 在时域上占 4 个符号，在频域上占据连续的 20 个 RB，时域、频域均可配置。

PSS/SSS 映射到 12 个 PRB 中间的连续 127 个子载波，两侧分别为 8/9 个子载波作为保护带宽，以零功率发送，共占用 144 个子载波，PBCH RE = 432。从时域看，PSS 位于 OFDM 符号 0，SSS 位于 OFDM 符号 2，PBCH 位于符号 1、3，PBCH DMRS 位于符号 1、2、3。从频域看，PSS 和 SSS 位于 56～182 的子载波范围内，PBCH 在符号 1 和 3 上，占据 0～239 共 240 个子载波，在符号 2 上，占据开始的 0～47 和末尾的 192～239 子载波。PBCH DRMS 位于符号 1、2、3，在 PBCH 所属的范围内以 4 为间隔在频域上插入，UE 可以假设相同索引的 SSB 传输具有相同的中心频率位置，见图 2-10。

Channel or signal	OFDM symbol number l relative to the start of an SS/PBCH block	Subcarrier number k relative to the start of an SS/PBCH block
PSS	0	56, 57, …, 182
SSS	2	56, 57, …, 182
Set to 0	0	0, 1, …, 55, 183, 184, …, 239
	2	48, 49, …, 55, 183, 184, …, 191
PBCH	1, 3	0, 1, …, 239
	2	0, 1, …, 47, 192, 193, …, 239
DMRS for PBCH	1, 3	0+v, 4+v, 8+v, …, 236+v
	2	0+v, 4+v, 8+v, …, 44+v 192+v, 196+v, …, 236+v

图 2-10　SSB 时、频域图

UE 搜索到 PSS 和 SSS 后，可以获得小区 PCI（$N_{\mathrm{ID}}^{\mathrm{cell}}$），共 1008 个。PSS 使用 3 条长度为 127 的 m 序列（$N_{\mathrm{ID}}^{(2)}$），SSS 使用 336 条长度为 127 的 gold 序列（$N_{\mathrm{ID}}^{(1)}$）。

$$N_{\mathrm{ID}}^{\mathrm{cell}} = 3\,N_{\mathrm{ID}}^{(1)} + N_{\mathrm{ID}}^{(2)}$$

$$N_{\mathrm{ID}}^{(1)} \in \{0,\ 1,\ \cdots,\ 335\},\ N_{\mathrm{ID}}^{(2)} \in \{0,\ 1,\ 2\}$$

在 LTE 中，PSS 和 SSS 总是位于载波的中心位置，而 NR 中的 SSB 不是始终位于载波的中心位置，而是位于每个频段内一组有限的可能位置，称为"同步栅格"。终端只需要在稀疏的同步栅格上搜索 SSB，而不是在每个载波栅格的位置上搜索。

NR 系统支持 6 种同步信号周期，即 5ms、10ms、20ms、40ms、80ms、160ms。在小区搜索过程中，终端默认同步信号的周期为 20ms。NR 系统不支持 LTE 系统的公共参考信号（CRS），SSS 的另一个作用是用于无线资源管理相关测量、无线链路检测、波束测量等相关测量。

NR 终端要解调 PBCH，需要获取 PBCH DMRS 位置。PBCH DMRS 在时域上和 PBCH 是相同符号位置，在频域上间隔 4 个子载波，初始偏移由 PCI 确定，PBCH DMRS 的位置由 PCI 通过模 4（mod4）得到的 v 来确定。PBCH 及 DMRS 在多符号上的映射是先频域后时域。UE 使用 8 种 DMRS 初始化序列去盲检 PBCH。

$$v = N_{\mathrm{ID}}^{\mathrm{cell}} \bmod 4$$

（1）SSB 分布样式

5G SSB 支持不同频段的子载波间隔，如 FR1 支持 15kHz/30kHz，FR2 支持 120kHz/240kHz，SSB 的子载波间隔没有 60kHz。对于 SSB，协议规定了不同频段对应的子载波间隔，以及不同子载波间隔下的 SSB 发送样式。例如对于 n41 频段，可以支持 15kHz 和 30kHz 两种 SSB 子载波间隔，UE 需要盲检确定。为了避免终端需要同时搜索不同的参数集，绝大多数情况下对于给定的频段只定义一套 SSB 参数集，见图 2-11。

（2）SSB 时域位置

不同样式、不同子载波间隔，SSB 对应的时域位置见表 2-14。

以 Case A 为例，在 5ms 周期内，SSB 的第一个符号（共连续 4 个符号）索引为：频率小于等于 3GHz 时，为 {2，8，16，22}，最大发送次数 $L=4$；频率在 3GHz ~ 7.125GHz 之间时，为 {2，8，16，22，30，36，44，50}，最大发送次数 $L=8$。

波束扫描中的 SSB 集合称为同步信号突发集（SS Burst Set），按照协议规定每个同步信号突发集必须在 5ms 内发完，要么在每 10ms 帧的前半帧，要么在后半帧。对于不同的频段，同步信号突发集里 SSB 的最大数目不同。TDD 系统，1.88GHz 以下，最多可配置 4 个 SSB；1.88GHz ~ 7.125GHz，最多可配置 8 个 SSB；FR2 频段内，最多可配置 64 个 SSB。Case B 与 Case C 都是 30kHz，Case B 更有利于与 15kHz 子载波的数据信道或控制信道共存；Case C 更有利于与 60kHz 子载波的数据信道或控制信道共存。

（3）系统帧及 SSB 索引获取

PBCH 发送的 MIB 消息如下：并不包括 SSB 索引，SSB 索引在 PBCH 物理层处理时，加入额外 8bit 编码信息的 PayLoad 合并 PBCH DMRS 序列而得到。

NR频段	SSB子载波间隔	SSB样式	GSCN范围 (首个—<步长>—末尾)
n1	15kHz	Case A	5279—<1>—5419
n2	15kHz	Case A	4829—<1>—4969
n3	15kHz	Case A	4517—<1>—4693
n5	15kHz	Case A	2177—<1>—2230
	30kHz	Case B	2183—<1>—2224
n7	15kHz	Case A	6554—<1>—6718
n8	15kHz	Case A	2318—<1>—2395
n12	15kHz	Case A	1828—<1>—1858
n13	15kHz	Case A	1871—<1>—1885
n14	15kHz	Case A	1901—<1>—1915
n18	15kHz	Case A	2156—<1>—2182
n20	15kHz	Case A	1982—<1>—2047
n24	15kHz	Case A	3818—<1>—3892
	30kHz	Case B	3824—<1>—3886
n25	15kHz	Case A	4829—<1>—4981
n26	15kHz	Case A	2153—<1>—2230
n28	15kHz	Case A	1901—<1>—2002
n29	15kHz	Case A	1798—<1>—1813
n30	15kHz	Case A	5879—<1>—5893
n34	15kHz	Case A	NOTE5
	30kHz	Case C	5036—<1>—5050
n38	15kHz	Case A	NOTE2
	30kHz	Case C	6437—<1>—6538
n39	15kHz	Case A	NOTE6
	30kHz	Case C	4712—<1>—4789
n40	30kHz	Case C	5762—<1>—5989
n41	15kHz	Case A	6246—<3>—6717
	30kHz	Case C	6252—<3>—6714
n46	30kHz	Case C	8993—<1>—9530
n48	30kHz	Case C	7884—<1>—7982
n50	30kHz	Case C	3590—<1>—3781
n51	15kHz	Case A	3572—<1>—3574
n53	15kHz	Case A	6215—<1>—6232
n65	15kHz	Case A	5279—<1>—5494
n66	15kHz	Case A	5279—<1>—5494
	30kHz	Case B	5285—<1>—5488
n70	15kHz	Case A	4993—<1>—5044
n71	15kHz	Case A	1547—<1>—1624
n74	15kHz	Case A	3692—<1>—3790
n75	15kHz	Case A	3584—<1>—3787
n76	15kHz	Case A	3572—<1>—3574
n77	30kHz	Case C	7711—<1>—8329
n78	30kHz	Case C	7711—<1>—8051
n79	30kHz	Case C	8480—<16>—8880
n90	15kHz	Case A	6246—<1>—6717
	30kHz	Case C	6252—<1>—6714
n91	15kHz	Case A	3572—<1>—3574
n92	15kHz	Case A	3584—<1>—3787
n93	15kHz	Case A	3572—<1>—3574
n94	15kHz	Case A	3584—<1>—3787
n96	30kHz	Case C	9531—<1>—10363

图 2-11　FR1 协议子载波间隔及对应 SSB 样式

表 2-14　不同样式、子载波间隔，SSB 对应的时域位置

场景	子载波间隔	配置位置
Case A	15kHz	$\{2, 8\} + 14 \times n$ $n = 0, 1$　　　　　$f \leq 3\text{GHz}$ $n = 0, 1, 2, 3$　　3GHz $< f \leq 7.125\text{GHz}$
Case B	30kHz	$\{4, 8, 16, 20\} + 28 \times n$ $n = 0$　　　　　　$f \leq 3\text{GHz}$ $n = 0, 1$　　　　　3GHz $< f \leq 7.125\text{GHz}$
Case C	30kHz	$\{2, 8\} + 14 \times n$ $n = 0, 1$　　　　　FDD : $f \leq 3\text{GHz}$; TDD : $f \leq 1.88\text{GHz}$ $n = 0, 1, 2, 3$　　FDD : 3GHz $< f \leq 7.125\text{GHz}$; TDD : 1.88GHz $< f \leq 7.125\text{GHz}$
Case D	120kHz	$\{4, 8, 16, 20\} + 28 \times n$ $n = 0, 1, 2, 3, 5, 6, 7, 8, 10, 11, 12, 13, 15, 16, 17, 18$　　　　FR2 范围内
Case E	240kHz	$\{8, 12, 16, 20, 32, 36, 40, 44\} + 56 \times n$ $n = 0, 1, 2, 3, 5, 6, 7, 8$　　FR2 范围内

```
MIB :: =                          SEQUENCE {
    systemFrameNumber                 BIT STRING（SIZE（6）），
    subCarrierSpacingCommon           ENUMERATED {scs15or60, scs30or120},
    ssb-SubcarrierOffset              INTEGER（0..15），
    dmrs-TypeA-Position               ENUMERATED {pos2, pos3},
    pdcch-ConfigSIB1                  PDCCH-ConfigSIB1,
    cellBarred                        ENUMERATED {barred, notBarred},
    intraFreqReselection              ENUMERATED {allowed, notAllowed},
    spare                             BIT STRING（SIZE（1））
```

其中含义如下：

1）systemFrameNumber：系统帧号的高 6bit。

2）subCarrierSpacingCommon：传输调度 SIB1 的 PDCCH 及承载 SIB1 的 PDSCH 的子载波间隔。

3）ssb-SubcarrierOffset：k_{SSB}，表征 SSB 的第一个 PRB 的子载波 0 的中心频率与 CORESET 0 CRB 0 起始位置的偏移子载波数量差，FR1 子载波大小固定为 15kHz，FR2 子载波大小固定为 60kHz。

4）dmrs-TypeA-Position：初始公共 PDSCH DMRS 的符号位置，pos2 表示第 3 个符号，pos3 表示第 4 个符号。

5）pdcch-ConfigSIB1：表征 CORESET 0 的时频域位置、大小等，共计 8bit。

6）cellBarred：指示终端是否允许接入该小区。

7）intraFreqReselection：指示在小区 Barred 状态下是否允许终端接入同频的其他小区。当终端检测到小区被禁止，并且也不允许接入同频的其他小区时，应该立即重新启动异频的小区搜索。

PBCH 物理层处理：$\bar{a}_0$，$\bar{a}_1$，$\bar{a}_2$，$\bar{a}_3$，…，$\bar{a}_{\bar{A}-1}$ 为物理层收到的 PBCH 传输块（TB）。物理层增加的额外 8 bit PayLoad，用于时频域的相关处理，见图 2-12。

PBCH PayLoad 说明如下：

1）$\bar{a}_{\bar{A}} \sim \bar{a}_{\bar{A}+3}$：系统帧号的低 4bit 位于 PBCH PayLoad 的高 4bit。

2）$\bar{a}_{\bar{A}+4}$ 半帧指示：指示了 SSB 是位于 10ms 帧的前 5ms 还是后 5ms，其中 0 代表前半帧，1 代表后半帧。

3）$\bar{a}_{\bar{A}+5} \sim \bar{a}_{\bar{A}+7}$：当 $L = 64$ 时，SSB 索引的低 3bit 通过 PBCH DMRS 获取，SSB 索引的高 3bit 从物理层增加的额外 8bit PayLoad 中的后 3bit 获取，合并共计 6bit，获取 SSB 索引。当 $L = 4/8$ 时，SSB 索引通过 DMRS 获取。

（4）k_{SSB} 字段

SSB 的子载波 0 和 CORESET 0 CRB 起始位置可能存在多种偏移，MIB 中的字段 k_{SSB}（见图 2-13）即用来表示这个偏移：对于 FR2 频段，k_{SSB} 需要 4bit，指示范围只需 {0 ~ 11}，由高层参数 ssb-subcarrierOffset 指示；对于 FR1 频段，k_{SSB} 的低 4bit 由高层参数 ssb-subcarrierOffset 指示，需要在 2 个 SSB RB 的范围内指示子载波偏移，即 {0 ~ 23}，k_{SSB} 的最高 bit 由 PBCH PayLoad 中第 6 个 bit 指示。对于 SIB1 的接收，终端需要获知 CORESET 0 的频域位置，SSB 与 CORESET 0 的频域偏移由 k_{SSB} 和 RBoffset 组成，因此在解调 CORESET 0 之前，需得知 SSB 与 CRB 的偏移，即 k_{SSB}。

图 2-12　PBCH PayLoad 示意图　　　　图 2-13　k_{SSB} 示意图

（5）RMSI（Remaining Minimum System Information）

当 UE 获得 SSB 信息后，仍缺少发起随机接入的信息，UE 还需要获取 RMSI 系统消息，即 SIB1（见图 2-14）。和 LTE 类似，NR 中的 SIB1 消息通过 PDSCH 承载，而 PDSCH 需要 PDCCH 进行调度，UE 需要在 MIB 中获取调度 SIB1 的 PDCCH 信息，在 PDCCH 上进行盲检。NR 中 PDCCH 对应公共搜索空间和 UE 专用搜索空间，其中公共搜索空间 Type0-PDCCH common search space 仅用于 RMSI 调度；CORESET 0 就是 Type0-PDCCH common search space 对应的物理资源集合。

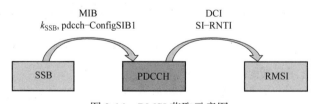

图 2-14　RMSI 获取示意图

SIB1 总是在整个小区范围内周期性地广播，以给终端提供初始随机接入所需要的信息，终端根据 SI-RNTI 的指示来监听 SIB1 的调度，其他 SIB 的调度信息由 SIB1 进行指示，其他 SIB 消息也可周期性地广播或按需发送。

（6）CORESET 0 时频域资源

CORESET 0 时频域资源由 pdcch-ConfigSIB1 指示，高 4bit 和低 4bit 分别对应不同含义（见图 2-15）。

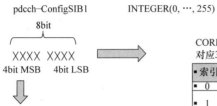

▪ 索引	O	每个时隙的搜索空间集数	M	第一个符号索引
▪ 0	0		1	0
▪ 1	0	2	1/2	{0, 如果i是偶数}, {$N_{symb}^{CORESET}$, 如果i是奇数}
▪ 2	2		1	0

CORESET 0的SFN、时隙索引等，时域相关配置对应38213的表13-11~表13-15

SSB和CORESET 0的SCS、符号数、PRB offset配置对应38213的表13-1~表13-10

▪ 索引	SSB和CORESET 多路复用模式	RB数 ($N_{RB}^{CORESET}$)	符号数 ($N_{symb}^{CORESET}$)	RB差 (Offset)
▪ 0	1	24	2	0
▪ 1	1	24	2	2
▪ 2	1	24	2	4
▪ 3	1	24	3	0

图 2-15　CORESET 0 时频域位置获取示意图

以 30kHz 子载波间隔为例，频域协议查表如下，见表 2-15。

表 2-15　当 {SSB, PDCCH} 的子载波间隔为 {30kHz, 30kHz} 时，对于最小信道带宽为 5MHz 或 10MHz 的频带，Type0-PDCCH 的频域资源配置

索引	SSB 和 CORESET 多路复用模式	RB 数 ($N_{EB}^{CORESET}$)	符号数 ($N_{symb}^{CORESET}$)	RB 差 (Offset)
0	1	24	2	0
1	1	24	2	1
2	1	24	2	2
3	1	24	2	3
4	1	24	2	4
5	1	24	3	0
6	1	24	3	1
7	1	24	3	2
8	1	24	3	3
9	1	24	3	4
10	1	48	1	12
11	1	48	1	14
12	1	48	1	16
13	1	48	2	12
14	1	48	2	14
15	1	48	2	16

时域协议查表如下，见表 2-16。

表 2-16   Type0-PDCCH 的时域监视时机参数

索引	O	每个时隙的搜索空间集数	M	第一个符号索引
0	0	1	1	0
1	0	2	1/2	$\{0,$ 如果 i 是偶数 $\}$, $\{ N_{symb}^{CORESET}$, 如果 i 是奇数 $\}$
2	2	1	1	0
3	2	2	1/2	$\{0,$ 如果 i 是偶数 $\}$, $\{ N_{symb}^{CORESET}$, 如果 i 是奇数 $\}$
4	5	1	1	0
5	5	2	1/2	$\{0,$ 如果 i 是偶数 $\}$, $\{ N_{symb}^{CORESET}$, 如果 i 是奇数 $\}$
6	7	1	1	0
7	7	2	1/2	$\{0,$ 如果 i 是偶数 $\}$, $\{ N_{symb}^{CORESET}$, 如果 i 是奇数 $\}$
8	0	1	2	0
9	5	1	2	0
10	0	1	1	1
11	0	1	1	2
12	2	1	1	1
13	2	1	1	2
14	5	1	1	1
15	5	1	1	2

pdcch-ConfigSIB1 通过协议 TS38.213 确定, 高 4bit 信息: SSB 与 CORESET 0 复用的模式类型、CORESET 0 占用的 PRB 数 (只能为 24、48、96)、CORESET 0 的 OFDM 符号数、SSB 频域下边界与 CORESET 0 频域下边界的 RB 差 (Offset), 其中 Offset 是按 CORESET 的子载波间隔为单位的, 比如 CORESET 子载波间隔为 30kHz, 2 个 RB 就是 2×360kHz。

低 4bit 信息: 指示了 Type0-PDCCH CSS 的配置, 包括搜索空间第一个 OFDM 符号的索引、每个时隙内搜索空间的数量。

（7）Initial DL BWP

由于终端能力不一、可支持的带宽存在差异、业务需求不同、QoS 要求不同等原因, NR 在全带宽的基础上划分出部分带宽 (BWP) 来满足终端的业务需求。BWP 分为上行 BWP 和下行 BWP, 在上下行的基础上又分为初始 BWP 和 UE 专用 BWP。对于终端来说, 可以配置一套上下行初始 BWP, 再根据其支持的能力最多可以配置 4 套专用 BWP, 但终端同一时刻只能有一套激活 BWP, 可以通过 RRCReconfiguration 信令或者 DCI 指示来切换激活 BWP。

UE 根据 CORESET 0 中 PDCCH 调度的 DCI 得到 RMSI 的 PDSCH 的频域资源信息。首先要确定 Initial DL BWP (初始下行 BWP), Initial DL BWP 在 SIB1 中指示, UE 在接收到 SIB1 之前, 认为 Initial DL BWP 频域大小等同 CORESET 0 频域大小。

2. PDCCH

NR 中引入了 Control-Resource Set (CORESET), 以对应 PDCCH 物理资源配置 (见图 2-16)。

CORESET 在频域上包含若干 PRB 来承载 PDCCH, 控制信道 PDCCH 由 CCE 聚合而成。CORESET 时域长度可以是 {1, 2, 3} 个 OFDM 符号, 只有在 DL-DMRS-TypeA = pos3 时, CORESET 才能取 3 个符号。每个小区最多配置 12 个 CORESET (0 ~ 11), CORESET 0 固定用于 RMSI 的 SearchSpace 0 的搜索空间。

PDCCH时频域配置

ControlResourceSet::=	SEQUENCE{
controlResourceSetId	ControlResourceSetId,
frequencyDomainResources	BIT STRING(SIZE(45)),
duration	INTEGER (1..maxCoReSetDuration)

图 2-16　PDCCH 时频域示意图

CORESET 的频域位置由 RRC 层参数 frequencyDomainResources 指示，时域符号数由 duration 指示。CORESET 的时域起始位置可以是时隙内任意符号，频域上也可以是 BWP 内的任意 PRB，CORESET 的大小和时频位置是由网络半静态配置的。其中 frequencyDomainResources 代表 CCE 位图（共计 45bit），每个 bit 代表 1 个 CCE（6 个 RB），最高位表示配置的 BWP 中的最低频率。

（1）PDCCH 聚合等级

CORESET 中的 CCE 按聚合等级进行分配，1 个 PDCCH 包含 1 个或多个 CCE，CCE 的聚合等级分为 1、2、4、8、16 五种聚合等级（见表 2-17）。聚合等级为 1 的 PDCCH，码率（信号原始 bit 长度 / 确定的信道时频资源上可承载的 bit 长度）最高，解调性能最差；聚合等级为 16 的 PDCCH，码率最低，解调性能最好。基站可根据实际传输的无线信道状态对 PDCCH 的聚合等级进行调整，以实现链路自适应。例如，基站与 UE 在无线信道状态较恶劣时，相比于无线信道状态良好时，分配给 PDCCH 的 CCE 的数量会更多，即 PDCCH 的聚合等级会更大。

表 2-17　PDCCH 聚合等级

聚合等级	CCE 数
1	1
2	2
4	4
8	8
16	16

（2）搜索空间

搜索空间是某个聚合等级下候选 PDCCH 的集合，搜索空间规定了 UE 在时域搜索 PDCCH 候选集。搜索空间里会配置监听周期、时隙偏移、持续的连续时隙数、monitoringSymobolsWithinSlot（起始符号）。Type0A-PDCCH、Type1-PDCCH、Type2-PDCCH 公共搜索空间集合可以通过 RMSI 进行配置（见表 2-18）。如果 RMSI 中没有该配置，则 Type1-PDCCH 重用 Type0-PDCCH 的 CORESET 和搜索空间配置。

表 2-18　搜索空间

	搜索空间	用　　途
CSS	Type0-PDCCH 公共搜索空间	对应 RMSI PDCCH，其 CRC 通过 SI-RNTI 进行加扰
	Type0A-PDCCH 公共搜索空间	对应 OSI PDCCH，其 CRC 通过 SI-RNTI 进行加扰
	Type1-PDCCH 公共搜索空间	对应随机接入中的 Msg2 PDCCH、Msg 4 PDCCH，其 CRC 分别通过 RA-RNTI 和 TC-RNTI（或 C-RNTI）进行加扰
	Type2-PDCCH 公共搜索空间	对应 Paging PDCCH，其 CRC 通过 P-RNTI 进行加扰
	Type3-PDCCH 公共搜索空间	是指除了 Type0、Type0A、Type1、Type2 以外的所有的公共搜索空间集合
USS	UE- 专用搜索空间	对应 UE-specific 搜索空间集合，其 RNTI 为 C-RNTI，或者 CS-RNTI（s），以及 SP-CSI-RNTI

注：CS-RNTI：配置调度无线网络临时标识；SP-CSI-RNTI：半持续 CSI 报告无线网络临时标识。

（3）候选集

基站实际发送的 PDCCH 的聚合等级不固定，而且由于没有明确信令告知 UE，UE 会在不同聚合等级下尝试盲检 PDCCH，待盲检的 PDCCH 称为候选 PDCCH。UE 会在搜索空间内对所有候选 PDCCH 进行译码，如果 16bit CRC 校验通过，则认为该 PDCCH 的内容有效，并解析携带的 DCI 进行后续操作。如果 CRC 校验不正确，则认为此 PDCCH 在传输过程中产生了错误，或者这个 PDCCH 携带的控制信息是发送给其他终端的，UE 直接忽略此次解析。

对于 USS（UE 专用搜索空间）和 CSS（公共搜索空间），聚合等级和聚合等级对应的候选集个数都在 SearchSpace 参数中配置，nrofCandidates 指示 UE 需要盲检不同聚合等级的 PDCCH 可能次数，盲检数目 ENUMERATED = {n0, n1, n2, n3, n4, n5, n6, n8}，即 0、1、2、3、4、5、6、8 次，例如候选集中配置 aggregationLevel2 = n2，即配置的 PDCCH 聚合等级为 2，最大需要盲检 2 次。

```
SearchSpace :: =                         SEQUENCE {
searchSpaceId                            SearchSpaceId,
controlResourceSetId                     ControlResourceSetId OPTIONAL, -- Cond SetupOnly
monitoringSlotPeriodicityAndOffset       CHOICE {

nrofCandidates                           SEQUENCE {
    aggregationLevel1                        ENUMERATED {n0, n1, n2, n3, n4, n5, n6, n8},
    aggregationLevel2                        ENUMERATED {n0, n1, n2, n3, n4, n5, n6, n8},
    aggregationLevel4                        ENUMERATED {n0, n1, n2, n3, n4, n5, n6, n8},
    aggregationLevel8                        ENUMERATED {n0, n1, n2, n3, n4, n5, n6, n8},
    aggregationLevel16                       ENUMERATED {n0, n1, n2, n3, n4, n5, n6, n8}
```

对于 CSS（公共搜索空间），在参数未配置时，UE 及基站采用表 2-19 所示的默认的定义。

每个 BWP 下，最多配置 3 个 CORESET，以及最多配置 10 个搜索空间，其中 1 个 CORESET 可以有多个搜索空间。

表 2-19　CSS 默认表

CCE 聚合等级	候选集个数
4	4
8	2
16	1

（4）PDCCH DCI 格式

PDCCH 承载 DCI，用于指示上下行调度。DCI0 指示上行调度，DCI1 指示下行调度，DCI2 指示功率控制等，一个 PDCCH 只能有一种格式的 DCI，见表 2-20。

下行调度分配的 DCI 分为非回退格式 1-1 和回退格式 1-0。非回退格式 1-1 支持所有的 NR 特性，回退格式 1-0 能支持的 NR 特性相对有限。上行调度 DCI 与下行类似，也分为非回退格式 0-1 和回退格式 0-0。R16 版本协议新增格式 3 系列 V2X 调度 DCI。

3. PDSCH

PDSCH 通过 PDCCH DCI1 进行调度，用于传输下行用户数据、寻呼、随机接入响应、系统消息（SIB）、RRC 信令（含夹带的 NAS 消息）等。PDSCH 最大可以采用 8 层传输，一次最多同时调度两个 TB。PDSCH 资源分配不能和 SSB 资源重叠，使用 LDPC 码进行编码，协议支持的调制方式为 QPSK、16QAM、64QAM、256QAM（见表 2-21）。

表 2-20　PDCCH DCI 格式类型

DCI 格式	用　途
0_0	在一个小区中调度 PUSCH
0_1	在一个小区中调度一个或多个 PUSCH，或指示配置的授权 PUSCH（CG-DFI）的下行链路反馈信息
0_2	在一个小区中调度 PUSCH（提升 URLLC 可靠性）
1_0	在一个小区中调度 PDSCH
1_1	在一个小区中调度 PDSCH 和 / 或触发一次通过的 HARQ-ACK 码本反馈
1_2	在一个小区中调度 PDSCH（提升 URLLC 可靠性）
2_0	向一组 UE 通知时隙格式、可用 RB 集、COT 持续时间和搜索空间集合组切换
2_1	通知 eMBB 场景下的 UE、URLLC 场景下被占用的 PRB 和 OFDM 符号
2_2	传输 PUCCH 和 PUSCH 的 TPC 命令
2_3	负责一个或者多个 UE 的一组 SRS 的 TPC 指令
2_4	通知一组 UE 的 PRB 和 OFDM 符号信息，目的是 UE 取消来自相应的上行传输（用于 URLLC 场景）
2_5	通知软资源的可用性（用于 IAB 场景）
2_6	在一个或多个 UE 的 DRX 活动时间之外通知省电信息
3_0	在一个小区中调度 5G 车联网通信
3_1	在一个小区中调度 4G 车联网通信

（1）PDSCH 时域资源

NR 中 PDSCH 引入了时域资源分配的概念，即一次调度的 PDSCH 资源在时域上的分配可以动态变化，粒度可以到符号级。PDSCH 时域资源映射类型分为：

表 2-21　PDSCH 调制方式

调制方式	调制阶数
QPSK	2
16QAM	4
64QAM	6
256QAM	8

1）TypeA：在一个时隙内，PDSCH 占用的符号从 0 ~ 3 的符号位置开始，符号长度为 3 ~ 14 个符号。对于 TypeA，分配的时域符号较多，适用于 eMBB 场景。TypeA 由于调度的时域资源较多，也称为基于时隙的调度。

2）TypeB：在一个时隙内，PDSCH 占用的符号从 0 ~ 12 的符号位置开始，符号长度为 2 ~ 13 个符号。对于 TypeB，PDSCH 起始符号位置可以灵活配置，如果分配符号数较少，则适用于调度要求高、时延短的 URLLC 场景，因此 TypeB 也称为基于 mini-slot 的调度。

与 LTE 相比，NR PDSCH 在时隙中的时域位置以及时域长度具有更大的灵活性。相应地，NR 的 DCI 中新增了时域资源分配信息域来支持数据信道在时域上调度的灵活性。只有当 dmrs-TypeA-position 等于 3 时，TypeA 类型的起始符号才能是 3。

在 RRC 高层信令中，PDSCH 时域资源分配配置如下：

PDSCH-TimeDomainResourceAllocationList :: =　SEQUENCE（SIZE（1..maxNrofDL-Allocations））
OF PDSCH-TimeDomainResourceAllocation

PDSCH-TimeDomainResourceAllocation :: =　　SEQUENCE {
　　k0　　　　　　　　　　　　　　INTEGER（0..32）　　　OPTIONAL, -- Need S
　　mappingType　　　　　　　　　ENUMERATED {typeA, typeB},
　　startSymbolAndLength　　　　 INTEGER（0..127）

其中含义如下：

1）k0：PDCCH 调度 PDSCH 的时隙偏移。

2）mappingType：TypeA 或者 TypeB。

3）startSymbolAndLength：SLIV，表示开始符号 S 和长度 L，并满足表 2-22 中定义的组合。

表 2-22　有效的 S 和 L 组合

PDSCH 映射类型	正常循环前缀（CP）			扩展循环前缀（CP）		
	S	L	$S+L$	S	L	$S+L$
Type A	$\{0, 1, 2, 3\}$（Note1）	$\{3, \cdots, 14\}$	$\{3, \cdots, 14\}$	$\{0, 1, 2, 3\}$（Note 1）	$\{3, \cdots, 12\}$	$\{3, \cdots, 12\}$
Type B	$\{0, \cdots, 12\}$	$\{2, \cdots, 13\}$	$\{2, \cdots, 14\}$	$\{0, \cdots, 10\}$	$\{2, 4, 6\}$	$\{2, \cdots, 12\}$

Note 1: $S = 3$ 仅在 dmrs-TypeA-Position = 3 时适用

UE 根据所检测到的 PDCCH DCI 中的时域资源分配信息域来获取所调度 PDSCH 的时域位置信息。这些信息包括 PDSCH 所在的时隙、PDSCH 的时域长度以及 PDSCH 在时域中的起始 OFDM 符号索引。

起始和长度指示值（SLIV）：UE 可以根据 SLIV 得到 PDSCH 在时隙中的起始 OFDM 符号的索引值 S，以及 PDSCH 的时域长度 L。

（2）PDSCH 频域资源

和 LTE 类似，NR 中的 PDSCH 频域资源分配支持基于位图的分配和基于 RIV（Resource Indication Value）的分配，而不再支持 LTE Type1 型分配方式，见表 2-23。

表 2-23　PDSCH 频域资源分配表

LTE 资源分配类型	NR 资源分配类型	分配方式
Type0	Type0	位图（Bitmap）
Type1	N/A	位图（Bitmap）
Type2	Type1	RIV（开始 RB+ 连续 RB 长度）

UE 根据所检测到的 PDCCH DCI 中的频域资源分配信息域来确定 DCI 中所调度数据信道的资源块的频域位置，即 PDSCH 的资源块在 UE 下行 BWP 中的索引值。

使用 DCI1_0 调度的 PDSCH 资源，仅支持 Type1 方式（RIV），资源分配类型可以通过 RRC 高层信令进行配置，如下：

resourceAllocation　　ENUMERATED { resourceAllocationType0，resourceAllocationType1，dynamicSwitch}

使用 DCI1_1 调度的 PDSCH，根据高层配置的类型决定，当配置为 dynamicSwitch 时，DCI 中频域资源分配最高 bit 用来表示分配类型：0 表示 Type0，1 表示 Type1，剩余 bit 表示具体资源。

Type0 方式，RB 分配按照 RBG 位图指示。RBG 是一个连续 VRB（虚拟资源块）的集合，大小由高层参数 rbg-Size 和 BWP 共同决定，RBG 的大小最小为 2 个 RB，最大为 16 个 RB。

在 NR 标准中预定义了两种 RBG 的配置（见表 2-24），在 RBG 配置 1 中，RBG 大小的候选值为 2、4、8、16；而在 RBG 配置 2 中，RBG 大小的候选值为 4、8、16，UE 可通过高层信令参数 rbg-Size 来确定每个 BWP 的 RBG 配置，如下。

rbg-Size　　　　　　　　ENUMERATED {config1，config2}，

表 2-24　NR 标准中两种 RBG 配置表

BWP 大小	配置 1（Config1）	配置 2（Config2）
1～36	2	4
37～72	4	8
73～144	8	16
145～275	16	16

（3）PDSCH 资源分配 Type0

DCI1_1 使用 Type0 分配时，频域资源分配字段长度为 NRBG，位图从低频到高频，RBG0 在最高位，见表 2-25。

表 2-25　不同带宽下不同配置 RBG 示例

PRB #	BWP 大小（1～36）		BWP 大小（37～72）		BWP 大小（73～144）		BWP 大小（145～275）	
	Config1	Config2	Config1	Config2	Config1	Config2	Config1	Config2
0	RBG 00							
1		RBG 00	RBG 00					
2	RBG 01							
3				RBG 00	RBG 00			
4	RBG 02							
5		RBG 01	RBG 01					
6	RBG 03							
7						RBG 00	RBG 00	RBG 00
8	RBG 04							
9		RBG 02	RBG 02					
10	RBG 05							
11				RBG 01	RBG 01			
12	RBG 06							
13		RBG 03	RBG 03					
14	RBG 07							
15								

在频域资源分配 Type0 中，DCI 通过频域资源分配信息域的位图来指示分配给 UE PDSCH 的 RBG。这样做一方面可减少位图所需要的比特数，另一方面可保证足够的分配灵活性。该位图一共包含 N 个比特，每一个比特对应一个 RBG，最高位表示编号为 0 的 RBG，最低位表示编号为 $N-1$ 的 RBG。如果某个 RBG 分配给了 UE 的 PDSCH，则位图中对应比特值为 1，否则比特值为 0，UE 可根据该位图得到分配给 UE PDSCH 的 PRB 在 BWP 中的频域位置。

（4）PDSCH 资源分配 Type1

和 LTE 类似，Type1 使用 RIV 指示资源分配。参数主要有开始的 VRB（RB_{start}）和分配的连续 RB 长度（L_{RB}），见图 2-17。

如果 $(L_{RB}-1)\leqslant\lfloor N_{BWP}^{size}/2\rfloor$，则

$$RIV = N_{BWP}^{size}(L_{RB}-1) + RB_{start}$$

否则

$$RIV = N_{BWP}^{size}(N_{BWP}^{size}-L_{RB}+1) + (N_{BWP}^{size}-1-RB_{start})$$

其中 $L_{RB}\geqslant1$ 并且不超过 $N_{BWP}^{size}-RB_{start}$

图 2-17 L_{RB} 和 RB_{start} 计算公式

两种频域资源分配方式比较：相比 Type0，Type1 分配的频域资源比较精确，最小粒度达到 RB 级，缺点是只能分配连续的 RB 资源，不利于基于频域资源调度。

在 Type1 中，分配给 UE PDSCH 的资源为一段在该 BWP 内连续编号的 VRB，通过 RIV 指示分配给 UE PDSCH 的起始 VRB 编号以及所分配的连续 RB 的长度。

2.2.2.6 NR 下行物理信号

下行物理信号主要包括解调参考信号（Demodulation Reference Signals，DMRS）、信道状态信息参考信号（Channel-State Information Reference Signal，CSI-RS）、相位跟踪参考信号（Phase-Tracking Reference Signal，PT-RS）、主同步信号（Primary Synchronization Signal，PSS）和辅同步信号（Secondary Synchronization Signal，SSS），下面我们重点针对 DMRS、CSI-RS 这两类参考信号进行详细阐述。

1. DMRS

（1）DMRS 的作用

NR 中没有 CRS，信道评估与数据解调使用 DMRS，DMRS 可以用于接收端（基站或者 UE）进行信道估计，以及用于物理信道的解调，见图 2-18。主要对物理信道进行信道估计，根据信道估计值结果解调出信道承载的数据信息。同时计算信道测量值（如 TA、SINR 等），为基站或者 UE 提供信道质量相关情况。理论上，UE 发送的任何信号（SRS/DMRS/CQI/ACK/NACK/PUSCH 等）都可用于测量 timing advance。

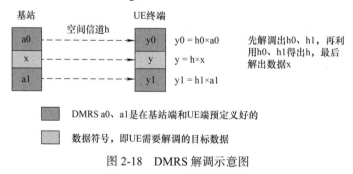

图 2-18 DMRS 解调示意图

DMRS 存在于上下行物理信道中：即 PDSCH/PDCCH/PBCH/PUSCH/PUCCH 中，其中 PDSCH/PUSCH 的 DMRS 配置通过信令 DMRS-DownlinkConfig 和 DMRS-UplinkConfig 通知下发给 UE，PBCH/PDCCH/PUCCH 的 DMRS 无须配置。

PUSCH 和 PDSCH 的 DMRS 在时域和频域上的形式一致，频域上映射方式分为 Type1 和 Type2，时域上有前置 DMRS（front Loaded DMRS）和附加 DMRS（additional DMRS）。

（2）前置 DMRS

前置 DMRS 就是在一个 PRB 内靠前的 DMRS，这样 UE 可以快速利用 DMRS 进行解调，从而反馈 ACK/NACK。DMRS 连续的符号个数可取 len1 和 len2。DMRS 频域映射类型可取 Type1 和 Type2。

Type1-IFDM based pattern（交织频分多址），IFDMA 类似 SRS 梳的方式，SRS 梳见后面章节介绍。1 个时域符号最大支持 4 个正交端口，2 个时域符号最大支持 8 个正交端口。Type1 采用了梳状加 OCC 结构。

Type2-FD-OCC based pattern（频分 - 码分复用），其为频域连续的两个资源粒子做码分复用。1 个时域符号最大支持 6 个正交端口，2 个时域符号最大支持 12 个正交端口。Type2 采用频分加 OCC 结构。

前置 DMRS 的优点在于能够快速估计信道并尽早开始检测译码，降低时延。在中高速场景中可配置附加 DMRS，这样在调度持续时间内有更多的 DMRS，以满足对信道时变性的估计精度。为了降低解调和译码时延，DMRS 采用了前置的设计思路。在每个调度时间单位内，DMRS 首次出现的位置应当尽可能地靠近调度的起始点。例如，在基于时隙的调度传输，前置 DMRS 导频的位置应当紧邻 PDCCH 区域之后。此时前置 DMRS 的第一个符号的具体位置取决于 PDCCH 的配置，一般从第三个或者第四个符号开始。

（3）DMRS Type1

由于 Type1 的信道估计精度更高，RRC 配置之前的 DMRS 默认使用 Type1。如图 2-19 所示，在单 OFDM 符号时，共有两组频分的梳状资源，最多支持 4 个端口，其中每组梳状资源内部通过频域 OCC 方式支持两端口复用。在双 OFDM 符号时，最多支持 8 个端口，其中每个 OFDM 符号可支持 4 个端口，每个 CDM 组中的 DMRS 端口通过时域及频域 OCC 进行区分。

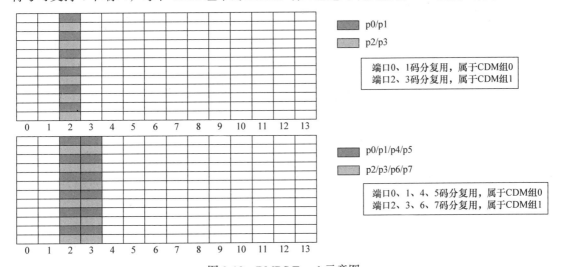

图 2-19　DMRS Type1 示意图

（4）DMRS Type2

DMRS Type2 中，如图 2-20 所示，在单 OFDM 符号时，将 OFDM 频谱资源分为 3 组，每组由相邻的两个 RE 构成，组间采用 FDM 方式，最多支持 6 个端口，其中每组梳状资源内部通过频域 OCC 方式支持两端口复用。在双 OFDM 符号时，将每个 OFDM 频谱资源分为 3 组，最多支持 12 个端口，每个 CDM 组中的 DMRS 端口通过时域及频域 OCC 进行区分。

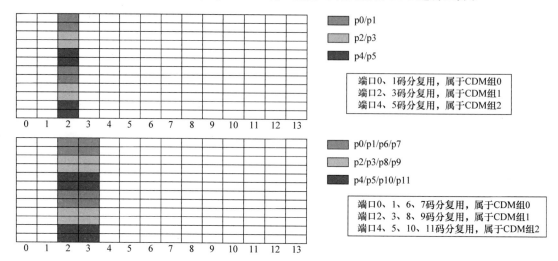

图 2-20　DMRS Type2 示意图

（5）附加 DMRS

附加 DMRS 是指在一个 PRB 内除前置 DMRS 之外的 DMRS，用于在高速场景下进行多普勒频偏估计。附加 DMRS 的符号个数由 RRC 信令配置，前置 symbol+ 附加 DMRS symbol 可以是以下 6 类，如图 2-21 所示。

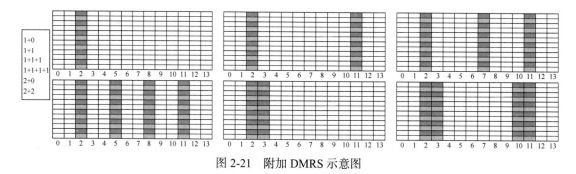

图 2-21　附加 DMRS 示意图

每一组附加 DMRS 的图样都是前置 DMRS 的重复。因此，与前置 DMRS 一致，每一组附加 DMRS 最多也可以占用 2 个连续的 OFDM 符号。在单符号条件下，最多可以增加 3 个附加的导频；在双符号条件下，最多可以增加 1 个。

（6）PDSCH 映射方式

PDSCH 映射方式分为 PDSCH 映射 TypeA 和 TypeB。

TypeA 对应 slot based 传输，最少调度 3 个 PDSCH 符号，PDSCH 起始符号位置可以是符号 0 ~ 3。对于 TypeA，分配的时域符号数较多，适用于大带宽场景。TypeA 通常称为基于时隙的调度。

TypeB 对应 mini-slot 传输，支持 2、4、7 个符号的调度，PDSCH 起始符号位置可以是符号 0 ~ 12。对于 TypeB，PDSCH 起始符号位置可以灵活配置，分配符号数少，时延短，适用于低时延场景，TypeB 通常称为基于 mini-slot 或 non slot based 调度。

（7）PDSCH TypeA 的 DMRS 时域映射方式

前置 DMRS 的时域起始位置由 PBCH 通知，可以是符号 2 或 3。具体附加 DMRS 符号位置跟 PDSCH 调度的截止位置有关系。DMRS-AdditionalPosition 可以配置为 pos0、pos1、pos2、pos3，不配置时，默认为 pos2，如图 2-22 所示。

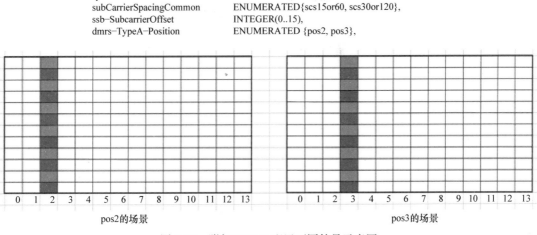

```
MIB::=                        SEQUENCE{
    systemFrameNumber             BIT STRING (SIZE(6)),
    subCarrierSpacingCommon       ENUMERATED{scs15or60, scs30or120},
    ssb-SubcarrierOffset          INTEGER(0..15),
    dmrs-TypeA-Position           ENUMERATED {pos2, pos3},
```

pos2的场景　　　　　　　　　　　　　　　　pos3的场景

图 2-22　附加 DMRS 配置不同符号示意图

如图 2-23 所示，l_d in symbols 是下行符号的个数，对于 PDSCH TypeA，DMRS 可以内嵌在时域中从时隙的第一个 OFDM 符号到该时隙中调度的 PDSCH 的最后一个 OFDM 符号范围之内；对于 PDSCH TypeB，DMRS 可以内嵌在调度的 PDSCH 包含的 OFDM 符号中所占据的时域范围之内。

l_d in symbols	DMRS positions $\bar{l}$								1+1方式
	PDSCH mapping type A				PDSCH mapping type B				
	dmrs-AdditionalPosition				dmrs-AdditionalPosition				
	pos0	pos1	pos2	pos3	pos0	pos1	pos2	pos3	
2	—	—	—	—	l_0	l_0	l_0	l_0	
3	l_0	l_0	l_0	l_0	l_0	l_0	l_0	l_0	
4	l_0	l_0	l_0	l_0	l_0	l_0	l_0	l_0	
5	l_0	l_0	l_0	l_0	l_0	$l_0, 4$	$l_0, 4$	$l_0, 4$	
6	l_0	l_0	l_0	l_0	l_0	$l_0, 4$	$l_0, 4$	$l_0, 4$	
7	l_0	l_0	l_0	l_0	l_0	$l_0, 4$	$l_0, 4$	$l_0, 4$	
8	l_0	$l_0, 7$	$l_0, 7$	$l_0, 7$	l_0	$l_0, 6$	$l_0, 3, 6$	$l_0, 3, 6$	
9	l_0	$l_0, 7$	$l_0, 7$	$l_0, 7$	l_0	$l_0, 7$	$l_0, 4, 7$	$l_0, 4, 7$	
10	l_0	$l_0, 9$	$l_0, 6, 9$	$l_0, 6, 9$	l_0	$l_0, 7$	$l_0, 4, 7$	$l_0, 4, 7$	
11	l_0	$l_0, 9$	$l_0, 6, 9$	$l_0, 6, 9$	l_0	$l_0, 8$	$l_0, 4, 8$	$l_0, 3, 6, 9$	
12	l_0	$l_0, 9$	$l_0, 6, 9$	$l_0, 5, 8, 11$	l_0	$l_0, 9$	$l_0, 5, 9$	$l_0, 3, 6, 9$	
13	l_0	l_0, l_1	$l_0, 7, 11$	$l_0, 5, 8, 11$	l_0	$l_0, 9$	$l_0, 5, 9$	$l_0, 3, 6, 9$	
14	l_0	l_0, l_1	$l_0, 7, 11$	$l_0, 5, 8, 11$	—	—	—	—	

图 2-23　DMRS 内嵌在调度的 PDSCH 包含的 OFDM 符号中所占据的时域范围

（8）PDSCH TypeB 的 DMRS 时域映射方式

一般前置 DMRS 的时域符号位置是相对于 PDSCH 的第一个符号的，如果 PDSCH DMRS 与 PDCCH 频域位置冲突，协议规定优先放置 PDCCH，PDSCH DMRS 向后顺移，但是不希望太靠后。考虑到 DMRS 不能太靠后，否则 UE 难以解调 PDSCH，因此规定，对于双符号 PDSCH，DMRS 不能越过第二个符号；对于四符号 PDSCH，DMRS 不能越过第三个符号；对于七符号 PDSCH，DMRS 不能越过第四个符号，如图 2-24 所示。

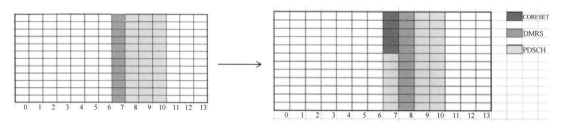

图 2-24　PDSCH TypeB 的 DMRS 时域映射方式图

双符号或者四符号的 PDSCH 调度不支持附加 DMRS，对于双符号的 PDSCH，PDSCH 和 DMRS 在同一个符号发送，即频分复用，七符号的 PDSCH 最多支持 1 个附加 DMRS。

2. CSI-RS

在 5G 系统中，CSI-RS 是用于测量 CSI 的重要信号，基站根据测量需求配置 CSI-RS 资源，CSI-RS 在 NR 协议中可用于 RSRP 测量、宽带 CQI 测量、PMI 测量和 Tracking 功能。CSI-RS 最多可以支持 32 个不同的天线端口。在考虑采用 L1-RSRP 时，为了进行快速的波束信息测量和上报，测量将基于 L1 进行，而不需要 L3 的滤波过程。

NZP（Non Zero Power，非零功率）CSI-RS：主要作用分为四大类。当网络配置 CSI-RS 为 CSIAcquisition 时，终端依靠 CSI-RS 进行下行网络质量测量，并按照网络要求上报 gNB 网络质量，如 CQI、PMI、RI、LI 等信息；当网络配置 CSI-RS 为 L1 RSRPComputation 时，终端依靠 CSI-RS 来对相关波束进行测量，并按照网络要求上报 CSI-RS 波束质量，以便网络进行波束管理；当网络配置 CSI-RS 为 tracking 时（CSI-RS 配置为 TRS），终端依靠配置的 TRS 进行时频偏调整，以用于 UE 的精准同步；当网络配置 CSI-RS 为 mobility 时，终端依靠 CSI-RS 来进行移动性管理，如测量 CSI-RS 以进行切换等。

ZP（Zero Power，零功率）CSI-RS：用于 PDSCH 的速率匹配，UE 认为在对应 RE 上没有传输，基站不发送 CSI-RS，功率为 0，目的是用于 PDSCH 速率匹配，即 PDSCH 不使用 ZP CSI-RS 占用的 RE 符号来发送。对于 CSI-IM 上配置的资源，基站不发送任何信号，也可以认为是一种 ZP CSI-RS，UE 在 CSI-IM 上测量的干扰信号，来自于邻区或者底噪，用于统计接收信号强度。

（1）CSI-RS 资源配置示例

CSI-RS 在 NR 协议中可用于宽带 CQI 测量、RSRP 测量、PMI 测量和 Tracking 功能，具体配置如下：

1）宽带 CQI 测量：1 个单端口 CSI-RS 资源，使用宽波束加权，用于宽带 CQI 测量，基站根据 UE 反馈的 CQI 来计算功控或者使链路自适应。

2）RSRP 测量：1~8 个单端口 CSI-RS 资源，使用宽或窄波束加权，用于 RSRP 测量，测量反馈的 RSRP 结果可用于波束扫描。

3）PMI 测量：1~8 个多端口（可选择端口数：2port、4port、8port）CSI-RS 资源，与 CQI、RSRP 不同，用于 PMI 测量的 CSI-RS 采用多端口 CSI-RS 资源，UE 测量得到的 PMI/RI 被反馈给基站，基站基于得到的 PMI/RI 来调度下行基于 PMI 赋形的多流。

4）Tracking：每 4 个 CSI-RS 资源用于 1 个 Tracking RS，以进行 UE 的精同步和测量时频偏。

（2）CSI-RS Resource 图案配置方式示例

CSI-RS 时域资源配置包括周期、slot 偏移、slot 内符号位置。CSI-RS 频域资源配置包括起始 RB、所占的 RB 数、资源索引（ROW）及其对应密度、频域资源位图。

时域参数中，period 表示 CSI-RS 的配置周期，slot offset 表示 CSI-RS 的时隙偏移，l_0 表示 slot 内的符号位置。

频域参数中，CSI-RS RB Start 表示起始 RB，CSI-RS RBNUM 表示 RB 数量，图 2-25 中给出了 ROW = 1 的资源配置，ROW 对应密度 $\rho = 3$，频域 RE 位图配置为 $[b_3 \cdots b_0] = [0001] = 0x1$。

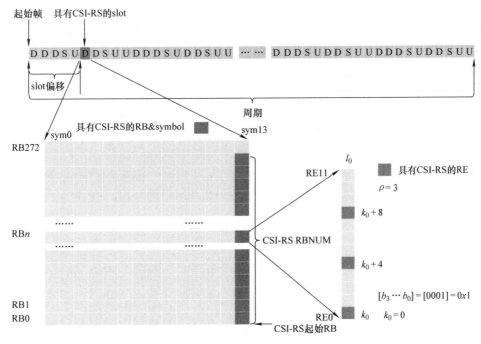

图 2-25　CSI-RS Resource 图案配置方式图

（3）RSRP 测量配置示例

根据协议中的定义，当测量上报量设置为"cri-RSRP"时，可配置的 CSI-RS 资源端口数为 1port 或 2 port，基站配置单端口的 CSI-RS 资源用于测量 RSRP。

配置 ROW = 1 的资源用于 RSRP 测量，目前支持配置 1~8 个资源（见图 2-26），实际配置资源个数可以根据需要来配置，不同的 CSI-RS 资源可以由不同波束权值进行加权。

RSRP 的 CSI-RS 是在同一个符号配置的，也就是说是在同一时刻发的，这跟 SSB 时分不一样。对于 CSI-RS 端口，如果是单端口，则每个端口占一个 RE，通常来说，一个 N 端口的 CSI-RS 在一个 RB/slot 内，总共会占用 N 个 RE。

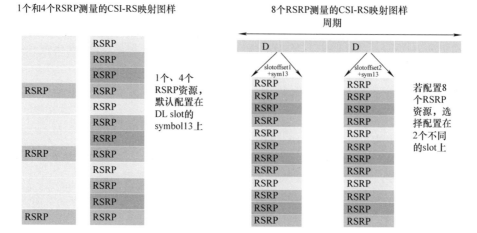

图 2-26　RSRP 测量配置示例图

2.2.2.7　NR 上行物理信道

在 5G 中定义的上行物理信道主要包括三种，分别是物理随机接入信道（The Physical Random Access Channel，PRACH）、物理上行控制信道（The Physical Uplink Control Channel，PUCCH）、物理上行共享信道（The Physical Uplink Shared Channel，PUSCH）三种。

1. PRACH

在 5G 中，preamble（前导码）是如何生成的呢？因为 ZC（Zadoff-Chu）序列具有良好的自相关性和互相关性以及峰均比低等特点，因此 5G 与 LTE 一样采用 ZC 序列作为 PRACH 的上行同步序列（即 preamble）。preamble 由 ZC 根序列循环移位生成的，5G 里面支持两种长度的码序列，分别为 $L = 139$ 及 $L = 839$，使用的长度由站点定义的 preamble format 来决定。

ZC 根序列长度为 139 或 839，u 值由系统消息下发的逻辑根索引配置值查表得出。

$$x_u(i) = e^{-j\frac{\pi u i(i+1)}{L_{RA}}}, \; i = 0, 1, \cdots, L_{RA} - 1$$

经过循环移位后的 ZC 序列集合如下：

$$x_{u,v}(n) = x_u\big((n + C_v) \bmod L_{RA}\big)$$

PRACH 用于随机接入，是用户进行初始连接、切换、连接重建立，以及重新恢复上行同步的必经途径。UE 通过上行 RACH 来达到与基站之间的上行接入和同步。与 LTE 一样，NR 随机接入信道的 preamble 由 ZC 序列的循环移位产生，一个随机接入时机（RO）包含 64 个 preamble，其中 RO 为某个 RACH 格式所占用的时、频资源。PRACH 的根序列是 ZC 序列，其是一种恒包络零自相关的序列，具有以下特性：①具有恒定的幅值，满足上行低峰均比要求；②良好的自相关特性；③互相关值很低，或为零；④ ZC 序列经过 DFT 后仍然是 ZC 序列。

（1）循环移位公式

循环移位 C_v 的定义如图 2-27 所示。

非限制集下的 C_v，在 UE 静止或低速移动的场景下，不考虑多普勒频移时，循环移位使用没有限制，这种情况下采用非限制集下的公式计算 C_v。

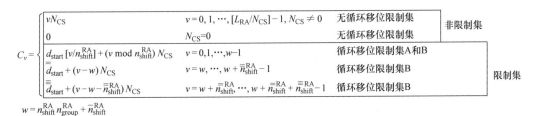

图 2-27　循环移位 C_v 定义图

限制集下的 C_v，在 UE 高速移动的场景下，由于多普勒频移效应，频偏会导致基站在检测 PRACH 时，时域上出现额外的相关峰，伪相关峰会影响基站对 PRACH 的检测，因此在 UE 高速移动的场景下，针对不同根索引序列，要限制使用某些循环移位，以规避伪相关峰的问题，从而保证接入的成功率。配置接入为限制集后，在循环移位集合的计算上会显得更复杂。

从应用场景的要求来看，5G 要求支持 UE 的移动速度达到 500km/h，比 LTE 要求支持的 350km/h 高约 43%，LTE 和 NR 的 PRACH 均支持非限制集、限制集 A 以及限制集 B，但 5G 的限制集 B 可支持更高的高速移动场景，所能支持的循环移位数更少。

C_v 为 preamble v 对应的循环移位，循环移位的产生分为三种情况：①无循环移位限制集（Unrestricted Set）；②循环移位限制集 A（Restricted Set TypeA）；③循环移位限制集 B（Restricted Set TypeB）。对于高低速不同场景下的不同小区覆盖半径，应该选择合适的 ZC 序列循环移位偏置（N_{CS}），N_{CS} 由小区覆盖半径来确定，通常小区覆盖半径越大，要求 N_{CS} 越大。如果 N_{CS} 设置偏小，则会出现在覆盖区远处，终端接入时候随机接入过程失败，或者切换接入失败。N_{CS} 并不决定覆盖半径，它影响的是接入时候的半径。即 N_{CS} 大和小，其实并不影响其覆盖的信号强度等，那些都是客观存在的。

（2）N_{CS} 取值示例

小区可用循环移位的集合称为零相关域参数，作为小区随机接入配置的一部分在 SIB1 中提供。零相关域参数实际上指向了一张表格，其给出小区可用循环移位的集合（见表 2-26）。"零相关域"名称的来源是：不同零相关域参数指示的表格中其循环移位的距离不同，从而为定时误差方面提供了更大或更小的"域"，并可以保持正交性（＝零相关）。循环移位限制集 A 和限制集 B 分别用于高速和超高速两种情况，一般工程上以 120km/h 为分界线。

表 2-26　N_{CS} 取值示例表

zeroCorrelationZoneConfig	N_{CS} 值		
	无循环移位限制集	循环移位限制集 A	循环移位限制集 B
0	0	15	15
1	13	18	18
2	15	22	22
3	18	26	26
4	22	32	32
5	26	38	38
6	32	46	46
7	38	55	55
8	46	68	68

（续）

zeroCorrelationZoneConfig	N_{CS} 值		
	无循环移位限制集	循环移位限制集 A	循环移位限制集 B
9	59	82	82
10	76	100	100
11	93	128	118
12	119	158	137
13	167	202	—
14	279	237	—
15	419	—	—

（3）preamble 生成方法及示例

对于一个逻辑根序列，经过循环移位后生成的 preamble 个数为 L_{RA}/N_{CS}，如果小于 64 时，则逻辑根序列索引号 +1 后，继续通过循环移位生成 preamble，直至满足 64 个 preamble 为止。

RRC 建立或者切换入时都要用到随机接入，也就需要接入 preamble。每个小区要有 64 个接入 preamble，NR 中对于长格式有 838 个逻辑根序列，一个逻辑根序列可以产生 m 个接入 preamble，m 就和 N_{CS} 相关，N_{CS} 越大，m 就越小。一个逻辑根序列通过循环移位来构建出多个接入 preamble，那么每次循环移位的大小就是由 N_{CS} 决定的，如图 2-28 所示。

i	序列索引号 u 按 i 升序排列																			
0～19	129	710	140	699	120	719	210	629	168	671	84	755	105	734	93	746	70	769	60	779
20～39	2	837	1	838	56	783	112	727	148	691	80	759	42	797	40	799	35	804	73	766
40～59	146	693	31	808	28	811	30	809	27	812	29	810	24	815	48	791	68	771	74	765

zeroCorrelationZoneConfig	值
	无循环移位限制集
0	0
1	13
2	15
3	18
4	22
5	26
6	32
7	38

➢ 以 $L=839$ 为例，逻辑根序列索引为 20 时，对应的 $u=2$，下一个根序列索引对应 $u=837$，zeroCorrelationZoneConfig=6，即 $N_{CS}=32$

➢ $v = 0, 1, \cdots, 25(839/32)$ 下取整=26 个循环移位

➢ $C_v = 0, 32, 64, \cdots, 832$

$x_{u,v}(n) = x_u((n+C_v) \bmod L_{RA})$

$x_u(i) = e^{-j\frac{\pi u i(i+1)}{L_{RA}}}, i = 0, 1, \cdots, L_{RA}-1$

可以看出，用 $u=2$ 根序列，生成 26 个 preamble，用 $u=837$ 根序列继续，生成 26 个 preamble，用下一个根序列继续，直到一共生成 64 个 preamble

图 2-28   preamble 生成示例

一个小区使用的第一条根序列的逻辑索引通过 SIB1 中的信令进行通知，基站和终端基于逻辑索引和物理索引的映射关系找到序列的物理索引，并产生相应的 ZC 序列。逻辑索引和物理索引的映射关系与 LTE 完全相同。

（4）preamble 格式

64 个 preamble 分为两个部分，一部分用于基于竞争的随机接入，另一部分用于基于非竞争的随机接入。用于基于竞争的随机接入 preamble 又可分为两组：group A 和 group B（group B 可能不存在），如图 2-29 所示。

将用于基于竞争的随机接入 preamble 分为 group A 和 group B 的目的是为了加入一定的先验信息，以便基站在 RAR 中给 Msg3 分配适当的上行资源。

当需要发送的 Msg3 的大小大于等于阈值，并且 UE 所在位置的路损小于等于阈值时，UE 选择 group B，否则选择 group A。

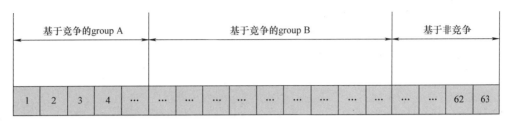

图 2-29　preamble 格式

（5）PRACH 长格式

NR 标准定义了两种类型的 preamble，长 preamble 和短 preamble。preamble 是小区随机接入配置的一部分，即一个小区仅有一种类型的 preamble 可用作初始接入。PRACH 格式定义：长序列，5G NR 支持 4 种长度为 839 的 PRACH 的 preamble format，分别为 format0/1/2/3，支持子载波间隔为 {1.25, 5}kHz（仅用于低频 FR1），支持非限制集、限制集 A 及限制集 B（见图 2-30）。长序列中的子载波间隔直接和 format 对应，无须另外配置。

format	L_{RA}	Δf^{RA}	N_u	N_{CP}^{RA}	支持的限制集
0	839	1.25kHz	24576κ	3168κ	Type A, Type B
1	839	1.25kHz	$2\cdot24576\kappa$	$2\cdot21024\kappa$	Type A, Type B
2	839	1.25kHz	$4\cdot24576\kappa$	4688κ	Type A, Type B
3	839	5kHz	$4\cdot6144\kappa$	3168κ	Type A, Type B

图 2-30　PRACH 长格式

format0/1 重用 LTE 的 format0 和 3，分别对应 14km 和 100km 的覆盖场景。format3 长度为 1ms，针对的是高速场景，对 NR 来说最高车速需求达到 500km/h，这种格式的子载波间隔较宽达到 5kHz，用来满足高车速的要求，可以有效对抗多普勒频偏。format2 长度为 4.3ms，这种格式强调加强 preamble 的累计能量，从而可以对抗普通覆盖下的穿透损耗，与 format0 相比，CP 和 GP 的长度都变化不大。

format0/1 与 LTE 的 PRACH format0/3 完全相同。format2/3 是 NR 新引入的，其中 format2 的 RACH 序列重复了 4 次，可以积累更多的能量，从而可以对抗普通覆盖下的穿透损耗。format3 使用 5kHz 的子载波，序列重复 4 次，用于高速场景。

（6）PRACH 时域资源

和 LTE 类似，NR 的 PRACH 需要根据配置 PRACH-ConfigurationIndex 来选取时域资源，不同格式 PRACH 时域长度已经确定，只要确定在子帧中的开始位置，时域资源就完全确定了。PRACH-ConfigurationIndex 取值范围为 0～255。

format 确定了，时域长度就确定了。如图 2-31 所示，x 是指 PRACH 配置周期，y 是指 SFN mod x 后的余数，其物理意义是在 PRACH 配置周期内第几个帧上会有 RACH slot。Subframe number 指的是哪些子帧上会有 RO；Starting symbol 是指 RO 在 RACH slot 中的最早的起始符号编号（0～13）；Number of time-domain PRACH occasions within a PRACH slot 是指一个 slot 内的时域 RO 的个数，n_t^{RA} 图里是 6，真实取值为 0～5；PRACH duration 是指每个 format 所占用的符号数量。比如 A1，就是 2 个符号；C2 就是 6 个符号。

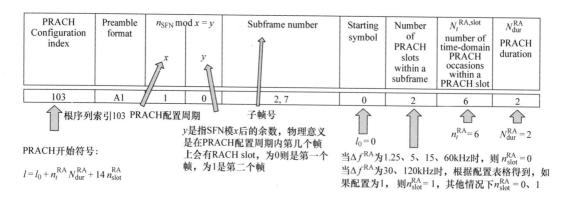

图 2-31 PRACH 时域资源协议查表解析图

（7）PRACH 时域资源示例

如图 2-32 所示，对于 FR1，当 $\Delta f^{RA} = 15\text{kHz}$ 时，得到 $l = 0$、2、4、6、8、10，即子帧 2/7 内有 6 次 PRACH occasion 发送时刻。

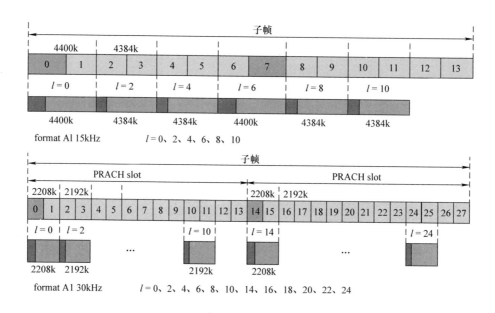

图 2-32 FR1 PRACH 时域资源示例图

对于 FR1，当 $\Delta f^{RA} = 30\text{kHz}$ 时，得到 $l = 0$、2、4、6、8、10、14、16、18、20、22、24，即子帧 2/7 内两个 PRACH 时隙，每个时隙内有 6 次 PRACH occasion 发送时刻。

（8）PRACH 频域资源

PRACH 频域资源由 n_{RA}^{start} 和 n_{RA} 决定。n_{RA}^{start} 为配置的 PRACH 频域资源在 BWP 中的最低 RB 索引，对应于 msg1-FrequencyStart。n_{RA} 对应于参数 msg1-FDM，决定了频域复用 PRACH 的频域资源个数，取值为 {1, 2, 4, 8}。

图 2-33 决定了 PRACH 的频域资源大小，例如 PRACH 和 PUSCH 子载波间隔分别为 1.25kHz

和 15kHz 时，PRACH 对应 6 个 PUSCH RB，占用 864 个子载波（实际发送 839 个子载波，下边缘 7 个保护子载波，即 $\bar{k}$，为了让 PRACH preamble 在频域两边的保护子载波尽可能平衡）。当下边缘占 7 个子载波，上边缘的保护子载波数就等于 864 − 839 − 7 = 18 个。

L_{RA}	Δf^{RA} for PRACH	Δf for PUSCH	N_{RB}^{RA}, allocation expressed in number of RBs for PUSCH	$\bar{k}$
839	1.25	15	6	7
839	1.25	30	3	1
839	1.25	60	2	133
839	5	15	24	12
839	5	30	12	10
839	5	60	6	7
139	15	15	12	2
139	15	30	6	2
139	15	60	3	2
139	30	15	24	2
139	30	30	12	2
139	30	60	6	2
139	60	60	12	2
139	60	120	6	2
139	120	60	24	2
139	120	120	12	2

图 2-33　PRACH 频域资源协议查表图

（9）PRACH 时频域资源示例

通过 PRACH-ConfigurationIndex 可以确定 PRACH 的时域位置，配置 msg1-SubcarrierSpacing 和 msg1 FrequencyStart 可以确定 PRACH 的频域位置。

以 PRACH-ConfigurationIndex 为 17（PRACH-ConfigurationIndex 为 17 是 format 0，支持的小区半径为 14km）、msg1-SubcarrierSpacing 为 30kHz、msg1-FrequencyStart 为 2 举例，通过查询 3GPP 38.211 协议的 Table 6.3.3.2-3 可以确定 PRACH 的时域位置为每个无线帧的子帧 4 和 9，通过查询 3GPP 38.211 协议的 Table 6.3.3.2-1 可以确定 PRACH 的频域位置为 RB2 ~ RB4，如图 2-34 所示。

2. PUCCH

与 LTE 类似，NR 的 PUCCH 用来发送上行控制信息（UCI），UCI 包括 CSI、HARQ（Hybird Automatic Repeat Request，混合自动请求重传）的 ACK/NACK、调度请求 SR 及组合。

NR 中 PUCCH 支持 5 种格式类型：format0 ~ format4，根据 PUCCH 占用时域符号的长度分为短格式（format0、2）和长格式（format1、3、4）。其中，PUCCH 格式 0 和格式 2 在时域的持续时间仅支持 1 ~ 2 个 OFDM 符号，因此被称为短 PUCCH。PUCCH 格式 1、格式 3 和格式 4 在时域的持续时间能够支持 4 ~ 14 个 OFDM 符号，因此被称为长 PUCCH，见表 2-27。其中 PUCCH 格式 1、3、4（长格式）可以支持时隙内和时隙间跳频，PUCCH 格式 0、2（短格式）可以支持时隙内跳频（2 个符号时）。

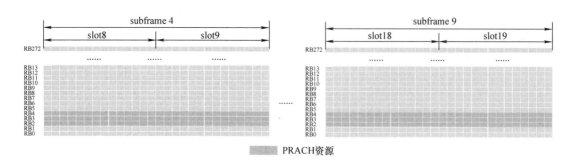

图 2-34　PRACH 时频资源示例图

表 2-27　PUCCH 支持格式类型

PUCCH 格式	OFDM 符号长度	bit 数
0（短）	1～2	≤ 2
1（长）	4～14	≤ 2
2（短）	1～2	> 2
3（长）	4～14	> 2
4（长）	4～14	> 2

NR 与 LTE 中 PUCCH 设计最大的差别在于，为了缩短 HARQ-ACK 的反馈时延，NR 引入了短 PUCCH，利用短 PUCCH，可以实现 UCI 在较少的 OFDM 符号上传输，从而更好、更灵活地支持低时延业务。例如，在同时包含下行符号和上行符号的时隙，基站能够调度 UE 在当前时隙接收下行数据并在当前时隙反馈应答信息，基于这种时隙的应答也称为自包含应答。

（1）PUCCH 格式 0

PUCCH 格式 0 发送的信息 bit 为 1 或者 2，用于发送 HARQ 的 ACK/NACK 反馈，也可以携带 SR 信息。在频域上占用 1 个 RB，在时域上占用 1～2 个符号，如图 2-35 所示。

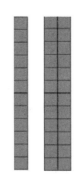

```
PUCCH-format0 ::=          SEQUENCE {
    initialCyclicShift     INTEGER(0..11),
    nrofSymbols            INTEGER (1..2),
    startingSymbolIndex    INTEGER(0..13)
}
```

initialCyclicShift：初始循环移位

nrofSymbols：符号个数

startingSymbolIndex：开始符号索引，时隙内任意位置

➤ 当使用 1bit HARQ-ACK 反馈时，最多支持 6 个 UE 复用

➤ 当使用 2bit HARQ-ACK 反馈时，最多支持 3 个 UE 复用

➤ PUCCH 0 时域资源配置 1 个或 2 个符号时，不影响复用的 UE 个数，当配置为 2 个符号时，可以提升 ACK 反馈的可靠性

图 2-35　PUCCH 格式 0 解析图

PUCCH 格式 0 是唯一不需要 DMRS 和调制的，其通过序列选择的方式承载信息，能够保证上行信息传输时的单载波特性，从而降低 PAPR（Peak to Average Power Ratio，峰均功率比），提高 PUCCH 格式 0 的覆盖。

HARQ 用序列循环移位表示，循环移位共 12 个，当 PUCCH 格式 0 仅用于承载 1bit 信息时，占用 2 个循环移位，所以支持 6 个 UE 复用；承载 2bit 信息时，占用 4 个循环移位，所以支持 3 个 UE 复用。

（2）PUCCH 格式 1

PUCCH 格式 1 属于长格式，在时域上占用 4～14 个符号，承载的信息 bit 最多 2 个，用于发送 HARQ 的 ACK/NACK 反馈，也可以携带 SR 信息，如图 2-36 所示。在频域上占用 1 个 RB。

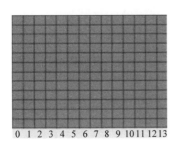
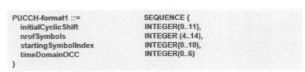

initialCyclicShift：初始循环移位

nrofSymbols：符号个数(4~14)

startingSymbolIndex：开始符号索引，时隙内任意位置

timeDomainOCC：时域OCC配置的索引

图 2-36　PUCCH 格式 1 解析图

PUCCH 格式 1 的 UCI 与 DMRS 是时分的，占用的 OFDM 符号是间隔的，比如 DMRS 占用 0、2、4、6、8、…，PUCCH 格式 1 在 5 种格式中具有最强的码分复用能力，可以通过每个 OFDM 符号上承载的序列的不同循环移位以及不同 OFDM 符号上使用的正交扩频码来实现，调制方式是 $\pi/2$ BPSK 或 QPSK。

PUCCH 格式 1 配置 14 个符号，在不开时隙内跳频时，时域正交序列长度最大为 7（时域 OCC 配置 0～6），一个 RB 最多支持 $12 \times 7 = 84$ 个 UE（见图 2-37）。

PUCCH长度 $N_{\text{symb}}^{\text{PUCCH},1}$	$N_{\text{SF},m'}^{\text{PUCCH},1}$		
	不开时隙内跳频	时隙内跳频	
	$m'=0$	$m'=0$	$m'=1$
4	2	1	1
5	2	1	1
6	3	1	2
7	3	1	2
8	4	2	2
9	4	2	2
10	5	2	3
11	5	2	3
12	6	3	3
13	6	3	3
14	7	3	4

图 2-37　PUCCH 格式 1 跳频协议图

根据 PUCCH 占用的符号数量以及 PUCCH 的跳频配置，查表可以得到时域 OCC 的个数。

（3）PUCCH 格式 2

PUCCH 格式 2 是唯一不满足单载波特性的格式（PAPR 较高，覆盖受影响），UCI 占用的 RE 与 DMRS 占用的 RE 在频域上实现 FDM，为了提高 PUCCH 格式 2 的负载能力，其在频域上可以使用 1 ~ 16 个 RB 进行传输（不受 2、3、5 的幂次方限制），不过 PUCCH 格式 2 无法进行多用户复用如图 2-38 所示。

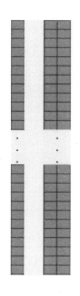

- HARQ-ACK/SR信息，也可以使用PUCCH格式2、3、4来发送
- CSI由于信息长度较大，只能通过PUCCH格式2、3、4来发送
- PUCCH格式2在时域上占用1或2个符号，在频域上可以占用1~16个RB(2、3、5的倍数)。PUCCH格式2时长短，适合用于低时延场景，支持较大信息量的UCI

```
PUCCH-format2 ::=          SEQUENCE {
    nrofPRBs               INTEGER (1..16),
    nrofSymbols            INTEGER (1..2),
    startingSymbolIndex    INTEGER(0..13)
}
```

nrofPRBs：PRB数

nrofSymbols：符号数(1或2)

startingSymbolIndex：开始符号索引

PUCCH格式2不支持多UE复用

图 2-38　PUCCH 格式 2 解析图

（4）PUCCH 格式 3

PUCCH 格式 3 是所有格式中 UCI 信息承载能力最强的，调制方式为 π/2 BPSK 或 QPSK，只支持单用户，UCI 与 DMRS 是时分复用的，RB 数要满足 2、3、5 的幂次方，如图 2-39 所示。

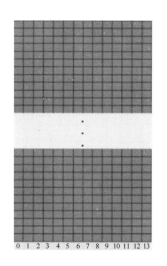
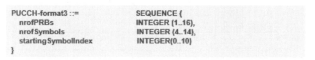

- PUCCH格式3在时域上占用4~14个符号，在频域上可以占用1~16个RB(2、3、5的倍数)

```
PUCCH-format3 ::=          SEQUENCE {
    nrofPRBs               INTEGER (1..16),
    nrofSymbols            INTEGER (4..14),
    startingSymbolIndex    INTEGER(0..10)
}
```

nrofPRBs：PRB数

nrofSymbols：符号数(4~14)

startingSymbolIndex：开始符号索引

PUCCH格式3支持很大信息量的UCI，不支持多UE复用，不支持码分，当同一时刻存在多个UE时，在频域将UE区分开来

图 2-39　PUCCH 格式 3 解析图

PUCCH 3 资源举例如下：

假设 PUCCH 格式 3 在频域上占据 RB243 ~ RB248 的 6 个 RB，在时域上占据 slot19 的 14 个符号，前半跳在频域上占据 RB243 ~ RB248 的 6 个 RB，后半跳在频域上占据 RB24 ~ RB29 的 6 个 RB，在时域上占据 slot19 的 14 个符号，如图 2-40 所示。

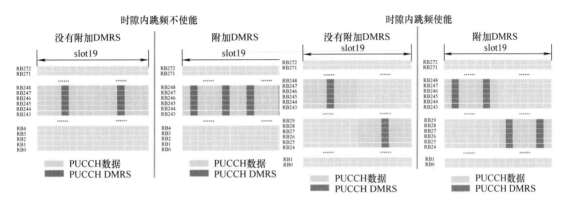

图 2-40　PUCCH 格式 3 资源分配示例图

配置时隙内跳频，可以增加 gNB 的解调增益，减少下行重传次数，增大下行系统容量。对于 PUCCH 格式 3，每个 UE 占用 1 或 2 个 RB，不支持码分。当同一时刻存在多个 UE 时，在频域将 UE 区分开来。

（5）PUCCH 格式 4 及格式总结

PUCCH 格式 4 在时域上占用 4 ~ 14 个符号，在频域上占用 1 个 RB。PUCCH 格式 4 与格式 3 的主要区别在于 PUCCH 格式 4 支持码分复用，可以支持多用户复用，但 PUCCH 格式 4 频域资源只支持 1 个 RB，因此能够承载的 UCI 比特数不如 PUCCH 格式 3 多。PUCCH 格式 4 的 UCI 与 DMRS 时分复用。PUCCH 格式 1、3、4，可以配置多时隙重复发送，增加可靠性，重复时隙个数为 2、4、8（见表 2-28）。

表 2-28　PUCCH 格式参数对比

参数	format0	format1	format2	format3	format4
时域符号数	1 或 2	4 ~ 14	1 或 2	4 ~ 14	4 ~ 14
RB 数	1	1	1 ~ 16	1 ~ 16	1
支持的比特数	1 或 2	1 或 2	> 2	> 2	> 2
initialCyclicShift	0 ~ 11	0 ~ 11	—	—	—
时域 OCC	—	支持	—	—	—
频域 OCC	—	—	—	—	支持
附加 DMRS	—	支持	支持	支持	支持
UCI 与 DMRS 复用格式	—	TDM	FDM	TDM	TDM

```
PUCCH-format4 :: =                      SEQUENCE {
    nrofSymbols                         INTEGER（4..14），
    occ-Length                          ENUMERATED {n2, n4}，
    occ-Index                           ENUMERATED {n0, n1, n2, n3}，
    startingSymbolIndex                 INTEGER（0..10）
}
```

注：nrofSymbols：符号个数（4～14）；occ-Length：OCC 的长度；occ-Index：OCC 索引；starting-SymbolIndex：开始符号索引。

3. PUSCH

PUSCH 支持两种传输模式，基于码本传输和非码本传输，基于码本传输时，根据 DCI 中的 TPMI 进行预编码。基于码本的上行传输方案是基于固定码本来确定上行传输预编码矩阵的多天线传输技术。非码本传输方案与基于码本的上行传输方案的区别在于，其预编码不再限定在基于固定码本的有限候选集，相对于基于码本的传输方案，可以节省预编码指示的开销。

和 PDSCH 类似，PUSCH 支持时域资源分配，DCI 中指示时域资源分配对应资源分配表中的行。UE 根据所检测到的 PDCCH DCI 中的时域资源分配信息来获取所调度的 PUSCH 的时域位置信息，包括 PUSCH 所在的时隙、PUSCH 的时域长度，以及 PUSCH 在时隙中的起始 OFDM 符号索引。

用 SLIV 表示 PUSCH 时域资源，即起始符号 S 和分配的符号长度 L。PUSCH 映射方式也支持 TypeA 和 TypeB。PUSCH 频域资源分配和 PDSCH 类似，支持 Type0（RBG 位图）和 Type1（RIV）。为了降低 PAPR，PUSCH 可以支持传输预编码，即采用 DFT-S-OFDM，通过 RRC 层参数和 DCI 指示。PUSCH 支持跳频，包括时隙内跳频和时隙间跳频。

PUSCH 映射方式分为 PUSCH 映射 TypeA 和 TypeB：TypeA 对应时隙传输，最少调度 4 个 PUSCH 符号，起始符号位置只能是符号 0。TypeB 对应 mini-slot 传输，支持 1～14 个符号的调度，起始符号位置可以是符号 0～13，见表 2-29。

表 2-29　有效的 S 和 L 组合

PUSCH 映射方式	正常 CP			扩展 CP		
	S	L	$S+L$	S	L	$S+L$
TypeA	0	{4, …, 14}	{4, …, 14}	0	{4, …, 12}	{4, …, 12}
TypeB	{0, …, 13}	{1, …, 14}	{1, …, 14}	{0, …, 12}	{1, …, 12}	{1, …, 12}

（1）PUSCH 的 DMRS

PUSCH 的 DMRS 支持如下内容：①前置 DMRS：支持单符号前置、双符号前置；②附加 DMRS：支持单符号和双符号，见图 2-41。

PUSCH 的 DMRS 也支持两种配置：Type1 和 Type2，但在使用传输预编码时（DFT-S-OFDM），仅支持 Type1。和 PDSCH 的 DMRS 类似，Type1 支持 4（单前置）/8（双前置）个正交天线端口，端口号为 0～7。Type2 支持 6（单前置）/12（双前置）个正交天线端口 0～11。

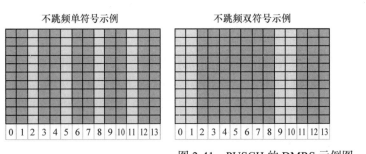
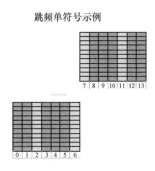

图 2-41　PUSCH 的 DMRS 示例图

　　当使用传输预编码时，PUSCH 仅支持单层传输，单天线端口，使用低 PAPR 序列。时隙内跳频，PUSCH 在同一个时隙内的两个 hop 上传输，时隙内跳频可以改善一次 PUSCH 传输的频率分集和干扰抑制。

　　（2）PUSCH 的 DMRS 时域映射方式

　　PUSCH TypeA 的 DMRS 时域映射方式（前置 DMRS）的时域符号位置跟下行一样（下行是 PBCH 通知），见图 2-42。跳频与下行类似，跳频时 DMRS 时域映射就是相对于每个 hop（跳频数）的位置。但是对于 TypeA，第一个 hop 的前置 DMRS 还是跟下行一样；第二个 hop 的第一个 DMRS 符号是这个 hop 的第一个符号位置。

符号范围	DMRS位置l											
	PUSCH映射type A								PUSCH映射type B			
	$l_0=2$				$l_0=3$				$l_0=0$			
	dmrs-AdditionalPosition				dmrs-AdditionalPosition				dmrs-AdditionalPosition			
	0		1		0		1		0		1	
	1st hop	2nd hop	1st hop	2nd hop	1st hop	2nd hop	1st hop	2nd hop	1st hop	2nd hop	1st hop	2nd hop
≤3	—	—	—	—	—	—	—	—	0	0	0	0
4	2	0	2	0	3	0	3	0	0	0	0	0
5,6	2	0	2	0,4	3	0	3	0,4	0	0	0,4	0,4
7	2	0	2,6	0,4	3	0	3	0,4	0	0	0,4	0,4

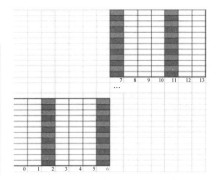

图 2-42　PUSCH 的 DMRS 时域映射方式解析图

　　在 PUSCH 时隙内跳频时，仅支持单前置 + 附加 DMRS 的组合，即在一个 hop 内为 1+0、1+1 组合。图 2-42 中表格里的 2，6 代表第一个 hop 中的 OFDM 符号编号；0，4 代表第二个 hop 中的 OFDM 符号编号。

2.2.2.8　NR 物理上行信号

　　NR 物理上行信号主要分为探测参考信号（Sounding Reference Signal，SRS）、相位跟踪参考信号（Phase-Tracking Reference Signal，PT-RS）、解调参考信号（Demodulation Reference Signal，DMRS）三种，下面我们重点阐述 SRS 的功能及作用。

　　SRS 在 5G 中的作用有：①在 TDD 系统中，利用信道互易性的特性，用 SRS 进行信道估计值，得到下行波束赋形权值进行下行数据（包括 PDCCH、PDSCH）的定向发射，使得基站侧下行信号到达终端侧的信号增强，提升终端用户的性能，降低用户间干扰。②测量基站和 UE 的信道状态质量用于下行调度，如测量 SINR、相关性、波束赋形增益，用于下行多用户配对和下行链路自适应等。③测量基站和 UE 的信道状态质量用于上行调度，如测量 TA、RI、PMI，用于上行多用户配对和上行链路自适应等。

SRS 用于上行信道质量获取，满足信道互易性时的下行信道质量推算，以及上行波束管理。PUSCH 的 DMRS 同样可以测量上行信道状态和得到上行信道估计结果，还需要 SRS 的原因在于，PUSCH DMRS 是随着 UE 有上行业务时才存在，而 SRS 不与上行业务绑定，可周期发送。

NR 支持三种类型的 SRS：周期 SRS、半静态 SRS 和非周期 SRS。其中周期 SRS：UE 根据高层信令所配置的参数进行周期性发送。半静态 SRS：与周期性的区别在于 UE 接收到关于半静态 SRS 资源的高层信令配置后不发送 SRS，只有在接收到 MAC 层发送的激活信令后才开始周期性地发送半静态 SRS。非周期 SRS：SRS 资源通过 DCI 信令激活。

1. SRS 时域配置

NR SRS 使用的天线端口数量最大为 4，时域最大占用 4 个连续符号且只能位于时隙的后面 6 个符号中。

时域的起始位置 $l_0 = N_{\text{symb}}^{\text{slot}} - 1 - l_{\text{offset}}$，其中，偏移 $l_{\text{offset}} \in \{0, \cdots, 5\}$ 从 slot 的最后面开始计算，由高层信令进行配置。

在 LTE 系统中，SRS 只能配置在每个子帧的最后一个符号，而在 NR 系统中，SRS 可用的资源位置更多，可以通过高层信令灵活配置在后面 6 个符号中，见图 2-43。

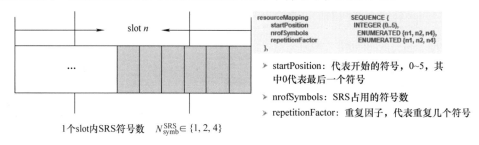

1 个 slot 内 SRS 符号数　$N_{\text{symb}}^{\text{SRS}} \in \{1, 2, 4\}$

图 2-43　SRS 时域配置解析图

2. SRS 时域重复次数

对于 SRS 的发送次数 n_{SRS} 的计算，分为非周期 SRS 和周期 SRS 或半静态 SRS 两类来分别计算：

非周期 SRS：$n_{\text{SRS}} = \lfloor l' / R \rfloor$

周期 SRS 或半静态 SRS：$n_{\text{SRS}} = \left(\dfrac{N_{\text{slot}}^{\text{frame}, \mu} nf + n_{s,f}^{\mu} - T_{\text{offset}}}{T_{\text{SRS}}} \right) \cdot \left(\dfrac{N_{\text{symb}}^{\text{SRS}}}{R} \right) + \left\lfloor \dfrac{l'}{R} \right\rfloor$

n_{SRS} 的计算方法跟在 LTE 中的计算方法差异很大，这主要是因为 NR 支持 slot 内连续多个符号的 SRS，以及 SRS 在多个符号间的频域重复和频域跳频，如图 2-44 所示。

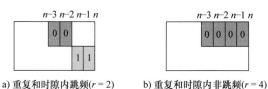

a) 重复和时隙内跳频 $(r = 2)$　　b) 重复和时隙内非跳频 $(r = 4)$

图 2-44　n_{SRS} 计算解析图

1 个 SRS 资源可以占用 1 个、2 个或 4 个符号,当 1 个 SRS 资源在多于 1 个符号映射时,将在所有的符号上重复映射。

3. SRS 时域位置示例

2.5ms 双周期帧结构,100MHz 带宽下的周期 SRS 时域资源如图 2-45 所示。

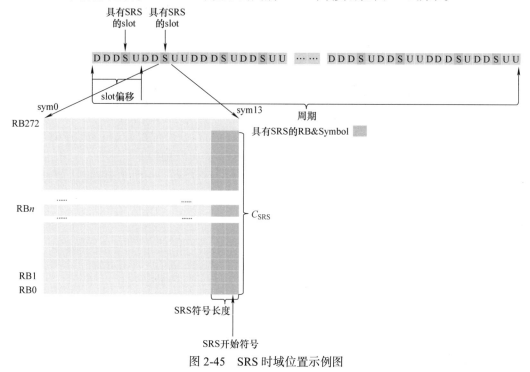

图 2-45 SRS 时域位置示例图

SRS 配置在 S 时隙里,可配置 UE 周期发送 SRS 信号,基站可以按照周期得到完整的 UE 信道状态。

SRS 的发送周期(slot),通过参数 SRSConfig.srsNormalPeriod 配置;发送周期内的 slot 偏移,通过参数 SRSConfig.SRSSlot 配置;1 个 slot 的 SRS 符号起始位置,通过参数 SRSConfig.SRSStartSymbol 配置;1 个 slot 内 SRS 符号个数,通过参数 SRSConfig.SRSSymbolLength 配置。图 2-45 中,slot 偏移配置为 3、7、13、17(也就是 3 号时隙、7 号时隙、13 号时隙、17 号时隙)。

4. SRS 梳分

SRS 在频域上采用梳分(comb)方式,在频域上每 n 个子载波发送一次 SRS,这个 n 可以是 2 或者 4,称为 comb-2 和 comb-4,见图 2-46。不同 UE 的 SRS 在同一频域范围内可以使用不同的 comb 而实现复用。对于 comb-2,就是 SRS 每隔两个子载波进行发送,两个 SRS 可以频分复用,而对于 comb-4,则最多可以 4 个 SRS 频分复用。

comb-2 是每隔一个子载波映射一个 RE 的梳分映射方式,在这种频域映射方式下,一个 SRS 资源在一个 RB 中占用 6 个 RE。comb-4 是每隔三个子载波映射一个 RE 的梳分映射方式,这种映射方式下,一个 SRS 资源在一个 RB 中占用 3 个 RE。

SRS 单次发送中,UE 复用用户数只能是 2 个或 4 个。但频域上可以有多个 SRS 资源(用小带宽的话),并可以频分。SRS 还可以码分,通过采用 ZC 序列的不同循环移位获得正交序列用于发送 SRS。

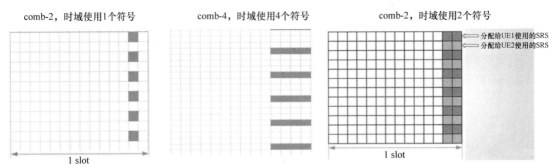

图 2-46　SRS 频域梳分解析图

5. SRS 频域带宽配置

C_{SRS} 为 SRS 可发送带宽，当可用带宽为 100MHz 时，C_{SRS} 可配置为 61、62 或 63。SRS 的带宽需要满足 4RB 的整倍数，因此 SRS 的带宽最大支持 272 个 RB。

C_{SRS} 和 B_{SRS} 共同决定了 SRS 带宽的大小和频域上可分为几份，小带宽发送时，取 $C_{SRS}=63$，$B_{SRS}=1$，图 2-47 中每 16RB 上可以按照梳分个数一次承载 4 个 UE 发送的 16RB 的 SRS 信号。

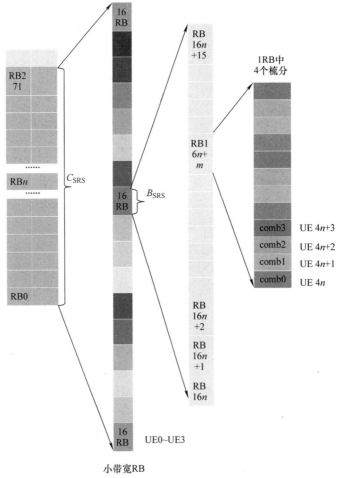

图 2-47　SRS 频域小带宽配置图

小带宽发送周期 SRS，可以增加一个符号上可调度的 UE 数，但是增加了收齐全带宽 SRS

的时间周期。

大带宽发送时，取 $C_{SRS} = 63$，$B_{SRS} = 0$，如图 2-48 所示，图中每个 UE 按照 SRS 全带宽发送，能支持 4 个梳分个数。

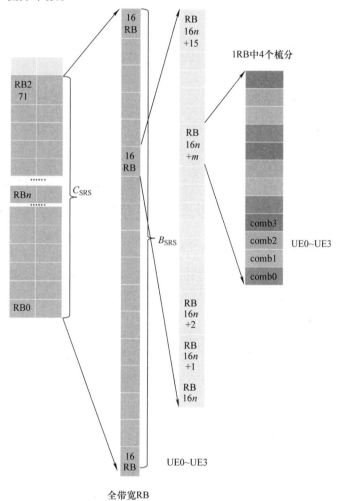

图 2-48　SRS 频域大带宽配置图

大带宽发送周期 SRS，可以快速收齐 UE 全带宽 SRS，但是减少 SRS 符号上可调度的 UE 个数。

6. SRS 的信令配置

UE 可以配置 1 个或多个 SRS resource set，每个 SRS resource set 包含有 K 个（ $\geqslant 1$ ）SRS resources。对于每个 SRS resource set，可通过高层参数 SRS-SetUse 配置其用途，用途包括 {beamManagement, codebook, nonCodebook, antennaSwitching}；SRS 的用途配置为 nonCode-book 时，基于下行的 CSI-RS 计算用于发送 SRS 的预编码。当用途配置为 beamManagement 时，配置的多个 set 里面的每个 set 中在同一时间只有一个 SRS resource 能用于发送，而属于不同 set 的 SRS resource 则可以同时发送，因此每个 set 对应一个 RF 链路。

```
SRS-ResourceSet :: =                    SEQUENCE {
    srs-ResourceSetId                   SRS-ResourceSetId,
    srs-ResourceIdList                  SEQUENCE（SIZE（1..maxNrofSRS-ResourcesPerSet））
```

OF SRS-ResourceId   OPTIONAL,   -- Cond Setup

        resourceType   CHOICE {

           aperiodic   SEQUENCE {

           semi-persistent   SEQUENCE {

           periodic   SEQUENCE {

           usage   ENUMERATED {beamManagement, codebook,

nonCodebook, antennaSwitching},

SRS 资源集用来表示 SRS 的用途，例如，用途为 antennaSwitching 的资源集用来作下行波束赋形，用途为 codebook 的资源集用来作上行 PMI。当配置为轮发时，可配置两个资源集，用途分别为 antennaSwitching 和 codebook。当不轮发时，只配置一个资源集，用途为 codebook。配置两个资源集比只配置一个资源集的优点是可以支持更多功能，例如，对于 SRS 轮发来说，配置两个资源集，下行可以空分 4 流。SRS 不轮发时，下行只能空分 1 或 2 流。

2.2.3　数据链路层概述：MAC、RLC、PDCP、SDAP

3GPP TS38.401 协议定义：Uu 接口上的协议栈分为控制面和用户面，控制面负责用户无线资源的管理、无线连接的建立、业务的 QoS 保证等。用户面用于执行无线接入承载业务，主要负责对用户发送和接收的所有信息的处理。

NR 的层 2 被分成以下子层：媒体接入控制（Media Access Control，MAC）子层、无线链路控制（Radio Link Control，RLC）子层、分组数据汇聚协议（Packet Data Convergence Protocol，PDCP）子层和服务数据适配协议（Service Data Adaptation Protocol，SDAP）子层。

相关作用如下：

- 物理层向 MAC 子层提供传输信道。
- MAC 子层向 RLC 子层提供逻辑信道。
- RLC 子层向 PDCP 子层提供 RLC 信道。
- PDCP 子层向 SDAP 子层提供无线承载。
- SDAP 子层向 5GC（5G Core，5G 核心网）提供 QoS 流。

相比于 3G/4G 的空口用户面协议栈，5G 新空口用户面协议栈新增 SDAP 层，见图 2-49。SDAP 是为了 5G QoS 而生的，SDAP 定义于 3GPP TS37.324，PDCP 定义于 3GPP TS38.323，RLC 定义于 3GPP TS38.322，MAC 定义于 3GPP TS38.321。

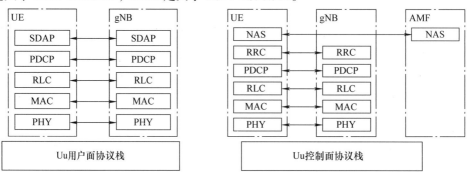

图 2-49　Uu 接口用户面及控制面协议栈

数据链路层数据流举例如图 2-50 所示，其中一个 MAC 传输块是由 RBx 的两个 RLC PDU 和 RBy 的一个 RLC PDU 生成的，其中属于 RBx 的两个 RLC PDU 分别对应 IP 包 n 和 IP 包 $n+1$，属于 RBy 的一个 RLC PDU 对应 IP 包 m 的一段。H 表征包头以及包的子头。

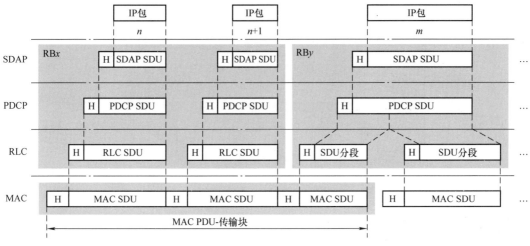

图 2-50　数据链路层数据流举例

2.2.3.1　MAC 子层

1. MAC 子层概述

MAC 子层的主要目的是为 RLC 子层业务与物理层之间提供一个有效的连接。MAC 子层向上层 RLC 子层提供的服务有：数据传输和无线资源分配。MAC 子层希望物理层提供的服务有：数据传输、HARQ 反馈信令、调度请求信令和测量（如信道质量指示（CQI））。

MAC 子层的主要功能包括：①逻辑信道与传输信道之间的映射；②MAC SDU 复用/解复用；③动态调度协调 UE 间优先级处理；④调度信息报告；⑤通过 HARQ 机制进行纠错；⑥ UE 的逻辑信道优先级处理。

2. MAC 子层架构

如图 2-51 所示，所有的逻辑信道和传输信道都要经由 MAC 实体。UE 的 MAC 实体用于处理以下传输信道：广播信道（Broadcast Channel，BCH）、下行共享信道（Downlink Shared Channel，DL-SCH）、寻呼信道（Paging Channel，PCH）、上行共享信道（Uplink Shared Channel，UL-SCH）、随机接入信道（Random Access Channel，RACH）。

寻呼控制信道（Paging Control Channel，PCCH）（逻辑信道的一种）不需要采用 HARQ 机制，该 MAC PDU 仅由 MAC SDU 组成。当 MAC 实体需要接收 PCH 时，MAC 实体按照以下流程处理：①当在 PDCCH 上监听到有 P-RNTI 加扰的信息时，根据 PDCCH 指示读取 PDSCH 信息，解码 PCH 上的 TB；②如果 PCH 成功解码，则将解码的 MAC PDU 传递给上层。

广播控制信道（Broadcast Control Channel，BCCH）的逻辑信道部分使用 HARQ 过程，BCCH 承载信息有 MIB 和 SIB，该 MAC PDU 仅由 MAC SDU 组成。MIB 信息直接映射到 BCH。当 MAC 实体需要接收 BCH 时，UE 接收 PBCH 信息并发送给 MAC 实体，MAC 实体接收并尝试解码 BCH，如果 BCH 上的 TB 成功解码则将解码后的 MAC PDU 传递给上层。SIB 信息经过 HARQ 处理映射到 DL-SCH，此处的 HARQ 过程不是真正的 HARQ 过程，不需要接收方进行应答。

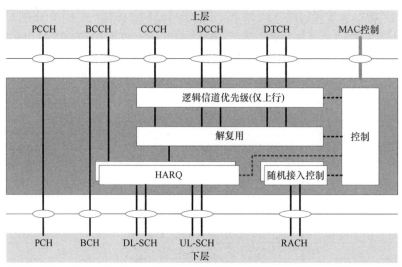

图 2-51　MAC 子层架构图

3. MAC 调度

NR 的无线资源调度功能位于 gNB 的 MAC 子层，主要为 UE 分配物理共享信道 PDSCH/PUSCH 上的资源，并选择合适的 MCS（Modulation and Coding Scheme，调制编码方案）用于系统消息或用户数据的传输。

无线资源调度由 gNB 中的动态资源调度器来实现，分为上行调度和下行调度。调度器的粒度为每 TTI（slot），上行调度和下行调度可并行处理，根据帧结构明确在某个 slot 的调度行为，并通过 DCI 中的相应字段将调度时序指示给 UE：PDCCH 中的 DCI0 用于 PUSCH 资源调度；PDCCH 中的 DCI1 用于 PDSCH 资源调度。

基站根据优先级关系挑选出要调度的对象后，考虑信道条件，选择合适的 CCE 聚合等级和 MCS，确定为调度对象分配 PDCCH 上的 CCE 资源、PDSCH 和 PUSCH 上的 RB 资源，以及用于 DL HARQ 反馈的 PUCCH 资源。

对于下行调度，gNB 可以得知 UE 所有下行逻辑信道上的业务需求，故能明确分配 UE 在每条逻辑信道上的传输数据量，见图 2-52。

对于上行调度，UE 基于逻辑信道组上报业务需求，gNB 只能给 UE 分配一个总资源，UE 如何将资源分配给各个逻辑信道，取决于 UE 的算法，见图 2-53。

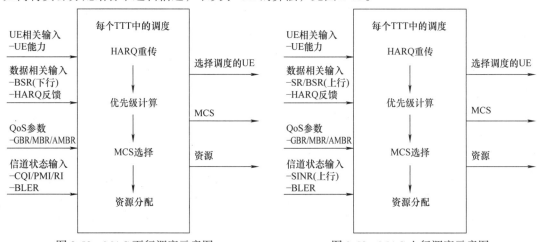

图 2-52　MAC 下行调度示意图　　　　　图 2-53　MAC 上行调度示意图

4. MAC 子层 HARQ

HARQ（Hybrid Automatic Repeat Request，混合自动请求重传）是一种物理层的重传技术，接收端在解码失败的情况下，保存接收到的数据，并要求发送端重传数据，接收端将重传的数据和之前收到的数据进行合并后再解码，既提高了数据传输速率，又减小了数据传输时延。

HARQ 使用 stop-and-wait protocol（停等协议）来发送数据。在停等协议中，发送端发送一个 TB（Transport Block，传输块）后，就停下来等待 ACK（确认信息）/NACK（未确认信息）单个传输块未确认即停等导致，这样会导致吞吐量很低。因此，NR 采用多个并行的 stop-and-wait process（停等进程）：当一个 HARQ 进程在等待确认信息时，发送端可以使用另一个 HARQ 进程来继续发送数据。UE 支持的下行最大 HARQ 进程数为 16，UE 支持的上行最大 HARQ 进程数为 8 或者 16。

HARQ 协议在时域上分为同步和异步两类，NR 只采用异步 HARQ。异步 HARQ 是指重传和新传的时间间隔并不固定，通过 DCI 中的 HARQ 进程号来指示某一 HARQ 进程的传输。异步 HARQ 相对于同步 HARQ 的好处是重传调度时间不固定更加灵活。

2.2.3.2　RLC 子层

1. RLC 子层概述

RLC 子层的主要作用是从上层接收 RLC SDU，并发送 RLC PDU 到对端接收端的 RLC 实体。RLC 子层发送、接收的 RLC PDU 主要有数据 PDU 和控制 PDU（仅针对 AM RLC 实体）两类。

RLC 数据 PDU：对从上层接收到的用户面数据和控制面数据进行处理后生成的 RLC PDU。

RLC 控制 PDU：协议中只定义了一种，即 STATUS PDU。

RLC 实体根据各自向上层提供的服务类型，可以划分为三类：TM（Transparent Mode，透明传输模式）、UM（Unacknowledged Mode，非确认模式）、AM（Acknowledged Mode，确认模式）。

RLC 子层的主要功能（见表 2-30）有：①上层 PDU 传输和 RLC 重建；②通过 ARQ 纠错（仅适用于 AM 数据传输）；③RLC SDU 的分段和重组（仅适用于 UM 和 AM 数据传输）；④RLC 数据 PDU 的重分段（仅适用于 AM 数据传输）；⑤重复检测、协议错误检查（仅适用于 AM 数据传输）；⑥RLC SDU 丢弃（仅适用于 UM 和 AM 数据传输）。

表 2-30　RLC 支持的功能

RLC 功能	TM	UM	AM
传输来自上层的 PDU	√	√	√
使用 ARQ 进行纠错	×	×	√
对 RLC SDU 进行分段和重组	×	√	√
对 RLC SDU 进行重分段	×	×	√
重复检测	×	×	√
RLC SDU 丢弃处理	×	√	√
RLC 重建	√	√	√
协议错误检测	×	×	√

RLC 重建：在切换流程中，RRC 子层会要求 RLC 子层进行重建。此时 RLC 子层会停止并重置所有定时器，并将所有的状态变量重置为初始值，同时丢弃所有的 RLC SDU、RLC SDU 分段和 RLC PDU。在 NR 中，RLC 重建时，因为 RLC 子层不支持重排序功能，只要收到一个完整的 PLC SDU 就立即往上层送，接收端不会缓存完整的 RLC SDU。

RLC SDU 分段和重组：在一次传输机会中，一个逻辑信道可发送的所有 RLC PDU 的总大小由 MAC 子层指定，其大小通常无法保证每一个需要发送的 RLC SDU 都能完整地发送出去，所以在发送端需要对某个 RLC SDU 进行分段以匹配 MAC 子层指定的总大小。相应的接收端需要进行重组以恢复出原来的 RLC SDU 并递交给上层。

重复检测：出现重复包的最大可能性是发送端反馈 HARQ ACK 被接收端错误接收为 NACK 并发生重传，其次，RLC AM 的 ARQ 机制也可能带来重传。

RLC SDU 丢弃：当 PDCP 子层指示 RLC 子层丢弃一个特定的 RLC SDU 时，RLC 子层会触发 RLC SDU 丢弃处理，且只丢弃还未生成 RLC PDU 的 SDU。

RLC TM 中主要有 BCCH、CCCH、PCCH 的报文，提供的功能为传输来自上层的 PDU 和 RLC 重建。

RLC UM 中主要有 DTCH（Dedicated Traffic Channel，专用业务信道）的报文，提供的功能为传输来自上层的 PDU、对 RLC SDU 进行分段和重组、RLC SDU 丢弃处理和 RLC 重建。

RLC AM 中主要有 DCCH 和 DTCH 的报文，提供的功能为传输来自上层的 PDU、使用 ARQ 进行纠错、对 RLC SDU 进行分段和重组、对 RLC SDU 进行重分段、重复检测、RLC SDU 丢弃处理、RLC 重建和协议错误检测。

2. RLC 子层架构

RLC 子层通过 RLC 通道与 PDCP 子层进行通信，通过逻辑信道与 MAC 子层进行通信，见图 2-54。RLC 实体在 RLC 承载建立时创建，在 RLC 承载释放时删除。一个 TM 实体或 UM 实体只具备发送或接收数据功能，一个 AM 实体既包括接收功能，又包括发送功能。

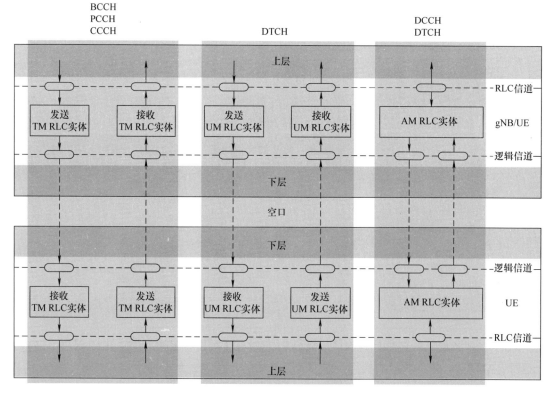

图 2-54　RLC 子层架构图

3. RLC TM

TM（透明传输模式，简称透传）：对应 TM RLC 实体，该模式可以认为是空的 RLC，数据在 RLC 子层不做任何处理，见图 2-55。不分片、不添加 RLC 头，直接递交下一层处理。主要有 BCCH、CCCH、PCCH 的报文，采用 TM 传输的数据，实时性要求很高，对时延较为敏感。

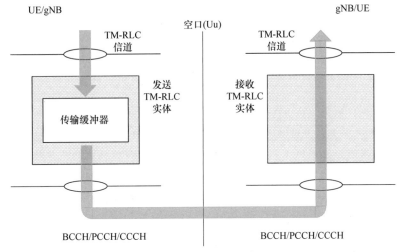

图 2-55 RLC TM 示意图

TM 不对传入 RLC 的 SDU 做任何处理，直接透传。采用 TM 传输的 PDU 称为 TMD PDU。TM 可以从下列逻辑信道中接收或者发送 RLC PDU，即 BCCH、DL/UL CCCH 和 PCCH。

4. RLC UM

UM（非确认模式）：对应 UM RLC 实体，UM 在 TM 的基础上，会在将 RLC SDU 封装为 RLC PDU 时填入序列号，可以进行分段和重组，见图 2-56。该模式不会对接收到的数据进行确认。接收侧，如果收到完整报文，则去 RLC 头之后将报文递交上层；如果收到分片报文，则去 RLC 头之后缓存 RLC.reassemblyTimer 时长。若超时未收齐，则丢弃此报文。

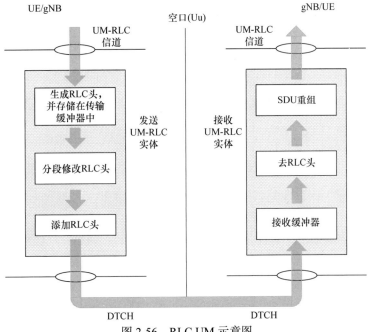

图 2-56 RLC UM 示意图

UM 可以从下列逻辑信道中接收或者发送 RLC PDU，即 DL/UL DTCH。采用 UM 传输的 PDU 称为 UMD PDU。NR RLC UM 发送实体取消了 RLC SDU 级联过程，NR RLC UM 接收实体的操作和 LTE 相同。

在 UM 下，发送端发送数据时，需要添加额外信息（RLC 头），但不需要接收侧确认。在 UM 下，发送侧由于取消了 reordering 功能，当报文不分片时，RLC 头中不需要添加 RLC SN；当报文分片时，RLC 头中就添加 6bit 或 12bit 的 RLC SN。UM RLC 发送端没有窗口，有 MAC 子层的调度就可以发，同时发送端的状态变量为 TX_Next。采用 UM 传输的数据，一般对时延比较敏感，能容忍少量丢包，适用于一般的实时数据业务。

5. RLC AM

AM（确认模式）：对应 AM RLC 实体，AM RLC 实体在 UM 的基础上，加入了 ARQ 功能，从而可以向上层提供有保障的顺序传输，见图 2-57。相对 TM 或 UM，AM 提供了 RLC 子层的所有功能。

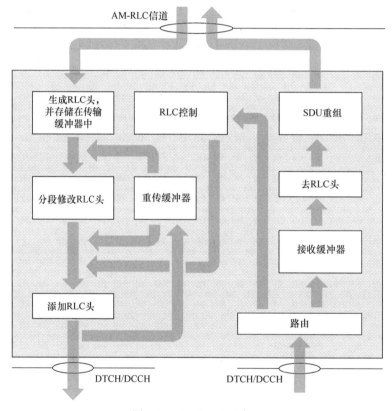

图 2-57　RLC AM 示意图

RLC AM 由于要进行 ACK/NACK 反馈，所以为闭环模式。AM 只适用于 DTCH 和 DCCH 处理。

在 AM 下，发送端发送数据时，需要添加额外信息（RLC 头），而且需要接收侧确认。在 AM 下，发送侧不论报文是否分片，RLC 头中都需要添加 12bit 或 18bit 的 RLC SN。对于 12 bit SN，可以取值 0 ~ 4095；对于 18bit SN，可以取值 0 ~ 262143。接收侧如果收到完整报文，则去 RLC 头之后将报文递交上层；如果收到分片报文，则去 RLC 头之后缓存 RLC.reassembly-

Timer 时长。若超时未收齐，则请求发送端重传此报文。采用 AM 传输的数据，一般对时延不敏感，但要求数据的正确性和完整性，适用于非实时的数据业务。

2.2.3.3　PDCP 子层

1. PDCP 子层概述

在 NR 中，PDCP 子层位于 RLC 子层之上，SDAP 子层（用户面）或 RRC 子层（控制面）之下。它通过 SAP（Service Access Point，服务访问点）与 SDAP/RRC 子层进行通信，并通过 RLC 信道与 RLC 子层进行通信，见图 2-58。除 SRB0 外，每个无线承载对应一个 PDCP 实体。一个 PDCP 实体可以与 1、2 或 4 个 RLC 实体相关联（取决于单向、双向、AM/UM、split/non-split）。PDCP 子层只会用于映射到逻辑信道（DCCH 和 DTCH）的无线承载上，而不用于其他类型的逻辑信道上。使用 PDCP 实体的无线承载包括 SRB（Signaling Radio Bearer，信令无线承载）、AM DRB（Data Radio Bearer，数据无线承载）和 UM DRB。采用 RLC TM 传输的数据并不经过 PDCP 子层。PDCP 的数据包括数据 PDU（用户面数据、控制面数据）和控制 PDU。

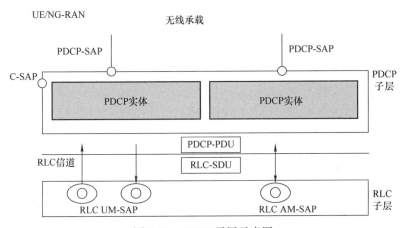

图 2-58　PDCP 子层示意图

PDCP 子层用户面支持的功能如下：① SN 值维护；②头压缩和解压缩，仅 ROHC（Robust Header Compression，鲁棒性报头压缩）；③用户面数据发送；④重排序和重复检测；⑤按序递交；⑥ PDCP PDU 路由（在 split 承载场景下）；⑦ PDCP SDU 重传；⑧加密、解密和完整性保护；⑨ PDCP SDU 丢弃；⑩应用于 RLC AM 的 PDCP 重建和数据恢复；⑪应用于 RLC AM 的 PDCP 状态报告；⑫ PDCP PDU 的复制和重复丢弃。

PDCP 子层控制面支持的功能如下：① SN 值维护；②加密、解密和完整性保护；③控制面数据发送；④重排序和重复检测；⑤按序递交；⑥ PDCP PDU 的复制和重复丢弃。

2. 头压缩与解压缩

使用头压缩的目的是减少传输的冗余数据，以节省宝贵的空口资源，头压缩仅用于数据面的 PDCP PDU，每个 PDCP 实体最多使用一个 ROHC 实例。一个压缩包会关联至相同 PDCP SN 和 COUNT 值的 PDCP SDU。

IETF 在"RFC 4995"中规定了一个框架，ROHC 框架中有多种头压缩算法，称为 Profile，每一个 Profile 与特定的网络层、传输层和更上层的协议相关，如 TCP/IP 和 RTP/UDP/IP 等，见表 2-31。头压缩协议可以产生两种类型的输出包：①压缩分组包，每一个压缩包都是由相应的 PDCP SDU 经过头压缩产生的；②与 PDCP SDU 不相关的独立包，即 ROHC 的反馈包。压缩包总是与相应的 PDCP SDU 采用相同的 PDCP SN 和 COUNT 值。ROHC 反馈包不是由 PDCP SDU 产生的，没有与之相关的 PDCP SN，也不加密。

表 2-31　头压缩算法对应关系

Profile 标识符	用途	参考
0X0000	不压缩	RFC 5795
0X0001	RTP/UDP/IP	RFC 3095，RFC 4815
0X0002	UDP/IP	RFC 3095，RFC 4815
0X0003	ESP/IP	RFC 3095，RFC 4815
0X0004	IP	RFC 3843，RFC 4815
0X0006	TCP/IP	RFC 6846
0X0101	RTP/UDP/IP	RFC 5225
0X0102	UDP/IP	RFC 5225
0X0103	ESP/IP	RFC 5225
0X0104	IP	RFC 5225

3. PDCP 子层加密和解密

发送端通过加密算法将明文数据转换为密文数据，以保证数据不被泄露。加密算法的输入参数有 128bit 的加密密钥（KEY）、32bit 的 COUNT、5bit 的承载标识（BEARER）、1bit 的传输方向（DIRECTION）和密钥流的长度（LENGTH）。其中上行 DIRECTION 值为 0，下行 DIRECTION 值为 1。

如图 2-59 所示，发送端根据 KEY、COUNT、BEARER、DIRECTION、LENGTH 和协商好的 NEA 算法计算出长度为 LENGTH 的密钥块，然后用这个密钥块和要加密的包按位异或得到密文。接收端根据相同的参数计算出和发送端完全一样的密钥块，该密钥块对接收的密文进行按位异或得到加密前的数据包。

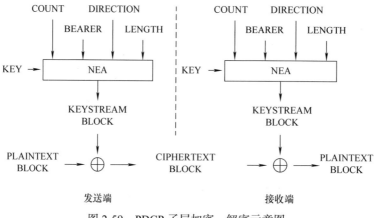

图 2-59　PDCP 子层加密、解密示意图

如图 2-59 所示，对于配置了加密的无线承载，PDCP 发送实体会基于加密算法为每个 PDCP SDU 生成一个密钥流，并对 PDCP SDU 和密钥流进行异或操作，生成加密后的数据。当

PDCP 接收实体接收到 PDCP PDU 时，会使用基于相同的输入和加密算法生成的密钥流与接收到的 PDCP PDU 进行异或操作，以恢复出原始的 PDCP SDU。

4. PDCP 子层完整性保护

完整性保护功能包括完整性保护和完整性校验。SRB PDCP data PDU 总是执行完整性保护，而 DRB PDCP data PDU 完整性保护功能可配置，PDCP control PDU 不可用于完整性保护功能。

完整性保护算法的输入参数有 128bit 的完保密钥（KEY）、32bit 的 COUNT、5bit 的承载标识（BEARER）、1bit 的传输方向（DIRECTION）和消息本身（MESSAGE）。其中上行 DIRECTION 值为 0，下行 DIRECTION 值为 1。MESSAGE 的 bit 长度为 LENGTH。

如图 2-60 所示，发送端采用协商确定的某一完整性保护算法，根据输入参数（KEY、BEARER、DIRECTION、COUNT、MESSAGE 和 LENGTH）计算 MAC-I。然后将验证码和此消息一并发送给接收端。接收端重新计算验证码并与此消息中的验证码相比较。如果两个验证码相同，则接收端确认此消息通过完整性验证。

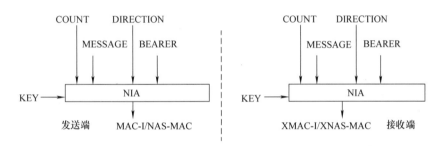

图 2-60　PDCP 子层完整性保护示意图

2.2.3.4　SDAP 子层

SDAP 实体位于 SDAP 子层，每个 PDU 会话都会建立对应的 SDAP 实体，一个 UE 可以有多个 SDAP 实体（因为一个 UE 可以同时建立多个 PDU 会话），如图 2-61 所示。

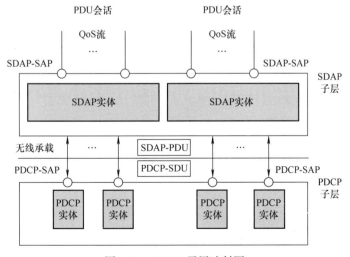

图 2-61　SDAP 子层映射图

　　SDAP 子层是通过 RRC 信令来配置的，SDAP 子层负责将 QoS 流映射到对应的 DRB 上。一个或者多个 QoS 流可以映射到同一个 DRB 上，一个 QoS 流只能映射到一个 DRB 上。

　　SDAP 子层的主要功能有（见图 2-62）：①传输用户面数据；②为上下行数据进行 QoS 流到 DRB 的映射；③在上下行数据包中标记 QoS 流 ID：在数据包上加上 SDAP 头，即标记 QFI；④为上行 SDAP 数据进行反射 QoS 流到 DRB 的映射：从下行数据包的 SDAP 头推导出下行 "QoS 流 -DRB 的映射" 规则，然后将其应用到上行方向上。

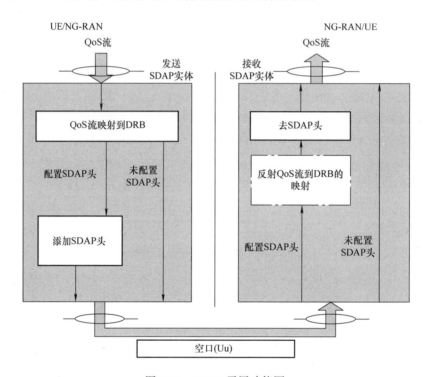

图 2-62　SDAP 子层功能图

2.2.4　5G 波束

2.2.4.1　波束管理概述

　　Massive MIMO 和波束赋形（Beamforming，BF）是 5G 的关键技术。

　　5G 将 LTE 时期的 MIMO 进行了扩展和延伸，LTE 的 MIMO 最多为 8 天线，到 5G 扩增为 16/32/64/128 天线，所以被称为 "Massive（大规模）" MIMO。提到 Massive MIMO，就不得不提波束赋形了。二者相辅相成，缺一不可。

　　Massive MIMO 负责在发送端和接收端将越来越多的天线聚合起来。波束赋形负责将每个信号引导到终端接收器的最佳路径上，以提高信号强度，避免信号干扰，从而改善通信质量，见表 2-32。

　　Massive MIMO 和波束赋形的优点如下：

　　1）更精确的 3D 波束赋形，提升终端接收信号的强度。

　　2）同时同频服务更多用户（多用户空分），提高网络容量。

表 2-32　多天线技术对比

	LTE Rel-8	LTE-A Pro Rel-15	NR Rel-15
目的	频谱效率提升	频谱效率提升	覆盖增强（特别是 6GHz 以上频段）频谱效率提升
MIMO/波束赋形		数字波束赋形	混合波束赋形
多波束操作	规范不支持	规范不支持	波束测量、上报 波束指示 波束失败恢复
上行传输	每用户最多 4 层 对于 MU-MIMO 最多 8 层 （通过 ZC 序列的循环移位）	每用户最多 4 层 对于 MU-MIMO 最多 8 层 （通过 ZC 序列的循环移位）	每用户最多 4 层 对于 MU-MIMO 最多 12 层（正交端口）
下行传输	每用户最多 4 层	每用户最多 8 层 对于 MU-MIMO 最多 4 层 （正交端口）	每用户最多 8 层 对于 MU-MIMO 最多 12 层（正交端口）
参考信号	固定模式 最多 4 个天线端口（小区参考信号）	固定模式 最多 32 个天线端口（CSI-RS）	可配置模式，最多 32 个天线端口（CSI-RS） 支持 6GHz 以上频段
天线阵子数		16～32	128～256
独立通道数		8～16	64～128
波束方式		垂直波束，按照小区进行区分	用户级 3D 波束赋形
覆盖和可靠性		好	更好
关键技术		高度整合的 RF 天线阵列	高度整合的 RF 天线阵列，MU-MIMO 自适应波束赋形

3）有效减少小区间的干扰。

4）更好地覆盖远端和近端的小区。

5G 时代，Massive MIMO 和波束赋形大展身手的场景如下。

1）重点区域多用户场景：比如演唱会、大型会议、体育场馆。

2）高楼覆盖场景：3D 波束赋形可有效提升水平和垂直覆盖的能力。

波束寻优如下。

目前来看，各个运营商天线波束自动寻优方案主要是天线权值自动优化调整，大幅提升了各种复杂场景下的网络容量和立体纵深覆盖，同时主要以某厂家设备的 Pattern 自动寻优及某厂家设备的 AAPC 功能自动寻优为主。

1）实现方式：Massive MIMO 的大规模阵列天线通过对水平波瓣宽度、垂直波瓣宽度、波束方位角、下倾角、波束数量等五个参数的自动优化来实现天线权值的自动优化调整，见图 2-63。

2）优化流程：首先采集网络 UE 相关信息，对 UE 分布进行统计和预测，并据此进行天线广播权值计算，得出一个优化权值后下发基站生效，之后监控网络 KPI 变化情况评估效果，至此一个循环结束，见图 2-64。

3）最佳方案：选择目标区域后，采集目标区域内的 UE 相关信息，获取 UE 的信号强度、位置及路损信息，综合考虑覆盖及干扰等因素（见图 2-65），设置优化目标和迭代次数，采用特定算法寻找最优方案。

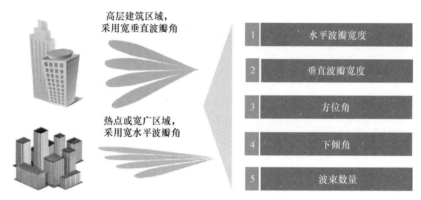

图 2-63　5G 波束关键性能指标图

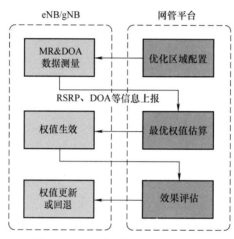

图 2-64　5G 波束优化流程示意图

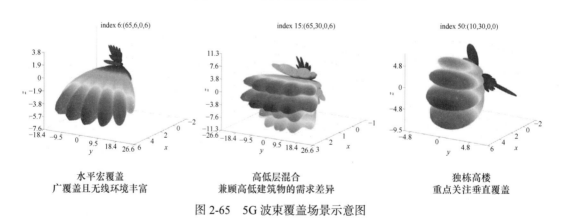

图 2-65　5G 波束覆盖场景示意图

2.2.4.2　波束赋形原理

使用多根天线，能够获得窄波束，呈现特定的指向。天线数越多，波束的指向性就越强。天线的方向图如图 2-66 所示。

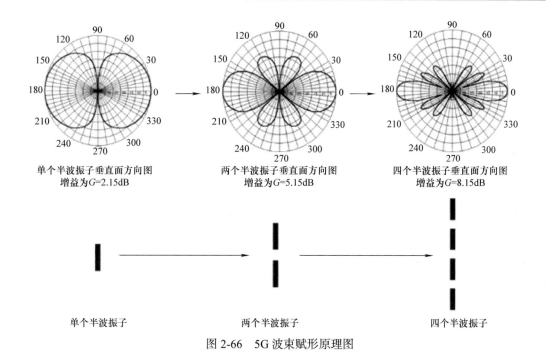

图 2-66　5G 波束赋形原理图

可以看出阵子间距相同，阵子数少则波束较宽，反之较窄；阵子数越多，天线阵列增益越高。还可以通过改变每根天线的信号的相位和振幅，使波束指向特定的方向，即波束赋形，如图 2-67 所示。

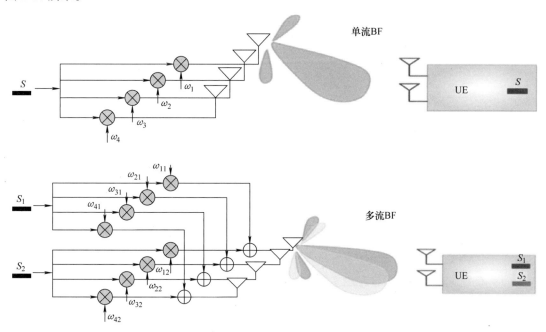

图 2-67　5G 单流、多流赋形图

LTE 引入波束，能提升小区容量和频谱利用率，可以认为是"锦上添花"。而对于 NR，整个空口无线设计是基于波束的，所有上下行信道的发送接收都是基于波束的。

NR 中的波束管理机制、总体流程主要包括如下：

1）波束扫描：发送参考信号的波束，在预定义的时间间隔进行空间扫描。

2）波束测量 / 判决：UE 测量参考信号，选择最好的波束。

3）波束报告：对于 UE，上报波束测量的结果。

4）波束指示：基站指示 UE 选择指定的波束。

5）波束失败恢复：包括波束失败检测、发现新波束、波束恢复流程。

2.3　5G 核心网基础

2.3.1　5G 核心网架构及网元功能

在 5G 时代，为了让用户通过无线方式获得更高速、更稳定的网络连接，核心网引入了多项关键技术，以提高自身的业务能力、灵活度和兼容性（见图 2-68），包括以下设计改进：

1）控制面与用户面彻底分离：好的扩展性和伸缩性（比如升级），4G 时分离不彻底，S-GW、P-GW 还包含控制会话功能。

2）网络功能服务化：（对传统网络的升级），软件硬件解耦，使用通用硬件。

3）网络接口总线化：任何网络功能都可以为其他提供服务功能，也可以使用其他网络服务。

4）最小化接入网与核心网关联：可以支持 5G、4G、3G 和 Wi-Fi。

5）网络功能无状态化：某些专门用于实现存储，某些专门用于实现控制。

6）网络能力开放：可以为某些用户定制化服务（大型场馆演出、会议），开展远程教育医疗。

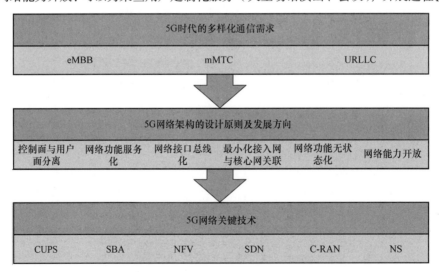

图 2-68　5G 网络多样化需求分解图

2.3.1.1　服务化架构（SBA）介绍

5G 核心网的控制面采用服务化架构（Service Based Architecture，SBA），设计如图 2-69 所示。

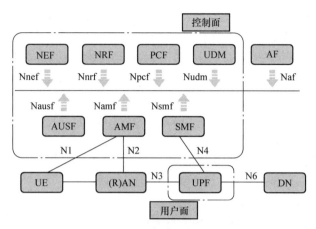

图 2-69　核心网控制面服务架构图

相对于以往是层级的拓扑网络结构,节点与节点之间是层级交错的网络关系,而且节点集成度很高,网元入网简单,但扩展性困难、升级困难,所以我们看到以前的核心网扩容,要么加新节点,要么在现有节点上升级,随着网络规模不断扩大,在现有节点上升级风险比较大,升级错误可能造成网络瘫痪,且升级只能在原硬件平台上进行。

而 SBA 则不同,由于将网络功能(Network Function,NF)拆分了,而所有的 NF 又都通过接口接入到系统中,因此有如下优点:

1)负荷分担:相同的 NF 一起来承担和提供网络功能服务(Network Function Service,NFS),负荷可以均衡分担。

2)容灾:任何的 NF 出现故障,智能化的网络管理可以让其暂时退出服务,并将服务转到其他相同的 NF 上处理。

3)扩容简单:只需要增加新的 NF 接入系统即可,丝毫不影响现网运行。

4)升级容易:都是基于标准接口的接入,无论是硬件还是软件功能,需要推出新一代的时候,都可以直接接入,旧的需要淘汰时则直接退网。

5)实现网络的开放能力,在标准接口下,其他系统也可以接入。

核心网拓扑图如图 2-70 所示,层叠表示可以有多个相同功能的 NF 接入。

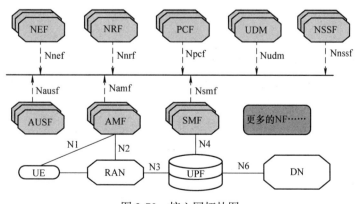

图 2-70　核心网拓扑图

借鉴 IT 系统服务化的理念，通过模块化实现网络功能间的解耦和整合，各解耦后的网络功能（服务）可以独立扩容、独立演进、按需部署。各种服务采用服务注册、发现机制，实现了各自网络功能在 5G 核心网中的即插即用、自动化组网。同一服务可以被多种 NF 调用，提升服务的重用性，简化了业务流程设计。SBA 设计的目标是以软件服务重构核心网，以实现核心网软件化、灵活化、开放化和智慧化。

1. SBA 的优点

1）拆分：NF 独立，既可以独立自治，又能相互合作分担。

2）直达：NF 之间直达，不再需要像拓扑结构一样层级依赖，提高了传输效率。

3）智能化：在服务的分配上实现智能化，区别于以往核心网需要每个网元进行详细配置入网，在 SBA 下，注册、发现、状态检测都是自动化处理。

2. SBA 的关键技术点

1）服务的提供通过生产者（Producer）与消费者（Consumer）之间的消息交互来达成。交互模式简化为两种：Request-Response 和 Subscribe-Notify，从而支持 NF 之间按照服务化接口进行交互。

在 Request-Response 模式下，NFS_A（网络功能服务消费者）向 NFS_B（网络功能服务生产者）请求特定的 NFS，服务内容可能是进行某种操作或提供一些信息；NFS_B 根据 NFS_A 发送的请求内容，返回相应的服务结果。

在 Subscribe-Notify 模式下，NFS_A（网络功能服务消费者）向 NFS_B（网络功能服务生产者）订阅网络功能服务。NFS_B 对所有订阅了该服务的 NF 发送通知并返回结果。消费者订阅的信息可以是按时间周期更新的信息，也可以是特定事件触发的通知（例如请求的信息发生更改、达到了阈值等）。

2）实现了服务的自动化注册和发现。NF 通过服务化接口，将自身的能力作为一种服务暴露到网络中，并被其他 NF 复用。NF 通过服务化接口的发现获取拥有所需 NFS 的其他 NF 实例。这种注册和发现是通过 5G 核心网引入的新型网络功能 NRF（Network Repository Function，网络存储功能）来实现的：NRF 接收其他 NF 发来的服务注册信息，维护 NF 实例的相关信息和支持的服务信息。NRF 接收其他 NF 发来的 NF 发现请求，并返回对应的 NF 示例信息。

3）采用统一服务化接口协议。R15 版本阶段在设计接口协议时，考虑了未来适应 IT 化、虚拟化、微服务化的需求，目前定义的接口协议栈从下往上在传输层采用了 TCP，在应用层采用了 HTTP/2.0，在序列化协议方面采用了 JSON，接口描述语言采用了 OpenAPI3.0，API 的设计方式采用了 RESTFul。

3. 5GC 的演进

5GC SBA 充分体现了网络架构的开放性，同时，各个 NF 之间松耦合，可以根据需要增加或者修改 NF，而不会影响其他 NF。NF 之间采用轻量级的服务化接口，其他 NF 和业务应用很容易通过该接口调用 NF。该架构能够支持新业务的快速上线。5G 服务化架构是新一代移动核心网架构演进的起点，并将沿着该路线持续演进。

和以往设备商驱动一项新技术标准不同，SBA 是由中国移动公司牵头联合全球 14 家运营商及华为等 12 家网络设备商联合提出的。这种基于"服务"的架构设计方式使得 5G 网络真正面向云化（Cloud Native）设计，具备多方面优点，如便于网络快速升级、提升网络资源利用率、加速网络新能力引入，以及在授权的情况下开放给第三方等。

在目前的情况下，SBA 需要在 5G 独立组网（SA）下实现。

2.3.1.2　移动边缘计算（MEC）介绍

移动边缘计算（Mobile Edge Computing，MEC）是在移动蜂窝网络的边缘（RAN 侧和靠近用户侧）提供 IT 服务环境和云计算能力，其目的是减少延迟，确保高效的网络运营和服务，并提供更好的用户体验。

MEC 是信息技术（IT）与电信网络（CT）的自然融合重要方向之一。它基于 NFV/SDN 的虚拟化云平台，代表了一个关键的技术和架构概念，同时有助于推进移动宽带网络向可编程网络的转变。在全球范围内，更有助于满足 5G 在预期吞吐量、延迟、可扩展性和自动化方面的近乎苛刻的要求。MEC 主要对大容量、大连接数据做本地化处理，降低时延、节省网络带宽，从而满足低时延、高带宽的需求，并可支撑以 DC（Data Center，数据中心）为中心的运营商网络重构。

1. MEC 的部署位置

MEC 服务器的部署肯定在贴近用户的地方，那么到底有多近呢？下面是 3 个选项（见图 2-71）。

图 2-71　MEC 的部署位置

1）站点机房。站点机房距离用户最近，但如果把 MEC 部署在这个位置的话，只能管理到临近 1km 范围的大约 5 个以内的站点，规模太小，成本高，所以很少有运营商这么做。

当然这种场景也有特例，那就是针对大楼的室内覆盖站点，这种站点用户密度高，还可能有大型商场这样的业务热点区域，在此部署 MEC 可以提供内网访问、数据分流、室内定位、精准广告推送等综合业务。

2）综合接入机房。这个位置离用户也很近，可以管理到临近 5 ~ 10km 的 20 个左右的站点，在此部署 MEC 的话，服务规模还是太小，也极少有运营商这样部署。

3）边缘数据中心。这个位置虽说离用户稍远，但也还属于网络边缘。在此部署 MEC 的话，可以服务于临近 50 ~ 100km 的 100 多个站点的用户，规模适中，在成本和收益之间取得了较好的平衡，因此多数运营商选择在边缘数据中心部署 MEC 服务。

到了区域数据中心这个位置，离网络边缘就比较远了，不再建议部署 MEC 服务。下沉的 CDN 和下沉的用户面 UPF/xGW 可以在这个位置就近和下面的 MEC 服务器通信。

2. MEC 平台架构

MEC 是一个基于通用服务器的虚拟化平台，在此平台之上，不但可以部署 5G 的 CU（Centralized Unit，集中单元）、下沉的用户面功能（User Plane Function，UPF）和各种各样的服务，在用于 5G 的 eMBB、mMTC 和 URLLC 服务之外，还可以部署下沉的 4G 用户面 SGW-U 和 PGW-U（合称 xGW），以使数据通道更为畅通，见图 2-72。

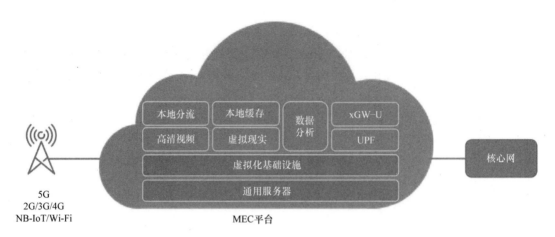

图 2-72 MEC 平台架构

3. MEC 对 5G 三大应用的影响

在引入了 MEC 之后，eMBB、mMTC 和 URLLC 这三大 5G 应用场景都可以受益（见图 2-73）。

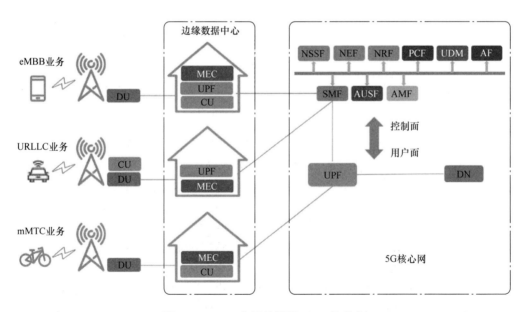

图 2-73 5G 三大场景部署 MEC 的意义

首先，对于 eMBB 业务，典型的应用是高清视频、虚拟现实（VR）、赛事直播等，它们都需要极大的网络带宽。但是从手机到外部网络需要经过基站、回传网、核心网之后才能到达，路径冗长，占用的带宽多，网络时延大，用户体验难以保障。

在增加了 MEC 之后，可在 MEC 上配置视频缓存，处理 VR 数据，由于离用户更近，更能保证高速率低时延。

或者，对于一些高校或者企业的内网，可以直接和 MEC 相连就近访问，路径更短，不但速率更高，还可以有效分流核心网的流量，减轻网络负荷。

还有前面提到的，对于大型商场的室内覆盖，可以提供精准室内定位及导航、精准广告推送、VR 购物体验、内网访问分流，以及商场人流量分析等多种个性化服务。

对于 mMTC 业务来说，海量的物联网终端产生了海量的连接和海量的数据，这些未经处理的原始数据会对核心网产生很大的冲击，而把这些海量数据在 MEC 上接收，再经过 MEC 的分析汇总之后，提取关键信息再进行上报，这样数据量就会大幅度减小。

对于 URLLC 来说，MEC 就更重要了，因为 UPF 也可以下沉，并和 MEC 部署在同一节点，因为这个贴近网络边缘的节点存在，时延敏感的数据直接在 MEC 中处理，大大降低了时延。甚至可以说，有了 MEC，URLLC 业务的实现才有了保障。

4. MEC 其他应用场景

MEC 基于移动网络平台，移动网络的终极目标是全连接世界，产生的数据通过网络在云端构建并不断创造价值。比如车联网、智能制造、全球物流跟踪系统、智能农业、市政抄表、智能大厦、远程医疗、灾害预警等，都是物联网在垂直行业的首要切入领域，都将在 5G 时代蓬勃发展。

5G 作为新一代无线系统和网络架构，目标是支持极速移动宽带，超可靠性、超低时延连接，以及支持物联网海量连接，并实现可编程世界的目标。这一可编程世界的实现将深远地影响我们每个个体、经济，以及社会。

5G 网络为达成未来业务要求而需要满足的技术需求也提到过很多次了，即以下三个方面（见图 2-74）：

1）eMBB，超宽带无线网络，超 10Gbit/s 的吞吐率。

2）URLLC，紧要 / 关键 / 实时机器类通信，要求瞬时反应，例如在远程机器人控制应用下，手眼同步需求般的即时反应回馈。

3）mMTC，海量机器类通信，超 10 亿规模的传感器、机器等。

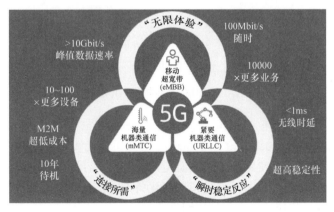

图 2-74　5G 三大场景的业务需求对 MEC 的影响

5G 网络设计的一个重要原则便是灵活性，以应对未来任何位置的新业务和新应用。同时不可或缺的另一个设计原则就是可靠性。通过灵活地集成不同技术，5G 网络可以被打造成一个从提供尽可能好的服务的 2/3/4G 网络到一个完全可依赖的通信网络，并可作为社会基础设施的网络。可靠性不仅仅是设备在服务时间内网络不宕机，而是更广义的，任何时间、任何地点的无限网络容量及覆盖的感知和体验。同时移动通信的可靠性要求也变得愈加重要。

ETSI 发布的 MEC 应用场景分类见表 2-33。

表 2-33 ETSI 发布的 MEC 应用场景分类

场景	特点	MEC 解决的问题
智能视频	提供大容量方案	解决网络拥塞
视频流分析	提供大容量方案	视频流分析
AR/VR	低时延、大流量	信息处理精度和时效
密集计算辅助	海量连接	密集计算能力提升
企业网与运营商网络协同	企业业务平台化	运营商网络与企业网智能选择
车联网	低时延、高可靠	提高分析和决策的时效性
IoT 网关	海量数据	数据本地处理与存储

5G 业务的逐步丰富，应用于 MEC 的业务场景也可以细分成很多类：如云 AR/VR、车联网、智能制造、智慧能源、无线医疗、无线家庭娱乐、联网无人机、社交网络等，下面我们重点介绍几类应用场景。

1）场景 1：增强现实（Augmented Reality，AR），当新一代的移动网络支持更高数据速率和更低延迟时，就会催发新的服务的诞生。AR 是结合声音、视频、图形或 GPS 数据等输入，辅以计算机的高速运算能力而生成的对现实世界环境的增强模拟。图 2-75 展示了使用 MEC 平台提供增强现实服务的场景。

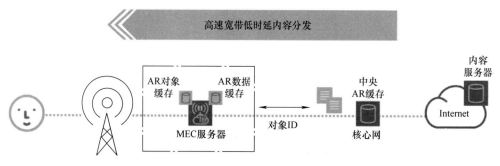

图 2-75 MEC 平台提供 AR 服务

2）场景 2：智能视频加速（Intelligent Video Acceleration，IVA），通过智能视频加速，有效提高最终用户体验质量（Quality of Experience，QoE）和无线网络资源的利用率。互联网媒体和文件传送通常是流媒体或使用 TCP 的各类应用业务，而容量和吞吐量在几秒钟内可以变化一个数量级（例如由于业务特性，无线信道的变化条件，以及众多的设备实时进入 / 离开网络等原因）。TCP 可能无法快速适应无线接入网络（Radio Access Network，RAN）中的这些变动的因素，从而影响用户体验。图 2-76 展示了一个智能视频加速服务场景的示例，在这个场景中，一类无线资源分析应用程序位于 MEC 服务器，向视频服务器提供预测估计的可用吞吐量。这些信息可用于帮助优化 TCP 拥塞控制决策（例如在拥塞避免阶段，当"无线链路"的状况恶化时选择初始窗口大小，设置拥塞窗口的值等）。这些信息还可用于确保应用层编码与无线下行链路的估计容量高效实时匹配，从而减少内容的启动时间和视频暂停事件，改进视频质量和容量。

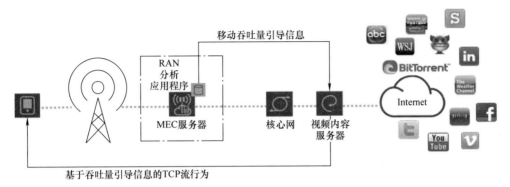

图 2-76　IVA 解决方案

3）场景 3：车联网（Vehicle to Everything，V2X）应用，MEC 可用于将连接的汽车云扩展到高度分布式移动网络环境，并使数据和应用程序能够尽可能安置在车辆附近。这样可以最大限度地减少数据的往返时间，MEC 应用程序可以在 MEC 服务器上运行，并部署在靠近移动基站侧。MEC 应用程序可以直接从车辆和路边传感器的应用程序接收本地消息，进行分析然后传播（具有极低的延迟）危险警告和其他对延迟敏感的警告，并发送消息给该区域内的其他车辆。这使得附近的汽车能够在几毫秒接收数据，并及时做出反应。这类方案示意图见图 2-77。

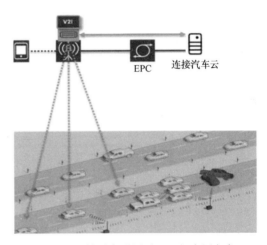

图 2-77　辅助车联网（V2X）应用方案

4）场景 4：物联网网关（IoT Gateway），物联网（IoT）在移动通信网络上生成各类特殊的信息，并要求网关来聚合消息并确保可靠性和安全性。物联网设备通常在处理器和内存容量方面受到资源限制，需要聚合靠近设备的通过移动网络连接的各种物联网设备传递消息（见图 2-78）。这也提供了分析处理能力和低延迟响应时间。

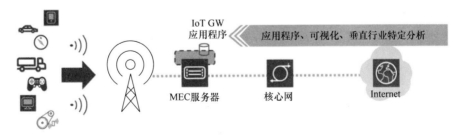

图 2-78　MEC 在物联网中的应用

5）场景 5：基于 MEC 的视频直播，与传统视频直播架构进行对比（见图 2-79）。

6）场景 6：结合 MEC 的 CDN（Content Delivery Network，内容分发网络）场景应用（见

图 2-80），主要思路是在接入网（RAN）侧嵌入 MEC 为 CDN 提供洞察信息。为运营商带来的好处是提升了 RAN 侧的使用和洞察能力，比如还可以基于洞察信息进行网优和网规等，对于内容提供商来说是可以调整数据流量来更好地契合客户预期。

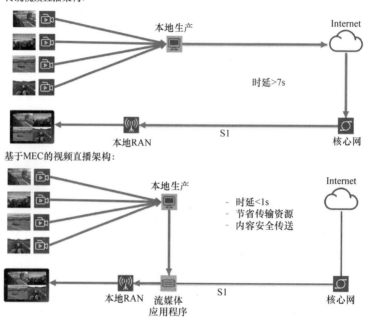

图 2-79　基于 MEC 的视频直播与传统视频直播对比

CDN 的关注点是"分发"+"加速"，而 MEC 不仅要求加速还要求有开放 API（Application Programming Interface，应用程序编程接口）能力以及本地分析、计算与存储等能力，从而让网络更加智能化。MEC 比 CDN 更加靠近网络边缘——接入网（RAN）侧，因此时延可以更小。本例是 CDN 的重要发展方向之一，即与 MEC 的完美融合，互相发挥各自优势并互补来提升端到端的性能，两者的对比见表 2-34。

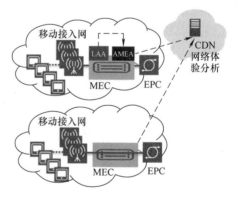

图 2-80　结合 MEC 的 CDN 场景应用

表 2-34　CDN 与 MEC 性能对比

属性	CDN	MEC
部署位置	本地网核心机房	网络边缘：靠近 RAN，甚至终端
关键技术	负荷均衡、缓存检索、动态内容复制与分发	NFV 与云化，控制与承载分离，业务感知和智能业务编排
特点	低时延，缓存加速	低时延，大带宽，智能化调度
应用场景	侧重内容：大吞吐量重复、视频加速、直播实时加速	侧重业务：智能场景、V2X、无人工厂

2.3.2　切片介绍

2.3.2.1　QoS 控制

服务质量（Quality of Service，QoS）是 5G 系统业务能力的综合体现，决定了用户对运营商提供服务的满意程度。因此，QoS 是 5G 业务需要考虑的一个重要方面。QoS 服务保障包含如下三个方面：

1）速率：终端用户通过无线网络下载或上传数据的速率。速率越大，终端上传或下载同样大小的数据所用时间越小。

2）时延：终端用户获得业务响应的快慢。时延越小，终端业务请求后，获得响应的时间越短，用户体验会越好。对于某些种类的业务，系统需要满足业务的最大容忍时延，如语音业务，如果时延太大，则声音会出现断续。

3）优先级：无线系统的资源是有限的，只能为有限的用户提供服务。当网络资源紧张或出现拥塞时，对于高优先级的用户，需要有相应的办法来保证用户业务的正常进行，例如利用抢占方式提高用户业务优先级等手段。

5G QoS 参数总览见图 2-81。

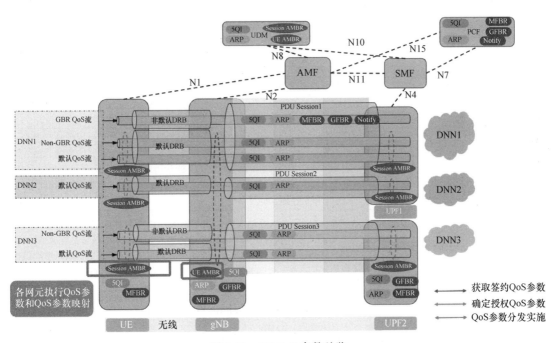

图 2-81　5G QoS 参数总览

在 SA 的网络中，gNB 与 UE 之间仍然存在承载，但 gNB 与核心网之间不再采用承载的概念，由 NSA 中的 EPS Bearer 变成了 QoS 流。QoS 流是 5G 核心网到终端的 QoS 控制的最细粒度，每一个 QoS 流用一个 QoS 流 ID（QFI）来标识。在一个 PDU 会话内，每个 QoS 流的 QFI 都是唯一的。核心网会通知 gNB 每个 QoS 流对应的 5QI（5G QoS Identifier），用于指定此 QoS 流的 QoS 属性。主要涉及参数见图 2-82。

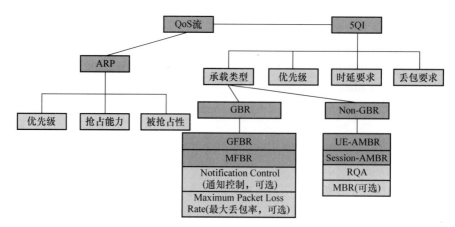

图 2-82　5G QoS 参数示意图

在 QoS 流建立的流程中，SMF（Session Management Function，会话管理功能）会给每条 QoS 流定义相关的 QoS 参数，包括 5QI、ARP（Allocation and Retention Priority，分配和保留优先权），每个 5QI 索引下又会关联承载类型、丢包要求、时延要求、优先级等相关参数，见表 2-35。

表 2-35　5G QoS 参数解析表

序号	参数名称	含义
1	5QI	5G Quality Identity，用于索引一个 5G QoS 特性
2	ARP	ARP 参数包含优先级、抢占能力、被抢占性等信息。优先级定义了 UE 资源请求的重要性，在系统资源受限时，ARP 参数决定了一个新的 QoS 流是被接受还是被拒绝
3	RQA	RQA 是一个可选参数，其指示了在该 QoS 流上的某些业务可以受到反射 QoS 的影响。仅当核心网通过信令将一个 QoS 流的 RQA 参数配给接入网时，接入网才会使能 RQI（反射 QoS 指示，依靠 RQA 激活用户面的反射 QoS，仅用于下行）在这条流的无线资源上传输。RQA 可以通过 N2 接口在 UE 上下文建立和 QoS 流建立 / 修改时携带给 NG-RAN
4	Notification Control	通知控制，对于 GBR 的 QoS 流，核心网通过该参数控制 NG-RAN 是否在该 GBR QoS 流的 GFBR 无法满足时上报消息通知核心网。如果网络使能通知控制，则 NG-RAN 发现该流的 GFBR 无法满足时就要给 SMF 发送通知，同时继续保持该 QoS 流的正常运作，收到通知后 SMF 按照网络配置的策略进行后续处理
5	Flow Bit Rate	对于 GBR QoS 流，其 5G QoS 参数还会包含以下参数：保证流比特率（GFBR）（上行和下行）、最大流比特率（MFBR）（上行和下行）
6	Aggregate Maximum Bit Rate	聚合最大比特率，AMBR 定义了一个 PDU/UE 的所有 non-GBR QoS 流的比特率之和的上限，AMBR 不应用于 GBR QoS 流
7	Default Value	对于每条 PDU 会话的建立，SMF 从 UDM（Unified Data Management，统一数据管理）获取订阅的默认 5QI 和 ARP 值。SMF 使用授权的默认 5QI 和 ARP 值去设置默认 QoS 流的 QoS 参数
8	Maximum Packet Loss Rate	最大丢包率表示一条 QoS 流可以忍受的最大丢包率；最大丢包率参数只对 GBR 的 QoS 流生效

一个 QoS 流的 QoS 配置包含的 QoS 参数如下：

1）每条 QoS 流的 QoS 配置都会包含的 QoS 参数：5QI、ARP。

2）每条 Non-GBR QoS 流的 QoS 配置可能还会包含的参数：反射 QoS 属性（Reflective QoS Attribute，RQA）。

3）每条 GBR QoS 流的 QoS 配置还会包含的参数：保证流比特率（Guaranteed Flow Bit Rate，GFBR）、最大流比特率（Maximum Flow Bit Rate，MFBR）。

4）每条 GBR QoS 流的 QoS 配置可能还会包含的参数：通知控制、最大丢包率。

2.3.2.2　网络切片

为满足不同的网络及业务需求，3GPP 中针对 5G 网络提出了网络切片（Network Slice，简称切片）的概念。网络切片是一个端到端的逻辑网络，目前由核心网子切片、IP 承载网子切片和无线接入网子切片组成，未来可能会把更多的资源放进切片，例如终端、管理网元以及 ISP（Internet Server Provider）服务站点等。从编排部署的角度看，切片的编排部署，就是每个子切片的编排部署以及子切片之间网络连接关系的部署。

在网络切片的基础上，运营商可以灵活并且快速的定义和区分不同逻辑网络，从而满足不同行业用户及不同应用场景对网络和业务的个性化需求，进一步给运营商提供了网络管理运维和网络营收的创新方式。

目前标准针对 5G 网络的典型应用场景，定义了 eMBB、URLLC、MIoT、V2X 四种切片类型（见表 2-36）。在实际使用中，即使是同一种切片类型，也可以针对不同的业务以及不同的用户，来定义和提供不同的切片。例如，MIoT 类型的应用，对智能抄表和智能停车两种业务可以定义不同的切片，对智能停车的不同城区或运营公司也可以定义不同的切片。

表 2-36　标准化 SST 值

切片 / 业务类型	SST 值	特征
eMBB	1	用于 5G 增强移动宽带的切片
URLLC	2	用于超可靠、低延迟通信的切片
MIoT	3	用于大规模物联网的切片
V2X	4	用于处理 V2X 服务的切片

基于切片标识，实现端到端的切片一致性（见图 2-83）。

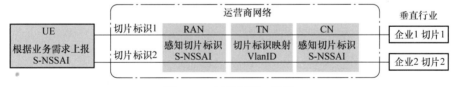

图 2-83　切片标识一致性

2.3.3　N1/N2、SBI 等接口信令介绍与问题处理

1. N1 接口

N1 接口是一个 NAS 的接口，用于发送 NAS 消息（见图 2-84）。发送的 NAS 消息分为两大类：①移动性管理：终端与 AMF 进行交互的消息；②会话管理：终端与 SMF、SMSF、其他 NF 交互的消息。

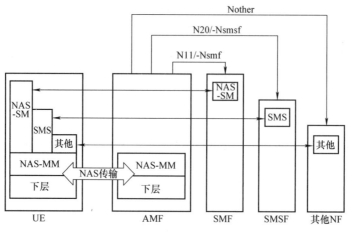

图 2-84　N1 接口示意图

会话管理的 NAS 消息（NAS-SM），承载于移动性管理消息（NAS-MM）之上，其他的会话管理消息同样需要通过 AMF 来转发和透传。

2. N2 接口

N2 接口在 5G 中用于对接 5G 基站与核心网的 AMF，采用的是 NG-AP 协议，而在图 2-85 中，N11 接口是一个服务化接口，采用的是 HTTP/2 协议。

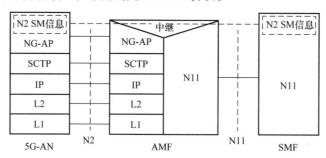

AN-SMF
AMF在5G-AN和SMF之间中继N2 SM

图 2-85　N2 接口示意图

3. 服务化接口

服务化接口包含以下接口：Namf、Nsmf、Nudm、Nnrf、Nnssf、Nausf、Nnef、Nsmsf、Nudr、Npcf、N5g-eir、Nlmf。

服务化接口都以 N 开头，采用 HTTP/2 协议，其应用层包括 JSON 等解码协议。服务化接口所采用的封装协议见图 2-86。

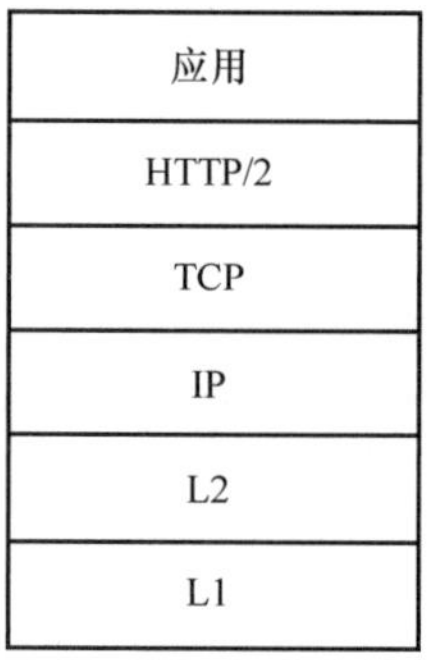

4. N4 接口

N4 接口是用于 SMF 与 UPF 之间的参考点，这个接口中间会传输一些控制面的消息同时也会传输一些用户面的消息，见图 2-87。

应用
HTTP/2
TCP
IP
L2
L1

图 2-86　服务化接口封装协议

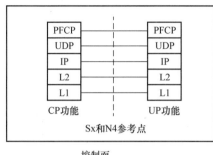 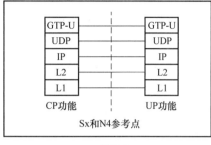

图 2-87　N4 接口控制面、用户面示意图

控制面协议由 GTP-C 替换为了 PFCP，而用户面协议与 4G 相同，依旧采用了 GTP-U 的协议。

5. N3、N6、N9 接口

这三个接口是用于用户面协议栈的接口（见图 2-88）。N3 接口位于 5G 接入网与 UPF 之间，采用 GTP-U 的协议；N6 接口是内部网络侧与外部网络侧的协议，同样采用 GTP-U 的协议；N9 接口位于两个 UPF 之间，是一个 5G 封装的用户面接口，支持 3GPP 和非 3GPP 的接入，当使用 3GPP 接入时采用 GTP-U 的协议，而如果是非 3GPP 的接入则会采用其他的隧道协议。

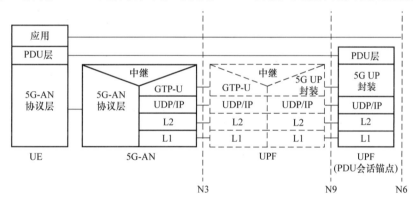

图 2-88　N3、N6、N9 接口用户面协议栈接口示意图

6. SBI

先来看看 3GPP 中对 SBI（Service Based Interface，基于服务的接口）的定义（23.501v15.4 版本）：

Network Function: A 3GPP adopted or 3GPP defined processing function in a network, which has defined functional behaviour and 3GPP defined interfaces.

NF service: a function exposed by a NF through a service based interface and consumed by other authorized NFs.

Service based interface: It represents how a set of services is provided/exposed by a given NF.

翻译如下：

NF：网络功能，可理解为网元。例如 AMF、SMF、UDM 等。

NF 服务：网元对外提供的服务。提供被基于服务的接口暴露的功能且能被其他授权的网络功能所消费。

SBI：用来访问本网元提供暴露服务的接口（见图 2-89）。

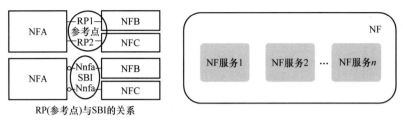

图 2-89　SBI 示意图

用大写 N+ 小写的网元名表示。如 Nudm 表示 UDM 网元对外暴露的 SBI。

5GC 因此定义了基于 SBI 的基于服务的架构（Service Based Architecture，SBA）。但出于过渡、兼容、方便交流等考虑，仍保留了参考点架构，见图 2-90。

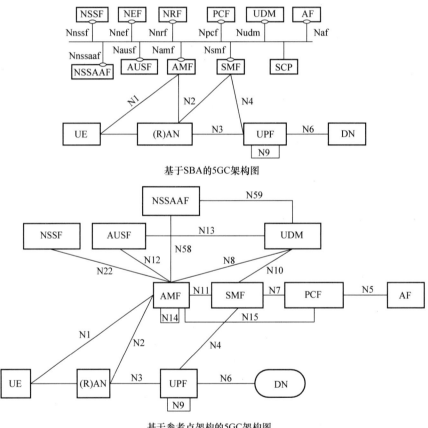

图 2-90　5GC 架构对比示意图

2.3.4　5G 核心网信令流程

2.3.4.1　移动性管理流程

1. 基本概念

在移动通信系统中，用户终端或者移动设备总是处于不断移动的状态，核心网需要根据用户的业务进行情况来转换 UE 的状态，并保证在 UE 移动的时候，能够获取 UE 位置信息、保证数据传输的连续性，这些都需要通过移动性管理流程来实现，这就是移动性管理流程的基础概念（见表 2-37）。

表 2-37 5G 与 4G 核心网信令流程概览对比

5G 流程		4G 流程	流程作用
注册	初始化注册	附着	UE 成功接入网络
	移动注册更新	TAU	网络更新 UE 的 TA 及相关参数
	周期性注册更新	周期性 TAU	UE 完成周期性位置更新
AN Release		S1-Release	UE 进入空闲态
服务请求		服务请求	UE 进入连接态
切换		切换	连接态 UE 成功切换到新小区
去注册		分离	网络中 UE 位置信息被删除

2. 注册管理流程信令分析

（1）初始注册流程

UE 要使用网络服务，首先需要向网络进行注册。注册流程分为如下几种场景：

1）初次注册到 5G 网络。当 UE 处在去注册状态下，要接入网络接受服务的时候，UE 会发起初始化注册流程。

2）当 UE 移动出了原来注册的区域时，进行移动注册更新。当 UE 移动到注册区之外的新的跟踪区（Tracking Area，TA）时，或者 UE 需要更新注册过程中协商的能力或协议参数时，或者当 UE 想要获取 LADN 信息时，UE 会发起移动注册更新流程。

3）周期性注册更新。当 UE 在之前注册流程中协商的周期性注册更新定时器超时的时候，发起周期性注册更新流程。

（2）总体信令流程（见图 2-91）

- 1.UE 发送 Registration Request 到（R）AN，消息中包含注册类型、用户标识（SUCI 或 5G-GUTI 或 PEI）、UE 的 5GC 能力及可选的 Requested NSSAI 等参数。

- 2.（R）AN 接收到消息，根据 RAT 或 Requested NSSAI 选择合适的 AMF，如果（R）AN 无法选择到合适的 AMF，则将 Registration Request 发送给默认 AMF，由默认 AMF 进行 AMF 选择过程。

- 3.（R）AN 将 Registration Request 消息转发给 AMF。

鉴权 & 安全子流程如下：

- 8. AMF 根据 SUPI 或者 SUCI 选择一个 AUSF 为 UE 进行鉴权。

- 9. 执行鉴权过程。

UDM 注册和签约数据获取子流程如下：

- 13. AMF 基于 SUPI 选择 UDM。

- 14a.~14c. 若新接入 AMF 是初始注册的 AMF 或者 AMF 没有 UE 合法的上下文，则 AMF 向 UDM 发起 Nudm_UECM_Registration 进行注册，并通过 Nudm_SDM_Get 获取签约数据。AMF 向 UDM 发送 Nudm_SDM_Subscribe 订阅签约数据变更通知服务，当订阅的签约数据发生变更时，AMF 会收到 UDM 的变更通知。

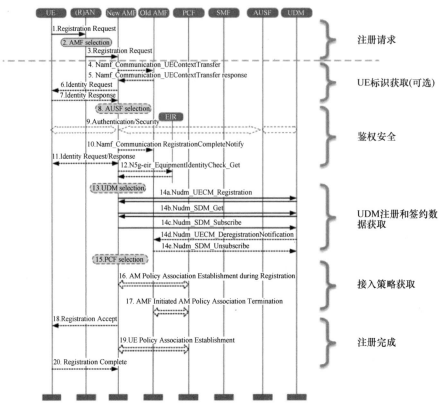

图 2-91　核心网注册总体信令流程图

接入策略获取子流程如下：

● 15. 如果 AMF 决定与 PCF 建立策略联系，例如在当 AMF 还没有获取到 UE 的接入和移动性策略，或者 AMF 没有合法的接入和移动性策略的场景下，AMF 会选择 PCF。如果 AMF 从上一接入的 AMF 中获取了 PCF ID，则可以直接定位到 PCF，如果定位不到或者没有获取到 PCF ID，则 AMF 会选择一个新 PCF。

● 16. 选择好 PCF 后，AMF 与 PCF 建立 AM（Access Management）策略关联。

注册完成子流程如下：

● 18. AMF 向 UE 发送 Registration Accept，通知 UE 注册请求已被接受。消息中包含 AMF 分配的 5G-GUTI、TA List 等。

3. AN Release 流程

当 UE 长时间不活动时，（R）AN 上 UE 不活动定时器超时后，（R）AN 会发起 AN Release 流程以节省网络资源，AN Release 流程可以释放 UE 在（R）AN 与 AMF 间的 NG-AP（NG Application Protocol）信令连接和关联的 N3 接口用户面连接，以及（R）AN 的 RRC 信令和资源。但是当 NG-AP 信令连接因（R）AN 或 AMF 故障而断开时，则 AN Release 由 AMF 或（R）AN 在本地进行，而不使用（R）AN 和 AMF 之间的任何信令。AN Release 会导致 UE 的所有用户面连接都被去激活。

（R）AN 发起的原因有：无线链路失败、用户不活动、系统间重定位，以及由于 UE 释放信令连接等。

AMF 发起的原因有：UE 去注册等。

（R）AN 发起的 AN Release 信令流程（见图 2-92）如下。

释放发起子流程如下：

● 1. 如果是（R）AN 发起的流程，则（R）AN 向 AMF 发送 N2 UE Context Release Request 消息。AMF 判断消息中携带了 PDU 会话 ID 则先执行步骤 5 ~ 7，并对对应的 PDU 会话进行去激活，再执行接下来的步骤 2 ~ 4。

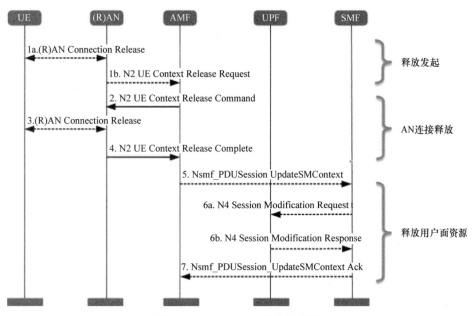

图 2-92　AN Release 信令流程图

● 1a. 如果（R）AN 有确认的条件（例如无线链路失败）或其他（R）AN 内部原因，则（R）AN 可以决定发起 UE 上下文释放。

● 1b.（R）AN 向 AMF 发送 N2 UE Context Release Request 消息，消息中携带释放原因值（例如 AN Link Failure、User Inactivity）和用户面资源激活的 PDU 会话 ID 列表。

AMF 发起的 AN 连接释放子流程如下：

● 2. AMF 向（R）AN 发送 N2 UE Context Release Command 消息。

● 3. 如果在（R）AN 与 UE 之间的连接还没有完全释放时，则（R）AN 请求 UE 释放（R）AN 连接，并且在接收到 UE 释放连接的确认后，（R）AN 删除 UE 的上下文。

● 4.（R）AN 向 AMF 发送 N2 UE Context Release Complete，表示 N2 连接已经释放。

4. UE 触发的业务请求

服务请求流程用于空闲态 UE 与 AMF 之间建立信令连接，也可以用于空闲态或连接态 UE 激活已建立的 PDU 会话的用户面连接。

UE 发起服务请求的主要目的有：①将空闲态 UE 转换成连接态，以发送上行数据 / 信令；②作为对 paging 消息的响应；③激活一个 PDU 会话的用户面连接。

UE 触发的业务请求信令流程（见图 2-93）如下。

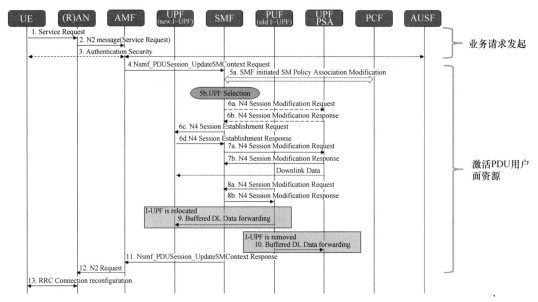

图 2-93　UE 触发的业务请求信令流程图

业务请求发起子流程（1）如下：

● 1. UE 发送 Service Request 消息（包含在 RRC Message 里面）给（R）AN，消息里面携带 Service type、5G-S-TMSI。

● 2.（R）AN 通过 N2 Message 消息将 Service Request 消息转发给 AMF，N2 Message 消息中携带 N2 parameters、Service Request、UE Context Request。

● 3. AMF 发起对 Service Request 消息的 NAS 鉴权流程。如果 Service Request 消息已经进行完整性保护，则不用执行鉴权操作。

业务请求发起子流程（2）如下：

● 4. AMF 向需要激活的 PDU 会话对应的 SMF 发送 Nsmf_PDU Session _ UpdateSMContext Request 消息，请求恢复 PDU 会话的连接。需要激活的 PDU 会话根据 UE 在 Service Request 消息中的 Uplink data status 信元来指定。

5. 网络触发的业务请求

当 UE 处于 CM-IDLE 态，网络侧有数据或信令需要向 UE 发送时，则触发该流程。当 UE 处于 CM-CONNECT 态时，也可通过该流程激活指定的某些 PDU 会话，以建立用户面连接，并进行数据传输。

当网络侧发送信令或有下行数据发送给 UE 时，如果 UE 处于 CM-IDLE 态时，则 AMF 会请求（R）AN 在注册区内寻呼 UE，UE 收到寻呼消息后会发起业务请求流程。如果 UE 处于 CM-CONNECT 态时，该流程也可以用于网络侧激活 PDU 会话，以建立用户面连接并用于传输数据。

网络触发业务请求信令流程（见图 2-94）如下。

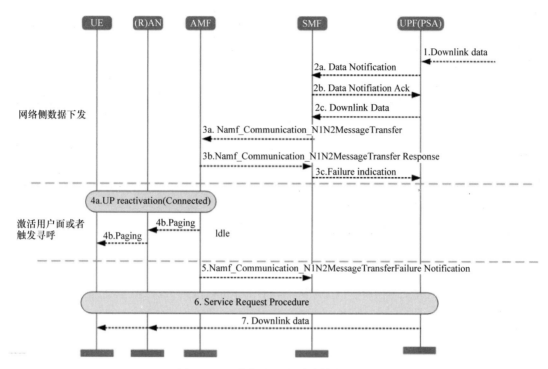

图 2-94　网络触发业务请求信令流程图

网络侧数据下发子流程（1）如下：

● 1.UPF 接收到下行数据报文但没有建立 N3 隧道，UPF 本地缓存下行数据报文。

● 2.UFP 向 SMF 发送 N4 Data Notification 消息，携带下行数据报文对应的 QoS 流信息。SMF 向 UFP 发送 N4 Data Notification Ack 消息。

● 3.SMF 调用 AMF 的服务化接口 Namf_Communication_N1N2MessaqeTransfer 携带对应的 PDU Session ID 及 N2 SM 信息。AMF 响应 SMF 的服务化接口调用请求。消息中包括 PDU 会话 ID、N2 SM 信息，ARP 寻呼策略、N1 N2 转发失败通知目的地址等信息。

网络侧数据下发子流程（2）如下：

● 4.AMF 根据 UE 的状态，决定下一步需要执行的动作。

● 4a.UE 处于 CM-CONNECT 态不需要进行寻呼，并为 PDU 会话激活用户面连接，具体可参考图 2-92 UE 触发的业务请求流程中的步骤 12 到 22。流程结束，不用执行本流程其余步骤。

● 4b.UE 是处于 CM-IDLE 态，AMF 发送 Paging 消息给（R）AN，并在 UE 注册的区域范围内寻呼 UE。

2.3.4.2　会话管理流程

1.基本概念

以手机上网为例，最终到达 Internet 以访问相关的网页、视频，畅游互联网世界，这个过程中就必须建立手机与 Internet 之间相应的数据通道，传递数据包，并保证业务端到端的传输质量。这些都需要通过会话管理流程来实现。4G、5G 会话建立差异点对比见表 2-38。

表 2-38 4G、5G 会话建立差异点对比

4G	5G	差异点
PDN 连接建立	PDU 会话建立	概念性差异，4G 一般指默认承载建立，5G 一般指默认 PDU 会话建立
专有承载激活、承载更新、承载去激活	PDU 会话更新	4G 网络中有专有承载激活、承载更新、承载去激活流程。5G 网络中对 QoS 流的新增、修改、删除由 PDU 会话更新流程来实现。从 5G QoS 模型中可以看出，5G 隧道模型从承载粒度改为会话粒度，会话管理涉及的流程也对应定义为 PDU 会话级
PDN 去连接	PDU 会话释放	概念性差异，PDN 去连接 = 释放所有承载，PDU 会话释放 = 释放所有 QoS 流
—	已有 PDU 会话用户面连接的选择性激活 / 去激活	新增流程激活：通过 Service Request 流程激活已有 PDU 会话只需要建立用户面连接。去激活：删除已有 PDU 会话对应的用户面，信令面的连接保持不变。节约无线侧资源的同时，便于快速恢复 PDU 会话

2. PDU 会话建立

PDU 会话建立的业务场景主要包括：① UE 需要与外部网络进行业务交互；② UE 在 3GPP 与非 3GPP 接入方式中切换；③ UE 从 4G PDN 连接切换到 5G PDU 会话。

总体信令流程（见图 2-95）如下。

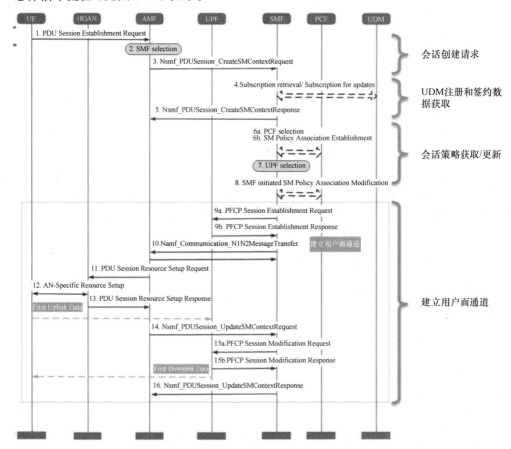

图 2-95 PDU 会话建立总体信令流程图

会话创建子流程如下：

- 1.UE 向 AMF 发送 PDU Session Establishment Request 消息。消息中包括 S-NSSAI、DNN、PDU Session ID、Request Type、N1 SMF container（PDU Session Establishment Request）等信息。

- 2.AMF 执行切片选择过程来选择合适的 SMF。AMF 接收到 UE 的 PDU Session Establishment Request 消息，当发现是创建新 PDU 会话时，会执行 SMF 选择流程为该 PDU 选择 SMF。在 AMF 执行 SMF 选择的过程中，AMF 会与 NSSF 交互获取网络切片信息，再通过 NRF 发现 SMF。

- 3.AMF 向 SMF 发送 Nsmf_PDUSession_CreateSMContext Request 消息请求建立 PDU 会话。消息中包括 SUPI、DNN、S-NSSAI、PDU Session ID、AMF ID、Request Type、N1 SM Container（PDU Session Establishment Request）、User location information、Access Type PEI、GPSI、Subscription For PDU Session Status Notification 等信息。

UDM 注册和签约数据获取子流程如下：

- 4.SMF 向 UDM 发起会话注册和获取签约信息。签约信息包括 SSC mode、Session AMBR 等。

- 5.SMF 向 AMF 回复 Nsmf_PDUSession_CreateSMContext Response 消息。根据会话是否成功建立，消息中会携带不同的参数。

若会话建立流程执行成功并创建了 SM 上下文，则在 Nsmf_PDUSession_CreateSMContext Response 消息中将 SM 上下文的 ID 带给 AMF。

若会话建立流程执行失败，则通过消息中的 Cause 通知 AMF 流程失败，AMF 释放该会话相关资源，并将 N1 SM Container（PDU Session Reject）发送给 UE。

- 6a.SMF 执行 PCF 选择功能来选择合适的 PCF。SMF 发现是创建新 PDU 会话时，会通过 NRF 来发现选择合适的 PCF。

- 6b.SMF 向 PCF 发送建立 PDU-CAN 会话流程。PCF 会下发给 UPF 相关 QoS 控制策略、计费控制策略、UPF 选择策略等信息。

- 7.SMF 执行 UPF 选择功能来选择合适的 UPF，SMF 会根据 DNN、DNAI、用户的位置信息等进行 UPF 选择。

- 8.SMF 向 PCF 发起 Session Management Policy Modification 消息。携带选择的 UPF 信息和给 UE 分配的 IP 地址，获取 UPF 所需要的控制计费策略。

- 9.SMF 向步骤 7 选择的 UPF 发起 N4 会话建立过程。携带给 UPF 的各种规则包括 PDR、URR、QER、BAR、FAR。

- 9a.SMF 向 UPF 发送 PFCP Session Establishment Request 消息。

- 9b.UPF 向 SMF 发送 PFCP Session Establishment Response 消息。

- 10.SMF 向 AMF 发送 Namf_Communication_N1N2MessageTransfer 消息请求传递 N2 资源的请求。携带 N1 Container 和 N2 Container，其中 N1 Container 为 SMF 回复给 UE 的 PDU 会话建立响应，N2 Container 为 SMF 向 RAN 发起的资源建立请求。完成后 AMF 向 SMF 发送 Namf_Communication_N1N2MessageTransfer_Ack 消息。

- 11.AMF 向（R）AN 发送 PDU Session Resource Setup Request 消息请求创建 N2 PDU 会话，向（R）AN 透传 PDU Session Establishment Accept 消息以及 SMF 发起的 AN-Specific

Resource Setup 消息。PDU Session Establishment Accept 中携带 QoS 规则。

- 12.AN-Specific Resource Setup 中，携带 QoS ProfileUPF 的媒体面隧道端点信息。

- 13.（R）AN 向 AMF 回复 PDU Session Resource Setup Response 消息，携带（R）AN 侧下行媒体面隧道端点信息。这个时候用户可以发送它的 First Uplink Data。

- 14.AMF 向 SMF 发送 Nsmf_PDUSession_UpdateSMContext Request 消息。携带 N2 Container，其为（R）AN 回复给 SMF 的资源建立响应，其中有（R）AN 侧的媒体面隧道端点信息。

- 15.SMF 向 UPF 发起 N4 Session Modification procedure 流程，协商（R）AN 侧下行媒体面隧道信息。

第 3 章　5G 网络规划建设

3.1　无线网规划目标

　　无线网建设前，需有明确的建网策略，如覆盖区域（密集城区、城区、乡镇、农村等）、覆盖方式（连续覆盖、热点覆盖、是否覆盖室内等），并基于建网策略设计无线覆盖目标标准。

　　如图 3-1 所示，面向公众的 5G 网络仍以 ToC 业务（eMBB）为主，大网规划基于"价值建网"思路，结合效益优先原则选择覆盖区域、指标标准、设备选型等。专网规划的 URLLC 场景基于时延需求规划，mMTC 场景基于接入用户数需求规划。

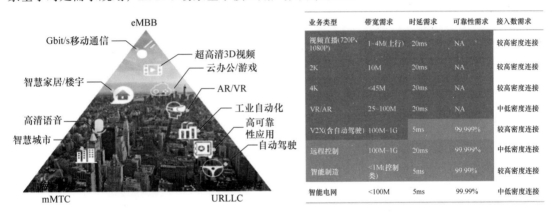

业务类型	带宽需求	时延需求	可靠性需求	接入数需求
视频直播(720P、1080P)	1~4M(上行)	20ms	NA	较高密度连接
2K	10M	20ms	NA	较高密度连接
4K	<45M	20ms	NA	较高密度连接
VR/AR	25~100M	20ms	NA	中低密度连接
V2X(含自动驾驶)	100M~1G	5ms	99.999%	较高密度连接
远程控制	100M~1G	20ms	99.999%	中低密度连接
智能制造	<1M(控制类)	5ms	99.99%	较高密度连接
智能电网	<100M	5ms	99.99%	中低密度连接

图 3-1　各类业务接入需求

3.2　无线网规划流程

　　确定无线网覆盖目标指标后，即可开展网络规模估算、网络覆盖仿真、无线参数规划过程。

　　1）网络规模估算：通过覆盖和容量估算来确定网络建设的基本规模。

　　2）网络覆盖仿真：完成初步的站址规划后，需要进一步将站址规划方案输入 5G 规划仿真软件进行覆盖及容量仿真分析，对规划方案进行调整修改，使规划方案最终满足规划目标。

　　3）无线参数规划：在利用规划软件进行详细规划评估和优化之后，就可以输出详细的无线参数，提交给后续的工程设计及优化使用。

3.2.1　网络规模估算

　　按照覆盖目标要求确定输入参数，通过链路预算，输出网络规模估算（见图 3-2）。

　　1）覆盖估算：进行覆盖估算时，首先应该了解当地的传播模型，然后通过链路预算来确定不同区域的小区覆盖半径，从而估算满足基本覆盖需求的基站数量。再根据城镇建筑和人口分布，估算额外需要满足深度覆盖的基站数量。

　　2）容量估算：分析在一定站型配置的条件下，5G 网络可承载的系统容量，并计算出是否可以满足用户的容量需求，建网初期一般单层网即可。

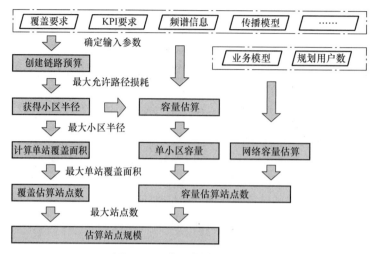

图 3-2 网络规模估算示意图

3.2.1.1 链路预算

给定边缘用户吞吐率要求,通过链路预算得到最大允许路径损耗(Maximum Allowable Path Loss,MAPL),再结合传播模型计算得到小区覆盖范围(见图 3-3)。

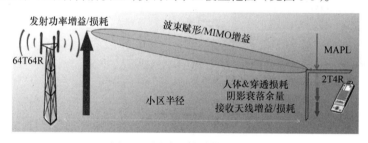

图 3-3 链路预算计算示意图

$$MAPL = Effective\ Tx\ Power + Rx\ Gain - Rx\ Sensitivity - Margin$$

式中:MAPL 为最大允许路径损耗;Effective Tx Power 为有效发射功率;Rx Gain 为接收天线增益;Rx Sensitivity 为终端接收灵敏度;Margin 为对应的总的余量(dB),主要包括考虑到阴影衰落、人体损耗、穿透损耗、切换增益等因素而保留的余量。

现阶段 5G 链路预算为 eMBB 场景,链路预算形式上和 4G 近似,相当于升级版本的 Pre5G,关键参数对比见表 3-1。

表 3-1　不同网络链路预算关键参数对比

参数	5G NR	4G LTE	Pre5G Massive MIMO
频段	2.6GHz/3.5GHz/4.9GHz	TDD:1.9GHz/2.3GHz/2.6GHz/3.5GHz FDD:900MHz/1.8GHz/2.1GHz	TDD:2.3GHz/2.6GHz/3.5GHz FDD:1.8GHz
双工方式	TDD	TDD/FDD	TDD/FDD
产品架构	BBU+AAU	BBU+RRU	BBU+AAU
载波带宽	100MHz	1.4MHz/3MHz/5MHz/10MHz/15MHz/20MHz	10MHz/15MHz/20MHz

（续）

参数	5G NR	4G LTE	Pre5G Massive MIMO
子载波带宽	30kHz	15kHz	15kHz
小区发射功率	200W	40W/60W/80W/120W	TDD：40W/80W/120W FDD：80W
终端发射功率	26dBm	23dBm	23dBm
基站侧天线配置	32T32R/64T64R	2T2R/4T4R/8T8R	TDD：64T64R FDD：32T32R
基站侧天线振子个数	192	—	128
基站侧天线单振元增益	32T32R，13dBi 64T64R，11dBi	—	TDD：64T64R，9dBi FDD：32T32R，12dBi
广播波束增益	20dB（典型）	15~18dB	15dB（典型）
终端侧天线配置	2T4R	1T2R	1T2R
传播模型	UMa/UMi/RMa	Cost231-hata	Cost231-hata
组网方式	SA、NSA	SA	SA

3.2.1.2　传播模型

5G NR 协议 38.901 中提到了简化版的 UMi（Urban Micro）、UMa（Urban Macro）和 RMa（Rural Macro）三种无线传播模型，分为 LOS（视距）和 NLOS（非视距）两种场景。

1）UMi 模型（城市微蜂窝）。

$$PL_{\text{3D-UMi-NLOS}} = 36.7\log_{10}(d_{\text{3D}}) + 22.7 + 26\log_{10}(f_c) - 0.3(h_{\text{UT}} - 1.5)$$

2）UMa 模型（城市宏蜂窝）。

$$PL_{\text{3D-UMi-NLOS}} = 161.04 - 7.1\log_{10}(W) + 7.5\log_{10}(h) - (24.37 - 3.7(h/h_{\text{BS}}) \times 2)\log_{10}(h_{\text{BS}}) + (43.42 - 3.1\log_{10}(h_{\text{BS}}))(\log_{10}(d_{\text{3D}}) - 3) + 20\log_{10}(f_c) - (3.2(\log_{10}(17.625)) \times 2 - 4.97) - 0.6(h_{\text{UT}} - 1.5)$$

3）RMa 模型（农村宏蜂窝）。

$$PL_{\text{3D-UMi-NLOS}} = 161.04 - 7.1\log_{10}(W) + 7.5\log_{10}(h) - (24.37 - 3.7(h/h_{\text{BS}}) \times 2)\log_{10}(h_{\text{BS}}) + (43.42 - 3.1\log_{10}(h_{\text{BS}}))(\log_{10}(d_{\text{3D}}) - 3) + 20\log_{10}(f_c) - (3.2(\log_{10}(11.75\,h_{\text{UT}})) \times 2 - 4.97)$$

其中传播模型关键参数见表 3-2。

表 3-2　传播模型关键参数

主要参数含义	典型配置	应用范围
平均建筑物高度 h	$h = 20\text{m}$ —— UMa $h = 5\text{m}$ —— RMa	$5\text{m} < h < 50\text{m}$
街道宽度 W	$W = 20\text{m}$	$5\text{m} < W < 50\text{m}$
终端高度 h_{UT}	$h_{\text{UT}} = 1.5\text{m}$ 时，UMa 和 RMa 公式一致	$1.5\text{m} \leq h_{\text{UT}} \leq 22.5\text{m}$ —— UMa $1.5\text{m} \leq h_{\text{UT}} \leq 10\text{m}$ —— RMa
基站高度 h_{BS}	$h_{\text{BS}} = 25\text{m}$ —— UMa $h_{\text{BS}} = 35\text{m}$ —— RMa	$10\text{m} < h_{\text{BS}} < 150\text{m}$

对比模型公式，可以发现 UMa 模型相比 Cost231 的公式：定义了街道宽度数值、建筑物平均高度，可变参数的增多使得模型的应用场景更加丰富。

3.2.2　覆盖仿真与站址选取

覆盖仿真可结合电子地图输出多站组网的覆盖效果，受限于各种因素，理论位置并不一定可以布站，因而实际站点同理论站点并不一致，这就需要对备选站点进行实地勘察，并根据所得数据调整基站规划参数。按此进行覆盖仿真迭代，确保选址可达成覆盖目标。

站址选取应注意利用原有的基站站点进行共站址建设 5G，共站址主要依据无线环境、传输资源、电源、机房条件、工程可实施性等方面来综合确定是否可建设，关键因素包括如下。

3.2.2.1　天面选择

在进行 5G 天馈部署时，原则上不增加天线点位，并综合考虑现网天线类型、承载网络制式、天馈系统数、天面配套资源等因素进行天馈融合改造。在保持网络竞争优势和现网网络质量的前提下，现网天馈融合改造应尽量减少天线组数，原则上天线共存方式不超过两组（不含5G）。若天线组数超过两组，则建议对现网天线进行整合，以确保不增加租金成本。

3.2.2.2　电源配套

配套电源审核基站分为两类：铁塔站点（含三方）、自有站点。配套电源审核主要包括两个方面：市电容量、开关电源容量。

基于现网测试情况，目前的 5G 宏站设备（AAU 64T64R）与 4G（RRU+ 天线）相比，基站功耗提升 2.5 ~ 4 倍，典型 5G 场景单站（S111 配置）满负荷功耗不超过 5kW。

3.2.2.3　C-RAN 及传输配套

面向 5G 网络建设，C-RAN 组网有利于低成本建网与维护，及引入 CoMP、MEC 等技术。C-RAN 的规划部署思路如下。

（1）C-RAN 区域应在单一传输综合业务接入区的规划边界内，原则上不得跨区组网。

（2）C-RAN 区域内的物理基站原则上要求连续覆盖，同时原则上不得跨区插花集中。

（3）C-RAN 区域内应尽量保持同制式的基站设备厂家单一，原则上不得异厂家插花集中。

（4）应综合考虑集中机房条件、投资效益、网络安全性等因素，合理确定 C-RAN 集中度，原则上单个集中机房以 5~15 个物理基站为宜，最大不宜超过 20 个。

（5）特殊场景：

1）高校、大型园区、医院等场景，此类区域物理边界范围清晰、基站密度大、光纤资源丰富、业务聚合度高、业主单一易于谈判，应将区域内的所有新建基站按照 C-RAN 组网进行集中，同时推动现有 4G 基站搬迁集中。

2）高铁、高速公路、地铁等场景，高铁、高速公路、地铁等场景的基站呈链状结构分布，应按照 C-RAN 组网进行集中，并综合考虑基站站间距、传输光纤拉远距离、覆盖方式、设备处理能力、网络安全性等因素，合理设置基站集中度。

（6）前传网络：应综合考虑建设成本和光纤资源条件，选择合理的前传方案。

1）对于接入距离较短（2km 之内）或光纤资源丰富的场景宜采用光纤直驱，并优先选择单纤双向方式。

2）当光纤资源受限或接入距离较长（2km 以上）时，可综合现网管孔、分纤点资源及其他业务需求选择光纤直驱（优先单纤双向）、无源波分、半无源波分（需结合技术成熟度及成本考虑使用）。若采用无源波分 / 半无源波分进行前传，设备规格应根据远端基站配置而确定。

（7）回传网络：应分场景采用新建 SPN 设备、PTN 设备升级或 PTN 设备扩容，并根据 C-RAN 集中度选择 10G 或 50G 环路。

3.2.3　无线参数规划

无线参数规划主要包括天线高度、方位角、下倾角等小区基本参数，邻区规划参数、频率规划参数、PCI 参数等，同时根据具体情况进行 TA 规划。

3.2.3.1　PCI 规划

PCI（Physical Cell ID，物理小区标识号）：NR 系统共有 1008 个 PCI，取值范围为 0~1007，将 PCI 分成 336 组，每组包含 3 个小区 ID。组标识为 $N_{\mathrm{ID}}^{(1)}$，取值范围为 0~335，组内标识为 $N_{\mathrm{ID}}^{(2)}$，取值范围为 0~2。

PCI 计算公式：

$$N_{\mathrm{ID}}^{\mathrm{Cell}} = 3 N_{\mathrm{ID}}^{(1)} + N_{\mathrm{ID}}^{(2)}$$

通常一个站点 3 个小区，按照 4G PCI 规划习惯，对 PCI 进行分组。

规划原则：

1）小区 ID 不能冲突，即相邻小区的 ID 不能相同。

2）小区 ID 不能出现混淆，即同一个小区的所有相邻小区中，不能有相同的小区 ID（见图 3-4）。

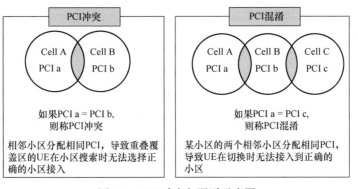

图 3-4　PCI 冲突与混淆示意图

3）PCI 复用距离最大化。

4）相邻小区的 PCI 模 3 不同。

5）PCI 模 30 复用距离最大化。

6）预留一定 PCI 组。

3.2.3.2　PRACH 规划

NR 系统中随机接入的作用是使 UE 获取上行同步以及 C-RNTI，包括竞争随机接入和非竞争随机接入两种情况。

PRACH preamble 是由长度为 839/139 的 ZC（Zadoff-Chu）序列组成，每个 preamble 对应一个根序列 μ。协议 38.211 中规定在一个小区中总共有 64 个 preamble。一个根序列 μ 通过多次的循环移位产生多个 preamble。如果一个根序列不能产生 64 个 preamble，那么利用接下来的连续的根序列继续产生 preamble，直到所有 64 个 preamble 全部产生。根据随机接入循环偏移 N_{CS}，可以得到生成 64 个 preamble 所需的根序列 μ 的个数。

规划流程如下：

确定 preamble format（例如 format A3）→根据覆盖半径确定循环偏移 N_{CS}（由 zeroCorrelationZoneConfig 指示）→由 Prach-configIndex 确定时域位置→确定基于竞争和非竞争的 preamble（基于竞争 56 个、非竞争 8 个）→根据 NcsPrach、速度场景确定每个 preable 中的 N_{CS}、根序列 μ 的个数；每个小区都选择连续的根序列 μ，当知道第一个根序列 μ，就可以知道其余的根序列 μ。

例如，根据覆盖场景，取 $N_{CS}=46$，短格式 ZC 长度为 139，则生成 64 个 preamble 需要根序列 22 个，即每个小区需要 22 个逻辑根序列。

3.2.3.3 邻区规划

邻区规划的目的在于保证在小区服务边界的手机能及时切换到信号最佳的邻小区，以保证通话质量和整网的性能。

规划原则如下：

1）地理位置上直接相邻的小区一般要作为邻区。

2）邻区一般都要求互为邻区。在一些特殊场合，可能要求配置单向邻区。

3）邻区个数要适当。邻区不是越多越好，也不是越少越好。应该遵循适当原则。太多，可能会加重手机终端测量负担。太少，可能会因为缺少邻区导致不必要的掉话和切换失败。

4）邻区应该根据路测情况和实际无线环境而定。尤其对于市郊和郊县的基站，即使站间距很大，也尽量要把位置上相邻的小区作为邻区，以保证能够及时进行可能的切换。

举例如下。

SA 组网场景需要配置的邻区包括：

1）4G->5G 的系统间邻区：用于 UE 从 4G 切换到 5G 系统服务。

2）5G->4G 的系统间邻区：用于 UE 从 5G 弱覆盖或者没有 5G 覆盖的区域切换到 4G 系统服务。

3）5G->5G 的系统内邻区：包括同频和异频，用于 UE 在 5G 系统内部的移动连续性。

上述邻区初始配置推荐正对 2 层、背向 1 层，邻区个数各约为 20 个（含本系统同频或异系统的每个频点）。

3.3 天线结构介绍

随着 5G FDD 的引入，宏站使用"RRU+ 天线"结构，天线作为无线信号的出入口，对无线网络质量具有一票否决的关键作用。

常见天线的主要结构包括反射板、辐射阵列、馈电网络、天线罩等部分，如图 3-5 所示。

其中，天线的电路参数和辐射参数对网络性能有较直接的影响，见表 3-3。

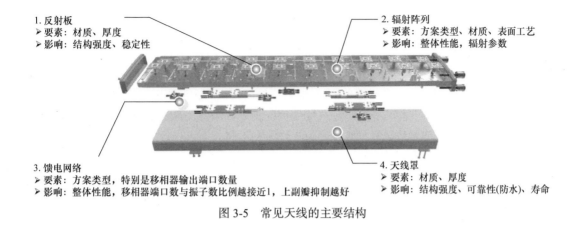

1. 反射板
- 要素：材质、厚度
- 影响：结构强度、稳定性

2. 辐射阵列
- 要素：方案类型、材质、表面工艺
- 影响：整体性能，辐射参数

3. 馈电网络
- 要素：方案类型，特别是移相器输出端口数量
- 影响：整体性能，移相器端口数与振子数比例越接近1，上副瓣抑制越好

4. 天线罩
- 要素：材质、厚度
- 影响：结构强度、可靠性(防水)、寿命

图 3-5　常见天线的主要结构

表 3-3　天线各类性能参数对比

影响维度		覆盖性能				容量性能				
		小区半径	覆盖扇区角度	覆盖深度	接收灵敏度	接收分集	小区内干扰	小区间干扰	热点区域能量聚集	切换成功率
辐射参数	增益	√		√						
	水平面波宽		√							√
	垂直面波宽	√							√	
	前后比							√		
	下倾角	√		√					√	√
	上副瓣抑制							√		
	零值填充			√						
	交叉极化比					√				
	波束一致性					√				
	扇区功率比		√							
电路参数	电压驻波比	√		√	√					
	隔离度			√			√			
	无源互调						√			

3.4　5G 设备选型对比

3.4.1　设备类型介绍

无线基站依据功率和容量可划分为 4 类，分别是宏基站（宏站）、微基站（微站）、皮基站（皮站）和飞基站（飞站）。宏站主要适用于广域覆盖，微站偏向局域覆盖，皮站相当于企业级 Wi-Fi，而飞站则相当于家庭路由器。后三种统称为小微基站（小基站）。

当前国内 5G 使用 FR1 频段，设备形态主要包括宏站（32/64 通道 AAU、4/8 通道 RRU）、微站（4 通道 AAU）、传统室分（2 通道 RRU）、数字化室分（2/4 通道）等。宏站一般安装在数十米高的铁塔上，小微基站形态小巧，便于在商场、车站、办公楼内安装。

3.4.2　覆盖选型

针对 5G 室外覆盖，以宏站蜂窝组网形成连续覆盖，对个别覆盖盲区部署微站补盲；同时根据覆盖区域容量、环境的不同，选用不同 5G 宏站设备类型。例如，密集城区业务量高，可选用容量更大的 64 通道 AAU 进行覆盖；农村业务量低而面积广，可选用低频 FDD 进行广覆盖。

针对 5G 室内覆盖，参照现网 4G 室内覆盖情况，可分为三类解决方案（见表 3-4），各解决方案由于产品形态、部署差异而导致室内覆盖性能的不同，如下：

1）新型室分方案：在室内部署分布式的 pRRU 来提升室内覆盖的性能和容量，多用于 CBD 内的建筑，如商场、写字楼，以及另外的场景，如交通枢纽、体育场馆等。

2）室内 DAS 方案：基本是考虑在利用原有 DAS 的基础上引入 5G 信源实现室内的覆盖，这类方案常见于中低价值等场景。

3）采用室外宏站穿透室内方案：这种方案无须为室内专门部署 5G 设备，而是在室外宏覆盖规划时兼顾室内覆盖的规划，成本相对小，但是仅仅是覆盖建筑外墙靠窗的区域，在建筑内两堵墙之后覆盖性能就很难保障了，这类覆盖常见于居民区、郊区等场景。

表 3-4　不同室分性能对比

	新型室分（外置天线）	新型室分（内置天线）	DAS
工程部署难度	中	低	高
MIMO 支持	支持	支持	不支持
容量演进	pRRU 级	pRRU 级	RRU 级
室内精准定位	支持	支持	不支持
可视化运维	支持	支持	不支持
建网成本对比	低	较高	低
综合性能对比	中	高	低

具体落地方案需要根据覆盖目标区域评估，总体原则是看要求性能优先还是成本优先。

3.4.3　室内覆盖分场景解决方案

3.4.3.1　高层居民楼

高层居民楼一般指 10 层以上的楼宇，楼宇间距一般在 30~80m，建筑物基本为多栋平行排列，横截面宽度一般介于 15~20m 之间，长度约为 50m。

小区除了高层住宅楼外，一般还有一些配套低层建筑，如小区外围商铺、车库低矮平台、门卫低矮楼房、超市、健身房、物业管理中心、会所娱乐中心等，以及监控杆、路灯杆等杆体。高层楼宇主要以电梯为垂直运输工具，一般都有强 / 弱电井。

板式高层深度覆盖思路有两种，小区外覆盖和小区内覆盖。数量较少的高层小区，楼宇之间非封闭性，可以通过小区外向小区内覆盖，优点是避免物业协调，减少成本，可采用杆站。数量较多的高层小区，楼宇之间遮挡严重，考虑在小区内部署微站。

（1）思路 1：小区外打方案（小区物业难协调或无法楼间对打）

小区外打高层主要是通过垂直宽波束天线进行覆盖。典型使用场景如下：

1）小区物业协调难，或进小区成本高的场景。

2）道路杆站可以低成本覆盖高层和周边区域，无须楼顶对打的场景。

3）多栋高层小区外围住户无法进行对打覆盖的场景。

"一字形"排列无法进行楼间对打，或楼宇平面楼间距过近（如楼间距小于 30m 的高层），楼顶站对打难以完全解决楼宇整体覆盖时，可采用地面杆站低打高（见图 3-6）。

图 3-6　楼间对打点位示意图

（2）思路 2：进小区方案（楼间对打）

小区外无法覆盖小区内的高层楼宇时，需要在小区内建站，可采用楼顶对打进行覆盖。选择方案时应综合考虑物业安装要求、楼宇覆盖面，可在小区楼顶建设一体化微站或双通道 RRU 外接大张角射灯天线（见图 3-7）。

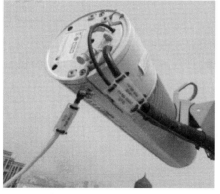

图 3-7　现场安装位置示意图

3.4.3.2　办公楼、酒店

高层办公楼、酒店等楼宇属于公共物业区域，一般而言，办公楼宇内部结构相对开阔，酒店内部相对复杂。由于单体建筑总的话务较高、建筑物面积大、厚度大，难以完全通过室外覆盖室内的方案解决覆盖、容量问题。

传统同轴电缆室内分布系统设计采取"多天线、小功率"原则，单点输出功率略小于分布式皮站远端功率，导致 DAS 的单点覆盖能力略低于分布式皮站远端。但是随着建筑结构的复杂程度提升，信号的阻挡及折射、绕射等情况严重，分布式皮站远端的功率优势相比传统 DAS 不再明显，因而两者的覆盖能力接近。

对于新建室内站场景，需要综合考虑覆盖面积、用户密度、建筑结构：对于普通酒店、办公楼宇采用 DAS 方案成本最优，对于大型开阔办公楼宇或酒店开阔区域优选分布式皮站（见表 3-5 和图 3-8）。

表 3-5   分场景优选建设方案

覆盖面积 /m²	用户密度	建筑结构	优选建设方案	典型场景
5000~50000	中 / 低	复杂	改造或新建 DAS	中小型办公楼、酒店楼宇
	高 / 超高	复杂	改造或新建 DAS	中大型酒店楼宇
		相对空旷	分布式皮站	中大高档开阔办公楼宇
>50000	高 / 超高	复杂	分布式皮站	超大型办公楼、星级酒店楼宇
		相对空旷	分布式皮站	超大型商业综合体

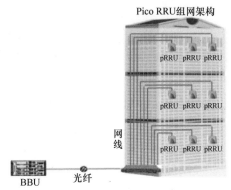

图 3-8   组网示意图

对于高负荷、大容量的高层商业建筑群（见图 3-9），一般处于城市的 CBD，在室内站覆盖的情况下，采用室外站分担室内部分话务，同时实现覆盖增强。

新建/改造3D-MIMO   高层商业建筑群

图 3-9   高容量场景组网示意图

3.4.3.3   商业建筑

商业楼宇外墙壁一般较厚，穿透损耗较大，通过室外覆盖室内的效果有限。同时商业楼宇建筑面积较大，内部区域开阔，集购物、娱乐、餐饮等多种功能为一体。典型商业楼宇包括大型商场、购物中心、大型超市、大卖场等。

对于已有 4G 室分，且话务量不高的小型商业楼宇可以优先合路 5G 室分，以解决室内弱覆盖的情况。对于话务量高的大型商业楼宇可直接部署分布式皮站，一步到位实现覆盖、容量增强（见图 3-10）。

图 3-10　点位布放示意图

3.4.3.4　交通枢纽

交通枢纽是运输网的重要环节，一般包括机场、火车站、汽车站。这些区域内人流量大，话务高。室内业务主要发生在候车区域（见图 3-11）。

图 3-11　交通枢纽现场

优先考虑部署分布式皮站，以解决室内覆盖同时解决大容量需求。容量不够时通过后台软扩即可实现，无须入场新增设备。

3.4.3.5　高校

高校的主要特点是学生众多、年轻化、数据业务高发，属于流量 TOP 高地。高校重点覆盖的室内场景包括：宿舍楼、教学楼、行政办公楼宇，其特点是走廊在楼宇中间，隔断较多；以及图书馆、食堂、大礼堂，其特点是内部空间较为开阔。

1. 内部隔断多的场景

1）方案 1：采用分布式微站进行室外覆盖室内。借助楼宇外墙、楼顶部署微站对打，或监控杆、灯杆、电力杆等部署杆站。

以宿舍楼为例，假设长度为 70m、高 6 层，每个宿舍开间长 3.8m，每宿舍 4 人，每栋宿舍楼人数约 900 人，根据不同区域的移动终端渗透率，一般建议 2 栋楼或 1 栋楼划分为一个小区，后续根据容量需要再进行小区分裂或双层网扩容（见图 3-12）。

2）方案 2：采用分布式皮站覆盖实现室内覆盖。主要解决大容量、大话务的宿舍楼、图书馆等场景。pRRU 设备安装于楼道间吊顶上。教学楼、行政楼等场景优选分布式皮站。

以宿舍楼为例，假设长度为 70m、高 6 层，每个宿舍开间长 3.8m，在楼道部署 pRRU 时，单 pRRU 可满足单侧 4 个宿舍的覆盖，则每栋楼宇需要部署约 28 个 pRRU，如图 3-13 所示。

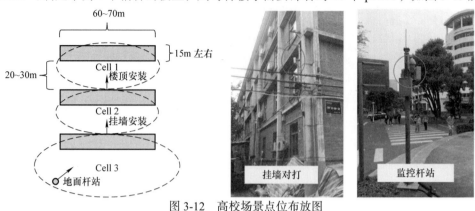

图 3-12　高校场景点位布放图

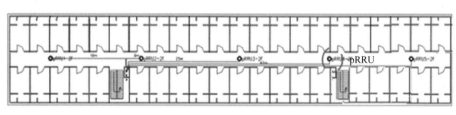

图 3-13　pRRU 点位布放图

总结：

方案 1 解决室内覆盖容量问题时可兼顾室外弱覆盖，选址建设容易，整体成本较低。

方案 2 较方案 1 优点是支持容量更高，可根据需要对每层楼划分一个小区，缺点是成本较高（约为方案 1 的 5 倍），只能解决室内问题无法兼顾室外覆盖。

3）方案 3：采用 5G 反开 4G 3D-MIMO 进行覆盖。由于宿舍区域和教学区域话务较高，通过新建或改造 3D-MIMO 站点，在解决覆盖的同时还可以提高用户 4/5G 体验速率（见图 3-14）。

2. 内部开阔型场景

对于高校宿舍楼、图书馆等人员集中的场景，优先考虑部署分布式皮站，在解决覆盖问题的同时还可以解决容量问题。人流较小的区域（如教学楼、行政楼等场景）可建设扩展型皮站以满足覆盖。

图 3-14　反开点位图

3.5 运营商站点验收常见要求

无线基站建设完成后，通常需进行单站验证才交付入网。主要包含两部分工作内容：站点复勘和单站测试。

1）站点复勘：现场审核站点是否存在设计问题、是否按设计施工、是否存在施工质量问题等，复勘不合格站点应退回整改，直至合格为止。

例如设计问题，包括图纸设计错误，存在楼面、抱杆天线、广告牌等阻挡，电源配套不足等；未按设计施工，经纬度偏差过大，挂高、下倾角、方位角等与设计不一致；施工质量问题，天线角度卡死、天馈接反，以及告警、配置错误等问题。

2）单站测试：验证站点各项性能指标是否达到入网标准，现场业务测试是否正常，站点邻区是否完善，以确保站点健康入网。

测试通常为 CQT（Call Quality Test，呼叫质量测试）、DT（Drive Test，路测），按照网络规划目标标准，进行性能验证；包括覆盖率、速率、语音、时延、切换等指标。

第4章 5G 信令详解以及异常事件分析

4.1 NR 接口协议

4.1.1 5G 网络总体拓扑

在讲解信令之前，我们首先来了解一下 5G 网络的总体拓扑，图 4-1 为 5G 网络总体拓扑示意图。

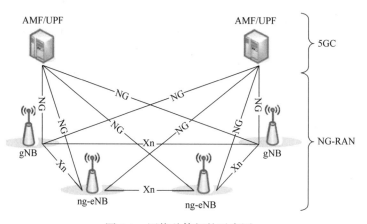

图 4-1 网络总体拓扑示意图

4.1.2 5G NR 接口介绍

下面来介绍一下 NR 的几个接口（见图 4-2）:其中 NG-RAN 与 5GC 之间的接口为 NG 接口，gNB 之间的接口为 Xn 接口，gNB-CU 与 gNB-DU 之间的接口为 F1 接口。NG、Xn、F1 接口信令连接都基于 SCTP；用户面传输都基于 GTP-U 协议。

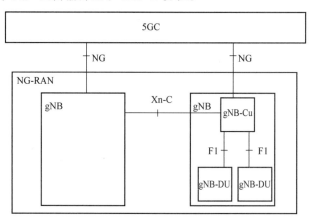

图 4-2 NR 接口示意图

NG 接口是 gNB/ng-eNB 与 5GC 之间的接口，各基站通过 NG 接口与 5GC 交换数据，传输控制面信令和媒体面数据。NG 接口协议栈包括 NG-C 和 NG-U，分别处理控制面数据和媒体面数据（见图 4-3）。

NG-C 的功能主要包括：NG 接口管理、UE 上下文管理、UE 移动性管理、NAS 消息传输、寻呼、PDU 会话管理、配置转换、告警信息传输。NG-U 的功能主要包括：提供 NG-RAN 和 UPF 之间的用户面 PDU 非保证传递。

Xn 接口是 gNB/ng-eNB 之间的接口，各基站通过 Xn 接口交换数据，实现切换等功能。与 NG 接口类似，Xn 接口协议栈也包括 Xn-C 和 Xn-U，分别处理控制面数据和媒体面数据（见图 4-4）。

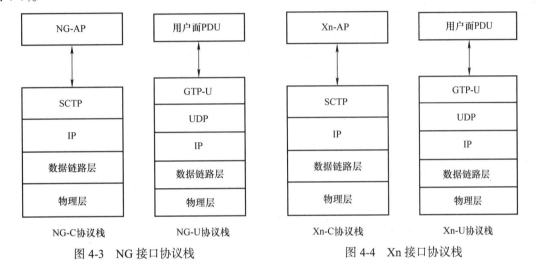

图 4-3　NG 接口协议栈　　　　　　　　　图 4-4　Xn 接口协议栈

Xn-C 接口主要功能包括：Xn 接口管理、UE 移动性管理，包括上下文转移和 RAN 寻呼、切换。Xn-U 接口主要功能包括：提供基站间的用户面数据传递、数据转发、流控制功能。

F1 接口是 gNB 中 CU 和 DU 的接口（见图 4-5）。F1-C 接口主要功能包括：F1 接口管理、gNB-DU 管理、系统消息管理、gNB-DU 和 gNB-CU 测量报告、负荷管理、寻呼、F1 UE 上下文管理、RRC 消息转发。F1-U 接口主要功能包括：用户数据转发、流控制功能。

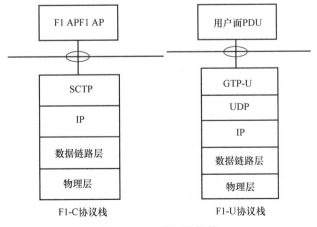

图 4-5　F1 接口协议栈

　　Uu 接口是终端与 gNB 之间的空中接口，L1 PHY 为物理层，5G 与其他无线通信技术有着根本区别。

　　L2 数据链路层包括 MAC、RLC 和 PDCP，其中用户面 SDAP 层也属于 L2（见图 4-6）。

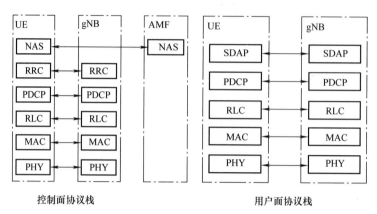

图 4-6　NR 协议栈

4.2　信令基础知识

　　NR 控制面协议栈如图 4-7 所示。

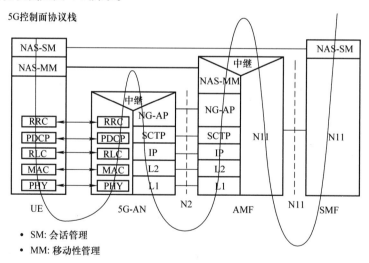

图 4-7　NR 控制面协议栈

　　相关术语如下。

　　1）IMSI（International Mobile Subscriber Identity）：国际移动用户识别码，网络可以通过身份识别流程要求 UE 上报 IMSI，5G 中采用加密性更强的 SUPI 代替 IMSI。

　　2）SUPI（Subscription Permanent Identifier）：用户永久标识，用于注册，包含 IMSI 和网络标识。

　　3）SUCI（Subscription Concealed Identifier）：用户隐藏标识，在空口对 SUPI 进行保护。

4）5G-GUTI（5G-Globally Unique Temporary UE Identifier）：全球唯一临时 UE 标识，由 gNB 分配（见表 4-1）。

5）5G S-TMSI(5G-S-Temporary Mobile Station Identifier)：5G-GUTI 的简化，用于下发寻呼，减少空口资源占用。

6）IMEI（International Mobile Equipment Identity）：国际移动台设备标识，唯一标识 UE，用 15 个数字表示。

7）PEI（Permanent Equipment Identifier）：唯一标识 UE，现网中同 IMEI。

表 4-1　5G-GUTI 组成部分

MCC	MNC	AMF Region ID	AMF Set ID	AMF Pointer	5G-TMSI
3digit	2 ~ 3digit	8bit	10bit	6bit	32bit

NR SI（System Information，系统信息）分为 MIB（Master Information Block，主信息块）和多个 SIB（System Information Block，系统信息块）。R15 协议框架内具体携带信息如下：

1）MIB：小区最基本的物理层信息。

2）SIB1：小区选择相关信息和其他 SIB 调度信息。

3）SIB2：小区重选信息（公共参数，适用同频、异频、异系统）。

4）SIB3：小区重选信息（同频邻区）。

5）SIB4：小区重选信息（异频邻区和频率）。

6）SIB5：小区重选信息（EUTRA 邻区和频率）。

7）SIB6/7：ETWS 基本 / 辅助通知。

8）SIB8：CMAS 通知信息。

9）SIB9：定时信息。

4.3　5G 接入流程

4.3.1　5G SA 接入流程

5G SA 下，NR 的接入流程包括：随机接入、RRC 建立过程、UE 专有 NG 连接建立过程、NAS 过程、初始上下文建立过程。

UE 侧初始接入信令解读如下。

在随机接入流程（见图 4-8）总体上，NR 跟 LTE 并无太大区别，LTE RACH 和 NR RACH 之间的主要区别就在于从收到 RMSI 到传输 RACH Preamble 之前的过程。这是由于 NR 中默认支持 BeamForming（特别是 mmWave）。因此，NR 在 BeamForming 模式的情况下，UE 需要检测并选择用于发送 PRACH 的最佳波束。该波束选择过程将是 LTE RACH 和 NR RACH 过程之间的根本区别。针对竞争的随机接入，关键流程点如下：

1）UE 通过系统消息获取 PRACH 参数，选择相应的 Preamble 在某个特定时刻进行发送，preamble 中隐含携带 RA-RNTI 信息，RA-RNTI 的计算公式如下：

$$RA\text{-}RNTI = 1 + s\_id + 14 \times t\_id + 14 \times 80 \times f\_id + 14 \times 80 \times 8 \times ul\_carrier\_id$$

（SUL 频段取 1，其他取 0）

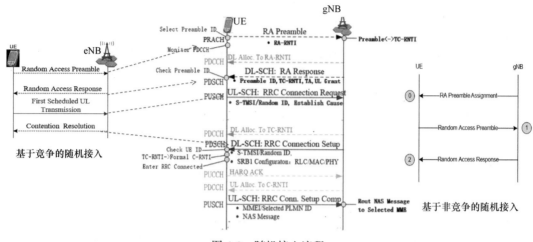

图 4-8　随机接入流程

2）基站接收到 preamble 后，在对应的波束上发送 RAR，RAR 里面携带上行定时、Msg3 调度信息以及临时 C-RNTI 信息。

3）UE 通过 PUSCH 发送 Msg3，携带用于竞争解决的 UE ID，根据不同的场景，可以为随机数、S-TMSI 或者 C-RNTI。

4）UE 在发送完 Msg3 后，启动 ra-ContentionResolutionTimer 定时器，在定时器超时前，如果 UE 能够完成竞争解决，那么 RA 流程成功，否则流程失败。竞争解决成功包括以下两种场景：

➢ 如果 UE 采用随机数或 S-TMSI 作为 UE ID，那么 UE 通过 TC-RNTI 解扰 PDCCH，同时在 PDSCH 的 MAC PDU 上读到相同的 UE ID，表示 UE 竞争解决成功。

➢ 如果 UE 采用 C-RNTI 作为 UE ID，那么 UE 通过 C-RNTI 解扰 PDCCH，只要解调成功，就表示 UE 竞争解决成功。

4.3.1.1　竞争解决

随机接入过程有基于竞争方式（Contention Based，CB）和非竞争方式（Contention Based Free，CF）两种方式（见图 4-9）。

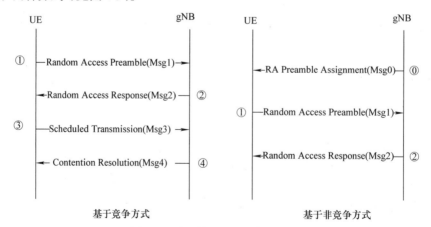

图 4-9　随机接入过程的信令流程

NR 系统与 LTE 系统一致，每个小区有 64 个 preamble，在基于竞争随机接入（CBRA）过程中，UE 随机选择一个 preamble 向网络侧发起随机接入过程，若同一时刻多个 UE 使用同一个 preamble 发起随机接入，则由于接入冲突可能会导致接入失败。非竞争随机接入（CFRA）使用基站所分配的 preamble 发起随机接入过程，可有效避免前导序列冲突，加快 UE 接入网络。

（1）基于竞争接入

步骤 1：UE 在 PRACH 发送 Random Access Preamble 给 gNB。

步骤 2：gNB 在 RAR 时间窗内发送 Random Access Response 给 UE。

步骤 3：UE 在调度的 UL-SCH 发送 MSG3。

步骤 4：gNB 在 DL-SCH 发送 Contention Resolution（竞争解决）给 UE。

（2）非竞争接入

步骤 0：gNB 给 UE 分配专用 Preamble。

步骤 1：UE 在 PRACH 发送专用 Random Access Preamble 给 gNB。

步骤 2：gNB 在 RAR 时间窗 RachConfigGeneric.raResponseWindow 内发送 Random Access Response 给 UE。

SA UE 接入过程包括两种，一种是初始随机接入，由 RRC IDLE 态转换至 RRC CONNECTED 态；另外一种是 5G 新增的 RRC INACTIVE 态，UE 通过随机接入转换至 RRC CONNECTED 态。

RRC INACTIVE 态转换至 RRC CONNECTED 态时，

1）收到来自核心网的下行数据业务，基站触发 RAN Paging 流程唤醒 UE，UE 收到 RAN Paging 后，触发 Resume 流程，恢复 RRC 的空口连接。

2）UE 有上行业务需要发送时，主动触发 Resume 流程，恢复 RRC 的空口连接。

RRC INACTIVE 态转换至 RRC CONNECTED 态触发的随机接入过程采用基于竞争方式。

4.3.1.2　初始随机接入

初始随机接入时，UE 从 RRC IDLE 态转换到 RRC CONNECTED 态，网络侧和 UE 还没有建立 RRC 信令连接，UE 从 SIB1 中获取上行随机接入配置，SIB1 的配置在小区中广播，由用户共享，因此仅能采取基于竞争方式（见图 4-10）。

初始随机接入过程如下。

1）UE 进行小区搜索时会检测最优的 SSB 波束，小区中每个 SSB 波束均包含 PBCH，通过解析 PBCH 的 DMRS 得到 SSB 索引，同时根据解析的 MIB 指示 SIB1 消息的时频域位置，通过 CORESET 0 和 SearchSpace 0 解析 PDSCH 中携带的 SIB1 消息，在网络配置的 PRACH 位置发送 Random Access Preamble。

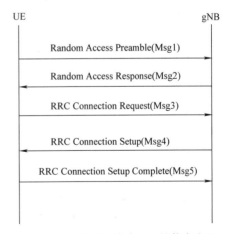

图 4-10　初始随机接入过程的信令流程

2）基站检测到 Msg1 后，在 ra-ResponseWindow 内发送 Random Access Response，Msg2 PDU 包含 preamble index、Timing advance command、TC-RNTI 及 UL grant（由 PDSCH 直接下

发 PUSCH 的调度信息，UE 其他 PUSCH 调度均由 DCI 进行调度）等信息。

3）UE 发送 Msg3（RRCRequest），Msg3 中包含 UE 唯一竞争解决 ID（5G-S-TMSI 或 39bit 随机数），用于 Msg4 的冲突解决。

4）基站发送 Msg4 即（RRCSetup），gNB 在 Msg4 中携带 UE 唯一竞争解决 ID，UE 收到后与 Msg3 发送的自身竞争解决 ID 相匹配，匹配成功则竞争解决，匹配不成功则重新发起随机接入动作。

5）UE 发送 RRCSetupComplete 通知基站竞争解决完成，并夹带 NAS 消息 Registration Request 发起注册流程。

4.3.1.3　RRC 连接建立

RRC 连接建立过程是建立 SRB1 的过程，SRB1 建立不启动加密和完整性保护（见图 4-11）。

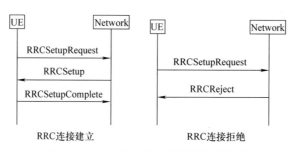

图 4-11　RRC 连接建立及拒绝信令流程

1）UE 发送的 RRCSetupRequest 消息建立 RRC 连接，并启动等待定时器 T300（T300 定时时长在 SIB1 中下发），gNB 收到该消息后，为接纳 UE 准备资源。

2）如接纳成功，则 gNB 发送 RRCSetup 消息，指示 UE 配置 SRB1 建立 RRC 连接，同时进行本地协议栈配置，UE 终止定时器 T300；如果接纳失败，则 gNB 发送 RRCReject 消息，拒绝建立 RRC 连接，UE 启动定时器 T302，在 T302 超时后重新建立 RRC 连接；如 UE 长时间未收到 RRCSetup，定时器 T300 超时，导致接入失败，UE 会重新开始测量和发送 Msg1 的流程。

3）UE 完成 SRB1 配置后，向 gNB 回复 RRCSetupComplete 消息，RRC 连接建立成功。

核心网完成了用户的鉴权和安全模式后，接下来就是无线侧的用户上下文建立的过程（见图 4-12），具体过程如下：

1）AMF 向 gNB 发送上下文建立请求，里面携带无线侧的安全密钥、移动性限制信息以及向 UE 回复的 NAS 消息。

2）由于该 NAS 消息属于 NAS 保护的消息，因此必须采用 SRB2 才能传递。为了建立 SRB2，基站首先需要发起 UE 能力查询流程，获取 UE 无线能力。

3）gNB 获取了 UE 无线能力后，在空口激活 RRC 安全模式，其流程和 NAS 安全激活类似。

4）RRC 安全模式激活后，gNB 下发 RRC 重配置流用于配置 SRB2 的承载，同时将 Registration Accept 消息下发给 UE。

5）UE 回复 Registration Complete 消息给 AMF。

6）gNB 下发测量配置消息，用于连接态移动性管理。

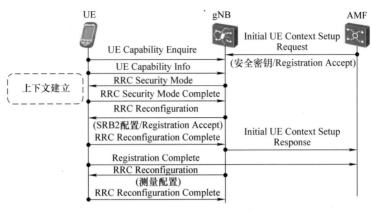

图 4-12 无线上下文建立流程

4.3.1.4 UE 能力查询

UE 能力查询时机有两个：

1）在 gNB 收到 RRCSetupComplete 消息，RRC 建立完成时即可查询。

2）在收到 AMF 下发的 INITIAL CONTEXT SETUP REQUEST，此时可以根据消息中是否携带 UE 能力来判断是否发起 UE 能力查询过程，如果携带则不查询，否则查询。

UE 能力查询信令流程（见图 4-13）如下：

1）gNB 发 送 UECapabilityEnquiry 消息给 UE，携带需要查询的无线接入类型列表，一般包含 NR、MR-DC、EUTRAN。

2）UE 回 复 UECapabilityInformation 消息给 gNB，根据 gNB 的要求提供 UE 所支持的各项 UE 能力。

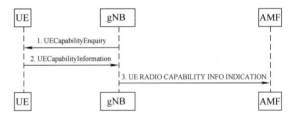

图 4-13 UE 能力查询信令流程

3）gNB 通过 UE RADIO CAPABILITY INFO INDICATION 消息传递给 AMF 保存。

4.3.1.5 RRC 连接重配

当 gNB 和 UE 间的 RRC 连接已建立，如果 gNB 由于 SRB2、DRB、测量等的建立、删除、修改、配置变更等原因，需要重配该 RRC 连接，则 gNB 发送 RRCReconfiguration 消息，指示 UE 生成新的 RRC 连接配置，同时该消息可携带 UE 专有的 NAS 消息（见图 4-14）。

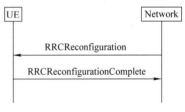

图 4-14 RRC 连接重配信令流程

4.3.1.6 PDU 会话建立

在 UE 完成初始注册流程后，UE 可以自行决定发起 PDU 会话建立流程，同时 5GC 也可以通过 NAS 消息主动通知 UE 发起 PDU 会话建立流程。通过 PDU 会话建立过程，UE 和 UPF 之间可以完成 IP 连接的建立，同时至少会建立一条 QoS 流。在完成 PDU 会话建立后，UE 就可以根据 DNN 的信息进行相应的业务。

PDU 会话建立整体流程（见图 4-15）如下：

1）UE 向 AMF 发起 PDU 会话请求消息。

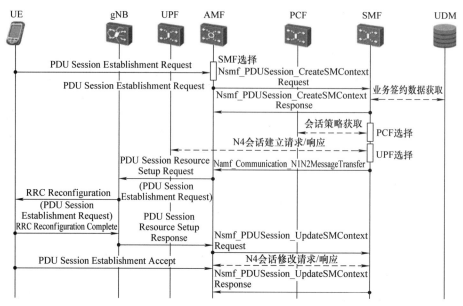

图 4-15　PDU 会话建立整体流程

2）AMF 根据切片和 DNN 等信息为用户选择 SMF，并向 SMF 发起 SM 上下文建立请求。

3）SMF 需要从 UDM 中获取会话相关的签约数据，并从 PCF 中获取会话相关的策略信息。

4）SMF 根据 UE 位置、DNN 和 S-NSSAI 等信息选择 UPF，接着向 UPF 发起 N4 会话建立流程，获取 UPF 的 IP 以及 TEID。

5）获取 UPF 信息后，SMF 将信息转发给 AMF。

6）AMF 向 gNB 发起 PDU 资源建立请求，请求 gNB 建立空口 DRB 资源，同时会携带给 UE 的 NAS 消息。

7）UE 完成空口的配置，gNB 向 AMF 回复资源建立响应，同时携带 gNB 的 IP 和 TEID。

8）AMF 将该信息转发给 SMF，SMF 再次向 UPF 发起会话修改流程传递 gNB 的 IP 和 TEID。

9）gNB 收到 AMF 的 PDU Session Resource Setup Request，消息中携带了需要建立的 PDU Session 列表，每个 PDU Session 列表又包含建立的 QoS 流列表，gNB 进行 QoS 流和 DRB 的映射（DRB 的建立），建立 PDU Session 的下行 GTP-U 隧道，再进行本地及空口的资源配置。

10）gNB 发送 RRCReconfiguration 消息给 UE，同时携带要建立的 DRB 列表信息，通知 UE 进行 DRB 资源的配置。

11）UE 配置成功，发送 RRCReconfigurationComplete 响应消息给 gNB。

12）gNB 回复 PDU Session Resource Setup Response 消息给 AMF，携带建立成功及失败的 PDU Session 列表，其中成功的 PDU Session 列表中携带建立成功和失败的 QoS 流列表，并且建立成功的 PDU Session 携带下行 GTP-U 信息。

4.3.2　问题排查思路和案例分析

4.3.2.1　接入问题排查思路

遇到接入问题时，首先排查小区状态、单板状态、AAU 状态等，硬件是否可用、是否存在告警等。在硬件状态正常的情况下，我们可以将 UE 接入过程分解为三个阶段进行深入问题分析，分别为随机接入、RRC 建立、PDU Session 建立和 SRB/DRB 建立三个过程，具体分析思路和 LTE 相似。

1. 随机接入阶段问题分析

1）基于网管统计，统计小区 GroupA、GroupB 随机接入 preamble 的检测成功次数。

2）基于网管统计，如果 Msg1、Msg2 的成功次数较高，但 Msg3、Msg4 检测失败次数较高（或 Msg3、Msg4 的检测成功次数基本为 0）。

3）基于测试统计，RRC 接入阶段有大量 RRCRequest 消息，而无后续消息。

相关问题可能存在的原因如下：

1）是否存在 PRACH 的逻辑根序列复用的问题。

2）是否存在 N_{cs} 设置过小的可能。

3）是否存在 Msg1 虚检抑制的门限不足。

4）是否存在上行干扰。

2. RRC 连接建立失败分析

（1）基站未下发 RRCSetup 消息，而是发送 RRCReject 消息，需核查 RRC 接入门限、RRC 连接用户数设置，查看是否有基站 CPU 相关告警，结合话统指标判断小区是否高负荷。

（2）基站下发 RRCSetup 消息，但未收到 RRCSetupComplete 消息，可能存在的问题如下：

1）是否存在小区的上行干扰高，查看 RSSI 判断底噪是否过高。

2）是否存在下行覆盖差。

3）是否小区容量等级指示设置偏小或者 SR 信道容量偏小。

4）是否驻留态的重选参数设置不合理。

3. PDU 会话建立和 SRB/DRB 建立的分析

（1）gNB 收到 Initial Context Setup Request 消息之后，直接回复了建立失败，可能存在的问题如下：

1）是否 ERAB 接纳门限设置不合理或 license 不足。

2）是否 AMF 携带的 UE 能力和无线侧冲突，例如 AMF 传递过来的 UE 能力中指示该 UE 不支持该频段。

3）是否上报 UE 能力内容过长。

（2）在 SRB/DRB 建立过程中，gNB 对 UE 做 RRC 重配置，出现重配失败，可能存在的问题如下：

1）UE 能力有问题。

2）基站系统版本有问题。

3）基站物理配置有误。

（3）空口质量问题，需检查小区的上行干扰、下行覆盖等。

4.3.2.2　案例分析

某用户 5G 终端占用 5G 信号回落 4G 后，无法正常返回 5G 网络进行接入。

1. 问题描述

SA 用户终端在无线环境良好的情况下，重选至新的小区发起注册，网络侧未响应导致注册失败，终端多次在 5G 网络重新发起注册尝试，未注册成功被 5G 网络侧释放接入 LTE 网络，无法返回 5G 网络。

2. 信令分析过程

分析路测数据，发生 SA 接入异常时小区覆盖 RSRP 为 −63.5dBm，SINR 为 17dB，无线环境良好，分析终端信令显示此时终端从频点为 504990、PCI 为 742 的 5G 小区向目标频点为 532830、PCI 为 261 的 5G 小区进行重选，终端在目标 5G（频点：532830）小区连续注册 3 次，未收到响应，没有注册成功（见图 4-16）。

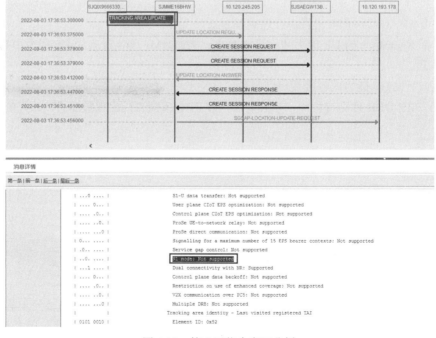

图 4-16　无线信令分析过程

如图 4-17 所示，分析核心网信令，TRACKING AREA UPDATE 消息中终端携带的 N1 mode 显示为 Not supported，终端上报不支持 NR SA 能力，导致核心网侧无法接受终端的注册请求。

图 4-17　核心网信令交互分析

3. 问题原因定位

终端在 5G 网络多次注册失败后，触发终端自身保护机制回落至 4G 网络，在附着过程中向 4G 网络侧发起 TAU 请求，终端在上报的 TAU 请求中携带的 N1 mode 仍未携带支持 5G 的能力，4G 网络侧认为是普通 4G 终端，导致无法快速返回 5G 进行 SA 接入。确定频点为 532830、PCI 为 261、TAC 为 1070 的 5G 站点是伪基站，并非正常使用的 5G 商用基站和频点（见图 4-18 和图 4-19）。

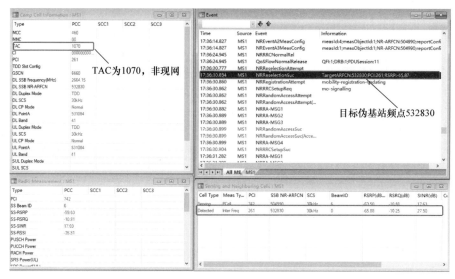

图 4-18　终端尝试接入伪基站信令

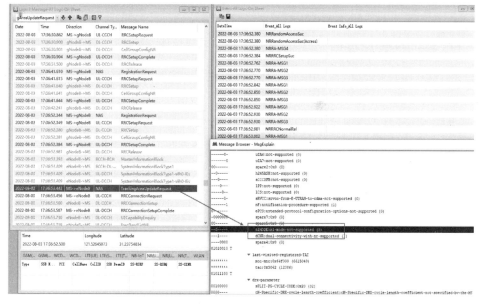

图 4-19　4G 侧 TAU 请求

终端异常前占用 5G 伪基站，伪基站未触发正常注册拒绝流程，反而异常释放 RRC，导致连续三次失败后，触发终端保护机制，主动禁掉其终端 5G SA 能力，终端在重启等操作后可恢复正常。

4. 解决措施

协调对伪基站的注册机制进行优化，确保终端能正常从伪基站快速释放，正常返回运营商的 5G 网络。5G 伪基站正常流程为在进入伪基站覆盖区域的终端发起注册请求时，在伪基站上进行 RRC 连接请求时，通过 identity 请求收集用户信息，然后释放 RRC 连接，此过程耗时约 0.2s，正常伪基站流程如图 4-20 所示。

Index	Local Time	Direction	Layer	Message Type	Note
154472	16:55:22:720	NW->MS	NRRC_SI	SystemInformationBlockType1	(DL_FREQ_BAND[41], SSB_ARFCN[[504990], PCI[128], SCS[NR_SCS_30])
154751	16:55:22:720	NW->MS	NRRC_SI	SystemInformation	(DL_FREQ_BAND[41], SSB_ARFCN[[504990], PCI[128], SCS[NR_SCS_30])
154752	16:55:22:720	NW->MS	NRRC_SI	SystemInformationBlockType5	(DL_FREQ_BAND[41], SSB_ARFCN[[504990], PCI[128], SCS[NR_SCS_30], Storec
154986	16:55:23:060	NW->MS	NRRC_SI	SystemInformation	(DL_FREQ_BAND[41], SSB_ARFCN[[504990], PCI[128], SCS[NR_SCS_30])
154987	16:55:23:060	NW->MS	NRRC_SI	SystemInformationBlockType2	(DL_FREQ_BAND[41], SSB_ARFCN[[504990], PCI[128], SCS[NR_SCS_30], Storec
154990	16:55:23:060	NW->MS	NRRC_SI	SystemInformationBlockType4	(DL_FREQ_BAND[41], SSB_ARFCN[[504990], PCI[128], SCS[NR_SCS_30], Storec
175488	16:55:40:580	NW->MS	NRRC_SI	MasterInformationBlock	(DL_FREQ_BAND[41], SSB_ARFCN[532830], PCI[83], SCS[NR_SCS_30])
175542	16:55:40:580	NW->MS	NRRC_SI	SystemInformationBlockType1	(DL_FREQ_BAND[41], SSB_ARFCN[[532830], PCI[83], SCS[NR_SCS_30])
176990	16:55:40:580		VGMM	REGISTRATION_REQUEST	
177015	16:55:40:580	MS->NW	VGMM	REGISTRATION_REQUEST	(registration type: MOBILITY_REGISTRATION_UPDATING, FOR bit: 0, ng_ran
177888	16:55:40:580	MS->NW	NRRC	RRCSetupRequest	(SSB_ARFCN[532830], PCI[83])
178235	16:55:40:580	NW->MS	NRRC	RRCSetup	(SSB_ARFCN[532830], PCI[83])
178887	16:55:40:580	MS->NW	NRRC	RRCSetupComplete	(SSB_ARFCN[532830], PCI[83])
179810	16:55:40:781	NW->MS	NRRC	DLInformationTransfer	(NARFCN[532830], PCI[83])
179815	16:55:40:781	NW->MS	VGMM	IDENTITY_REQUEST	(identity type: D_VGS_MOBILE_ID_SUCI)
179841	16:55:40:781	MS->NW	VGMM	IDENTITY_RESPONSE	
179873	16:55:40:781	MS->NW	NRRC	ULInformationTransfer	(SSB_ARFCN[532830], PCI[83])
180056	16:55:40:781	NW->MS	NRRC	DLInformationTransfer	(NARFCN[532830], PCI[83])
180061	16:55:40:781	NW->MS	VGMM	REGISTRATION_REJECT	(cause: VGMM_CAUSE_NO_SUITABLE_CELL_IN_TA)
180075	16:55:40:781	NW->MS	NRRC	RRCRelease	(NARFCN[532830], PCI[83]) (redirectedCarrierInfo[0], suspendConfig[0])
185980	16:55:41:181	NW->MS	NRRC_SI	MasterInformationBlock	(DL_FREQ_BAND[41], SSB_ARFCN[504990], PCI[128], SCS[NR_SCS_30])
186048	16:55:41:181	NW->MS	NRRC_SI	SystemInformationBlockType1	(DL_FREQ_BAND[41], SSB_ARFCN[[504990], PCI[128], SCS[NR_SCS_30])
188378	16:55:41:181		VGMM	REGISTRATION_REQUEST	
188421	16:55:41:181	MS->NW	VGMM	REGISTRATION_REQUEST	(registration type: MOBILITY_REGISTRATION_UPDATING, FOR bit: 0, ng_ran_
189382	16:55:41:181	MS->NW	NRRC	RRCSetupRequest	(SSB_ARFCN[504990], PCI[128])
189964	16:55:41:181	NW->MS	NRRC	RRCSetup	(SSB_ARFCN[504990], PCI[128])
190532	16:55:41:181	MS->NW	NRRC	RRCSetupComplete	(SSB_ARFCN[504990], PCI[128])

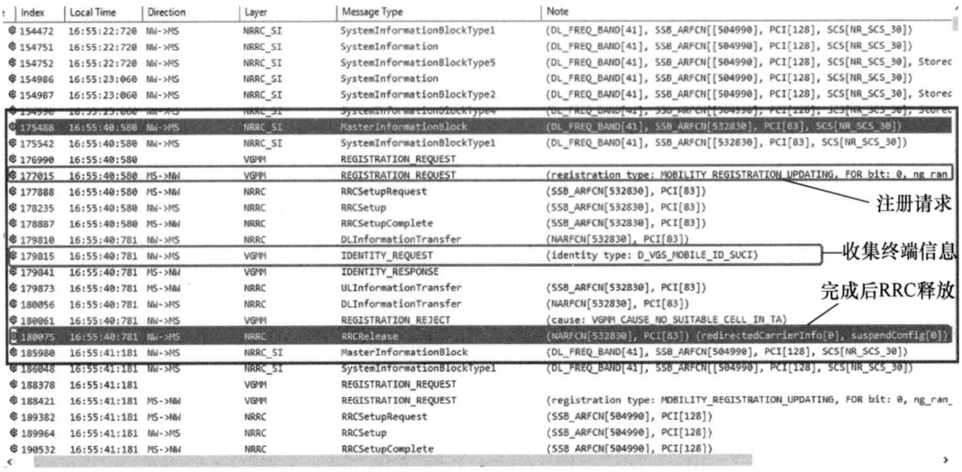

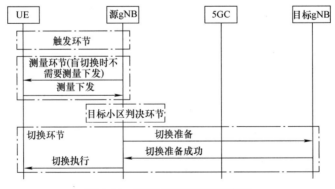

图 4-20　终端占用伪基站正常信令示意图

4.4　5G 移动性信令流程

4.4.1　5G 移动性管理类型

SA 下的移动性管理根据 UE 的状态可分为连接态和空闲态的移动性管理。对于连接态的移动性管理：切换和重定向。对于 Inactive 态和空闲态的移动性管理：小区重选。

1. 连接态切换流程（见图 4-21）

图 4-21　连接态切换流程示意图

连接态移动性管理一般为切换，基于连续覆盖，当 UE 移动到小区覆盖边缘，服务小区信号质量变差，邻区信号质量变好时，触发基于覆盖的切换，防止小区信号质量变差造成掉话。

（1）切换触发：通过服务小区信号质量和是否配置邻区频点触发测量，并根据切换前是否对邻区进行测量分为测量模式和盲模式。

（2）测量环节：包含测量下发和测量上报。UE 建立 RRC 连接后，gNB 通过 RRCReconfiguration 给 UE 下发测量配置，在 UE 处于连接态或完成切换后，若测量配置信息有更新，则 gNB 也会通知 RRCReconfiguration 消息下发更新的测量配置，下发的内容包含测量对象、报告配置和其他配置等，如下：

1）测量对象：包含测量系统、测量频点或测量小区等信息，以及 UE 对哪些小区、频点进行测量。

2）报告配置：包含测量事件和事件上报的触发量，以及 UE 测量报告上报的条件和上报标准。

3）其他配置：包含测量 GAP、测量滤波等。

SA 移动性管理流程包括 gNB 内切换、Xn 切换、NG 切换，对于系统内事件 A1、A2、A3、A4、A5，其中 A1、A2 用于切换启停判决，通过判断服务小区信号质量，来决定是否启动或停止切换测量。A3、A4、A5 用于系统内目标小区或目标频点切换判决。系统间事件 B1、B2 用于系统间目标小区或目标频点切换判决，通过判断邻小区的信号质量，来决定是否发生切换。

1）A3：表示邻区信号质量比服务小区信号质量好，即

$$Mn + Ofn + Ocn - Hys > Ms + Ofs + Ocs + Off$$

2）A4：表示邻区信号质量比一个固定门限质量好，$Thresh$ 表示固定门限，即

$$Mn + Ofn + Ocn - Hys > Thresh$$

3）A5：表示服务小区信号质量要低于固定门限 1（$Thresh1$），邻区信号质量优于固定门限 2（$Thresh2$）。

服务小区低于固定门限 1，即

$$Ms + Hys < Thresh1$$

邻区高于固定门限 2，即

$$Mn + Ofn + Ocn - Hys > Thresh2$$

4）B1：表示异系统邻区质量高于一定门限，满足此条件事件被上报时，启动异系统切换，即

$$Mn + Ofn - Hys > Thresh$$

5）B2：表示服务小区质量低于一定门限，并且异系统邻区质量高于一定门限。

服务小区低于固定门限 1，即

$$Ms + Hys < Thresh1$$

邻区高于固定门限 2，即

$$Mn + Ofn - Hys > Thresh2$$

以上各式中，Mn 表示邻区测量结果；Ms 表示服务小区测量结果；Ofs 和 Ofn 分别表示服务小区的频率偏置和其他频点对应的频率偏置；Ocs 表示服务小区偏置；Ocn 表示邻小区偏移量；Hys 表示同频切换幅度迟滞。

测量报告上报：UE 收到 gNB 下发的测量配置，按照指示进行测量，当满足上报条件后，UE 将测量报告上报给 gNB。

（3）切换判决：测量报告处理、确定切换策略、生成目标小区列表。

1）测量报告处理：gNB 按照先进先出方式（先上报先处理）对收到的测量报告进行处理，并生成候选小区或候选频点列表。

2）确定切换策略：gNB 将 UE 从当前的服务小区变更到新小区的方式选择为切换或是重定向。

- 切换：将 UE 从原小区的服务区域变更到目标小区的服务区域，保证用户业务连续性。
- 重定向：gNB 直接释放 UE，并在 RRCRelease 中指示 UE 在某个频点选择小区接入的过程。

3）生成目标小区或目标频点列表：根据测量模式或盲模式生成候选小区列表或候选频点列表：

- 测量模式：gNB 直接根据测量报告生成候选小区列表或候选频点列表。
- 盲模式：不对候选目标小区信号质量进行测量，直接根据相关的优先级（系统优先级、邻区优先级和频点优先级）的参数配置直接顺序生成候选小区列表或候选频点列表。采用此方式进行 UE 切换的失败风险较高，所以一般情况下不采用，仅在特殊情况下或者紧急情况下采用盲切换。

根据候选列表及邻区过滤规则生成目标列表：

- 过滤掉黑名单小区。
- 过滤掉不同运营商的小区。
- 过滤掉 UE 不支持的频点或小区。

（4）切换执行：切换准备，切换执行。

1）切换准备如下：

- 源 gNB 向目标 gNB 发起切换请求消息（Handover Request 或 Handover Required）。
- 如果目标 gNB 准入成功，则返回响应消息（Handover Request Acknowledge 或 Handover Command）给源 gNB，源 gNB 收到后认为对端切换准备完成。如果目标 gNB 返回切换准备失败消息（Handover Preparation Failure）给源 gNB，则源 gNB 认为切换准备失败，从而等待下一次测量报告上报时再尝试发起切换。

2）切换执行：源 gNB 进行切换执行判决。

- 若判决执行切换，则源 gNB 下发切换命令给 UE，UE 执行新小区接入。
- UE 接入目标小区成功后，目标 gNB 返回 ReleaseResource 消息给源 gNB，源 gNB 释放资源及 UE 上下文。

3）重定向策略的切换执行。

当切换策略为重定向时，gNB 通过测量报告或者盲重定向，在过滤后的目标频点列表中选择优先级最高的频点，在 RRCRelease 消息中下发给 UE。

2. 站内切换流程

当 UE 在同一个基站下的不同小区间移动时，将会触发站内切换，站内切换信令由 BBU/CU 自行处理（见图 4-22）。

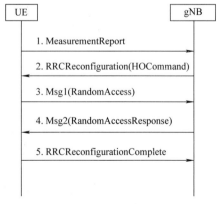

图 4-22　站内切换信令流程图

3. Xn 切换流程

当 UE 在统一 AMFSet 下的不同基站间移动时，将会触发站间切换流程，gNB 站间切换可以通过 Xn 接口信令及业务流（EndMarker）传递（见图 4-23）。

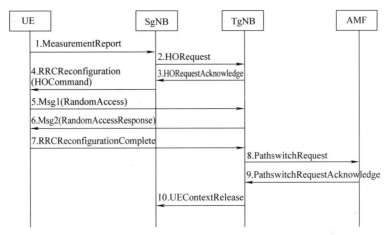

图 4-23　站间 Xn 切换信令流程图

4. NG 切换流程

当 UE 在不同 AMFSet 间的基站间移动时，将会触发 NG 切换流程，gNB 信令交互通过 NG 接口转发（见图 4-24）。

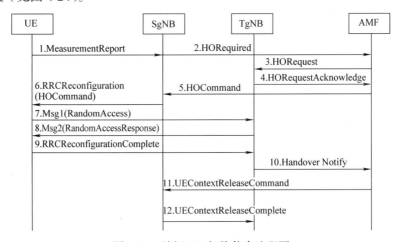

图 4-24　站间 NG 切换信令流程图

4.4.2　问题排查思路和案例分析

4.4.2.1　切换问题排查思路

所有的异常流程首先都需要检查基站、传输、终端等状态是否异常，排查相关告警及硬件故障后再进行信令分析（见图 4-25）。

切换问题排查流程如下：

流程 1：测量报告发送后是否收到切换命令。

流程 2：收到切换命令后是否成功在切换目标站点发送 Msg1。

流程 3：在目标站点发送 Msg1 之后是否正常收到 RAR。

1. 流程 1 问题排查（见图 4-26）

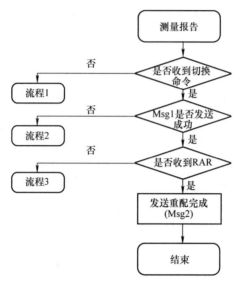

图 4-25　切换问题排查流程示意图

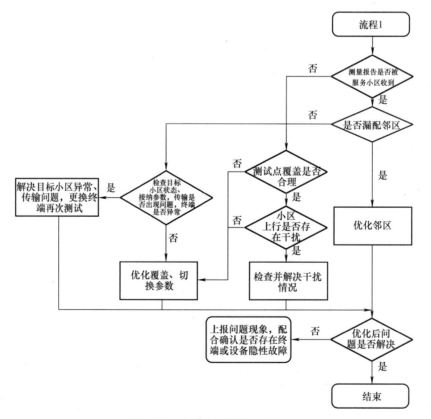

图 4-26　流程 1 问题处理流程图

（1）基站未收到测量报告（后台信令跟踪）

1）确认测量报告点的 RSRP、SINR 等覆盖情况，确认网络是否下行弱覆盖或存在 UE 上行受限情况，根据现场情况调整 RF 覆盖、调优接入和切换参数解决。

2）检查是否存在上行干扰，如无用户接入时底噪过高，则判定存在上行干扰；如成片上行干扰，则逐一排查邻小区 GPS 失步、大气波导、受扰周围是否开启干扰器等；如单小区上行干扰，则重点排查互调干扰、杂散干扰、阻塞干扰，以及单点干扰器等。

（2）基站收到了测量报告

1）未向 UE 发送切换命令：确认目标小区是否漏配邻区。若配置了邻区后若收到了测量报告后，源基站会通过 Xn 或者 NG 发送切换请求，需核查目标小区是否反馈切换响应消息或者 Handover Preparation Failue 消息。

● 目标小区准备失败：RNTI 准备失败、PHY/MAC 参数配置异常等。

● 传输链路异常：目标小区无响应。

● 目标小区状态异常。

2）UE 收到切换命令：核查切换目标小区覆盖、干扰等情况，优先通过 RF 优化解决覆盖问题，再考虑通过调整切换参数解决。

2. 流程 2 问题排查（见图 4-27 ）

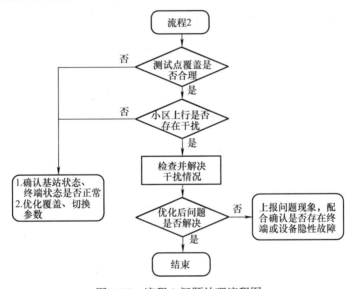

图 4-27　流程 2 问题处理流程图

1）测量上报的小区一般情况下都比源小区的质量好，但不排除切换目标小区后覆盖陡降的情况，需优先排查掉由于覆盖引起的切换问题。

2）当覆盖较为稳定却仍无法正常切换时，需再核查是否出现上行干扰。

3. 流程 3 问题排查（见图 4-28 ）

接收 RAR 异常处理思路仍是优化覆盖再考虑调整切换参数。

4.4.2.2　案例分析

SA 站间切换失败问题分析如下。

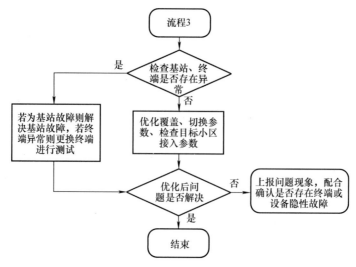

图 4-28　流程 3 问题处理流程图

1. 问题描述

测试中 UE 连续上报切换至 PCI = 285 小区的 A3 测量，但始终都未切换至 PCI = 285 小区，导致该路段一直占用 PCI = 219 小区，SINR 值变差。最终 UE 通过重建流程重选至 PCI = 285 小区（见图 4-29）。

图 4-29　切换失败示意图

1）检查 PCI = 285 小区设备状态正常，无告警。

2）核查 SCTP/Xn 链路配置及状态正常，邻区配置完整。

3）核查小区各项参数配置，发现现网 PCI = 285 小区 gNB ID 长度配置为 24bit，而外部邻区 gNB ID 长度配置为 30bit，现网配置与外部邻区目的 gNB ID 配置长度不一致导致无法正常切换。

2. 问题解决

将外部邻区配置的 gNB ID 长度修改为 24bit，重新测试 UE 占用 PCI = 219 小区能正常切换到 PCI = 285 小区（见图 4-30）。

图 4-30　调优后正常切换示意图

4.5　RRC 关键信元解析

4.5.1　RRC 建立

UE 在 uac baring 检查通过后，发起 RRCSetupRequest 消息，即 Msg3，并启动定时器 T300。UE 在收到 RRCReject 后，停止 T300，启动 T302（见图 4-31）。

RRC 连接建立的主要作用包括：建立 RRC 连接、建立 SRB1、传输 UE 到核心网的 NAS 消息。

1. T300 和 T302

（1）T300

启动：在发送 RRCSetupRequest 后开始计时。

停止：在计时过程中若遇到以下情况：

1）收到 RRCSetup 消息。

2）收到 RRCReject 消息。

3）进行小区重选。

4）收到高层终止连接建立。

只要满足以上四条中的一条，则停止 T300。

超时 Expiry：若超时，则执行超时处理，如下：

1）重启 MAC。

2）若连续 connEstFailCount 次超时，则启用对该小区重选惩罚机制，即在 connEstFail-OffsetValidity 时间内把 Qoffsettemp 设置为 connEstFailOffset，进行小区重选。

3）通知高层 RRC 连接建立失败。

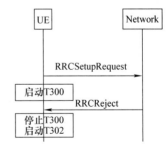

图 4-31　RRC 拒绝定时器统计点

（2）T302

启动：

1）收到 RRCReject 消息。

2）收到 RRCRelease 消息，且消息中携带了 wait time。

只要满足以上两条中的一条，则开始计时。

停止：在计时过程中若遇到以下情况：

1）进入连接态。

2）进行小区重选。

3）收到 RRCReject 消息。

只要满足以上三条中的一条，则停止 T302。

若超时，则执行超时处理，如下：

通知高层 baring 解除。高层触发再次发起连接建立请求。

2. RRCSetupRequest 消息

如图 4-32 所示，RRCSetupRequest 消息主要携带 UE 的 ID 以及连接建立的 cause。ue-Identity 的设置方法如下：

```
-- ASN1START
-- TAG-RRCSETUPREQUEST-START

RRCSetupRequest ::=                  SEQUENCE {
    RRCSetupRequest                      RRCSetupRequest-IEs
}

RRCSetupRequest-IEs ::=              SEQUENCE {
    ue-Identity                          InitialUE-Identity,
    establishmentCause                   EstablishmentCause,
    spare                                BIT STRING (SIZE (1))
}

InitialUE-Identity ::=              CHOICE {
    ng-5G-S-TMSI-Part1                   BIT STRING (SIZE (39)),
    randomValue                          BIT STRING (SIZE (39))
}

EstablishmentCause ::=              ENUMERATED {
    emergency, highPriorityAccess, mt-Access, mo-Signalling,
    mo-Data, mo-VoiceCall, mo-VideoCall, mo-SMS, mps-PriorityAccess, mcs-PriorityAccess,
    spare6, spare5, spare4, spare3, spare2, spare1}

-- TAG-RRCSETUPREQUEST-STOP
-- ASN1STOP
```

图 4-32　RRCSetupRequest 消息

1）若 UE 在建立该次请求前注册过，则核心网会为 UE 指派一个 5G-S-TMSI。该消息的 ue-Identity 设置为 ng-5G-S-TMSI-Part1。

2）否则没有 5G-S-TMSI，则把 ue-Identity 设置为一个从 0 到 $2^{39}-1$ 的随机数。

3. RRCSetup 消息

如图 4-33 所示，RRCSetup 消息用来建立 SRB1，主要携带无线承载配置和 MCG 的配置。radioBearerConfig 主要是 SRB 和 DRB 相关配置。

```
-- ASN1START
-- TAG-RRCSETUP-START

RRCSetup ::=                        SEQUENCE {
    rrc-TransactionIdentifier            RRC-TransactionIdentifier,
    criticalExtensions                   CHOICE {
        rrcSetup                             RRCSetup-IEs,
        criticalExtensionsFuture             SEQUENCE {}
    }
}

RRCSetup-IEs ::=                    SEQUENCE {
    radioBearerConfig                    RadioBearerConfig,
    masterCellGroup                      OCTET STRING (CONTAINING CellGroupConfig),
    lateNonCriticalExtension             OCTET STRING                                    OPTIONAL,
    nonCriticalExtension                 SEQUENCE{}                                      OPTIONAL
}

-- TAG-RRCSETUP-STOP
-- ASN1STOP
```

图 4-33　RRCSetup 消息

1）RRCSetup -> radioBearerConfig（见图 4-34）。

```
RadioBearerConfig ::=               SEQUENCE {
    srb-ToAddModList                    SRB-ToAddModList                            OPTIONAL,   -- Cond HO-Conn
    srb3-ToRelease                      ENUMERATED{true}                            OPTIONAL,   -- Need N
    drb-ToAddModList                    DRB-ToAddModList                            OPTIONAL,   -- Cond HO-toNR
    drb-ToReleaseList                   DRB-ToReleaseList                           OPTIONAL,   -- Need N
    securityConfig                      SecurityConfig                              OPTIONAL,   -- Need M
    ...
}

SRB-ToAddModList ::=                SEQUENCE (SIZE (1..2)) OF SRB-ToAddMod
SRB-ToAddMod ::=                    SEQUENCE {
    srb-Identity                        SRB-Identity,
    reestablishPDCP                     ENUMERATED{true}                            OPTIONAL,   -- Need N
    discardOnPDCP                       ENUMERATED{true}                            OPTIONAL,   -- Need N
    pdcp-Config                         PDCP-Config                                 OPTIONAL,   -- Cond PDCP
    ...
}

DRB-ToAddModList ::=                SEQUENCE (SIZE (1..maxDRB)) OF DRB-ToAddMod

DRB-ToAddMod ::=                    SEQUENCE {
    cnAssociation                       CHOICE {
        eps-BearerIdentity                  INTEGER (0..15),
        sdap-Config                         SDAP-Config
    }                                                                               OPTIONAL,   -- Cond DRBSetup
    drb-Identity                        DRB-Identity,
    reestablishPDCP                     ENUMERATED{true}                            OPTIONAL,   -- Need N
    recoverPDCP                         ENUMERATED{true}                            OPTIONAL,   -- Need N
    pdcp-Config                         PDCP-Config                                 OPTIONAL,   -- Cond PDCP
    ...,
    [[
    daps-Config-r16                     ENUMERATED{true}                            OPTIONAL    -- Cond DAPS
    ]]
}

DRB-ToReleaseList ::=               SEQUENCE (SIZE (1..maxDRB)) OF DRB-Identity

SecurityConfig ::=                  SEQUENCE {
    securityAlgorithmConfig             SecurityAlgorithmConfig                     OPTIONAL,   -- Cond RBTermChange1
    keyToUse                            ENUMERATED{master, secondary}               OPTIONAL,   -- Cond RBTermChange
    ...
}
```

图 4-34　无线承载配置信息

2）RRCSetup-> masterCellGroup（见图 4-35）。

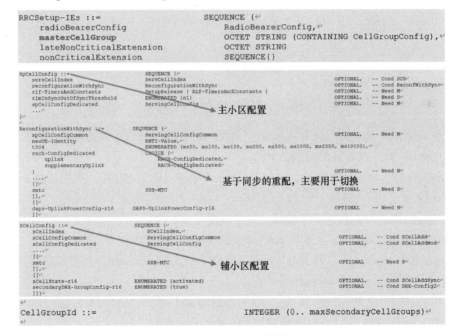

图 4-35　主小区组配置信息

相关说明如下：

1）CellGroupId 0 表示 MCG，其他值表示 SCG 的 ID。SCG 最多有 3 个。

2）RLC 层配置相关参数有 rlc-BearerToAddModList 和 rlc-BearerToReleaseList。

3）MAC 层配置相关参数有 mac-CellGroupConfig。

4）PHY 层配置相关参数有 physicalCellGroupConfig。

5）主小区配置相关参数有 spCellConfig。

6）辅小区配置相关参数有 sCellToAddModList 和 sCellToReleaseList。

7）reportUplinkTxDirectCurrent 在 BWP 修改或者服务小区有变化时才会使用该信元，RRCSetup 消息中不会携带，可忽略。

4. RRCSetupComplete 消息

RRCSetupComplete 消息如图 4-36 所示，相关参数说明如下：

```
RRCSetupComplete ::=                  SEQUENCE {
    rrc-TransactionIdentifier          RRC-TransactionIdentifier,
    criticalExtensions                 CHOICE {
        rrcSetupComplete               RRCSetupComplete-IEs,
        criticalExtensionsFuture       SEQUENCE {}
    }
}

RRCSetupComplete-IEs ::=              SEQUENCE {
    selectedPLMN-Identity              INTEGER (1..maxPLMN),
    registeredAMF                      RegisteredAMF                              OPTIONAL,
    guami-Type                         ENUMERATED {native, mapped}                OPTIONAL,
    s-NSSAI-List                       SEQUENCE (SIZE (1..maxNrofS-NSSAI)) OF S-NSSAI  OPTIONAL,
    dedicatedNAS-Message               DedicatedNAS-Message,
    ng-5G-S-TMSI-Value                 CHOICE {
        ng-5G-S-TMSI                   NG-5G-S-TMSI,
        ng-5G-S-TMSI-Part2             BIT STRING (SIZE (9))
    }                                                                             OPTIONAL,
    lateNonCriticalExtension           OCTET STRING                               OPTIONAL,
    nonCriticalExtension               RRCSetupComplete-v1610-IEs                 OPTIONAL
}

RRCSetupComplete-v1610-IEs ::=       SEQUENCE {
    iab-NodeIndication-r16             ENUMERATED {true}                          OPTIONAL,
    idleMeasAvailable-r16              ENUMERATED {true}                          OPTIONAL,
    ue-MeasurementsAvailable-r16       UE-MeasurementsAvailable-r16               OPTIONAL,
    mobilityHistoryAvail-r16           ENUMERATED {true}                          OPTIONAL,
    mobilityState-r16                  ENUMERATED {normal, medium, high, spare}   OPTIONAL,
    nonCriticalExtension               SEQUENCE{}                                 OPTIONAL
}

RegisteredAMF ::=                    SEQUENCE {
    plmn-Identity                      PLMN-Identity                              OPTIONAL,
    amf-Identifier                     AMF-Identifier
}
```

图 4-36　RRCSetupComplete 消息

1）selectedPLMN-Identity：UE 从 SIB1 广播的 plmn-IdentityList 中选择的 PLMN index。

2）registeredAMF：UE 注册过的 AMF。

3）guami-Type：guami 的类型是 native（从 native 5G-GUTI 获得），类型还是 mapped（从 EPS GUTI 获得）。

4）s-nssai-List：UE 选择的一个切片，一个或多个。

5）dedicatedNAS-Message：专用 NAS 消息，对 gNB 透传。

6）ng-5G-S-TMSI-Value：若 RRCSetup 是响应 RRCSetupRequest，则把该值置为 ng-5G-S-TMSI-Part2；否则置为 ng-5G-S-TMSI。

Part1 和 Part2 协议中的定义：ng-5G-S-TMSI-Part1 对应 5G-S-TMSI 右边的 39 个 bit。ng-5G-S-TMSI-Part2 对应 5G-S-TMSI 最左边的 9 个 bit。

5. 网络分片相关标识（S-NSSAI）

S-NSSAI 指示一个网络分片，由两部分组成，其结构如下：

1）SST（Slice/Service Type，切片 / 服务类型），它指的是在功能和服务方面的预期网络切片类型。SST 长度为 1B，协议 0 ~ 127 为标准 SST 的取值范围（R15 协议只是用了三个值，后续协议继续增加中），128 ~ 255 属于运营商自定义范围；对于运营商自定义的值只在本网下有效，而对于标准值则全球通用（见表 4-2）。

2）SD（Slice Differentiator，切片区分符）是可选信息，用于补充切片/服务类型，以区分相同切片/服务类型的多个网络切片。

表 4-2　网络切片特征信息

切片/业务类型	SST 值	特　　　征
eMBB	1	用于 5G 增强移动宽带的切片
URLLC	2	用于超可靠、低延迟通信的切片
MIoT	3	用于大规模物联网的切片

6. RRCReject 消息

当 UE 收到 RRCReject 消息后，会通知自己的上层（NAS）RRC 连接建立失败，流程结束。

4.5.2　RRC 重建立

当 UE 处于 CONNECTED 状态，如果安全已经激活，以下场景会触发重建立：

1）检测到 RLF（Radio Link Failure，无线链路失败）。

2）重配置失败。

3）完保校验失败。

4）切换失败。

如果安全没有激活，则 UE 会直接进入 IDLE 态。

重建立过程只有当基站找到并校验 UE 的上下文才能成功，NR 流程取消了 reject 信令过程，通过 RRCSetup 信令让 UE 回落到 RRC 建立过程。

1. 检测到 RLF

RLF 检测方法如下：

1）当 UE 检测到与 SpCell 连续 N310 次失步，且 T300、T301、T304、T311 和 T319 均未计时，则启动定时器 T310。

● 若在 T310 计时期间，UE 检测到与 SpCell 连续 N311 次同步，则停止 T310。

● 若 T310 超时，则认为是 RLF。

2）当 UE 收到 MCG MAC 随机接入问题指示，且 T300、T301、T304、T311 和 T319 均未计时，则认为是 RLF。

3）当 UE 收到 MCG RLC 重传达到最大次数指示（CA 带有 allowedServingCells 除外），则认为是 RLF。

UE 检测到 RLF 后，进行如下处理：

1）向网络侧上报 FailureInformation 消息。

2）发起 RRC 连接重建流程。

2. RLF 相关的计数器和计时器——N310、N311、T310

（1）N310

重启：

1）当收到底层同步指示。

2）当前小区组收到含 reconfigurationWithSync 的重配消息。

3）当初始化 RRC 连接 re-establishment 流程。

只要满足以上三条中的一条，则重启。

计数：当 T310 未计时时，收到底层失步指示则计数。计数达到最大值时，开始启动 T310。

（2）N311

重启：

1）当收到底层失步指示。

2）当前小区组收到含 reconfigurationWithSync 的重配消息。

3）当初始化 RRC 连接 re-establishment 流程。

只要满足以上三条中的一条，则重启。

计数：当 T310 未计时时，收到底层失步指示则计数。计数达到最大值时，开始启动 T310。

（3）T310

启动：检测到 SpCell 的物理层问题，例如收到底层 N310 连续失步指示。

停止：在计时过程中若遇到以下情况：

1）UE 检测到 SpCell 连续 N311 次同步指示。

2）当前小区组收到含 reconfigurationWithSync 的重配消息。

3）当初始化 RRC 连接 re-establishment 流程。

4）如果 T310 是在 SCG 中计时，收到 SCG release。

只要满足以上其中一条，则停止 T310。

超时：若超时，则执行超时处理，如下：

1）在 MCG 计时，若安全未被激活，则回 RRC_IDLE；否则初始化 RRC 连接 re-establish-ment 流程。

2）在 SCG 计时，通知 E-UTRAN/NR，SCG RLF。

3. RRCReestablishmentRequest

RRCReestablishmentRequest 消息主要包换两部分内容：

1）UE 识别码，凭借该标识基站可以取回 UE 的信息。其中 physCellId 指连接失败之前的 PCell 的 PCI。

2）触发重建过程的失败原因。

4. RRCReestablishment

如图 4-37 所示，UE 收到该消息后：①更新 K_{gNB} 并重新生成加密密钥和完整性保护密钥；②进行完整性保护验证；③恢复 SRB1。

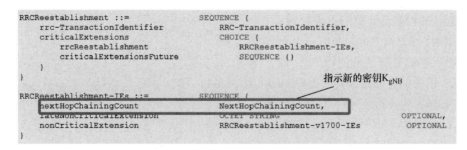

图 4-37　RRCReestablishment 消息

5. RRCReestablishmentComplete

如图 4-38 所示，该消息并不含有实质性的信源，只是对基站侧 RRC 重建消息的一个确认。

```
RRCReestablishmentComplete ::=            SEQUENCE {
    rrc-TransactionIdentifier             RRC-TransactionIdentifier,
    criticalExtensions                    CHOICE {
        rrcReestablishmentComplete            RRCReestablishmentComplete-IEs,
        criticalExtensionsFuture              SEQUENCE {}
    }
}

RRCReestablishmentComplete-IEs ::=        SEQUENCE {
    lateNonCriticalExtension              OCTET STRING                      OPTIONAL,
    nonCriticalExtension                  RRCReestablishmentComplete-v1610-IEs  OPTIONAL
}

RRCReestablishmentComplete-v1610-IEs ::=  SEQUENCE {
    ue-MeasurementsAvailable-r16          UE-MeasurementsAvailable-r16      OPTIONAL,
    nonCriticalExtension                  SEQUENCE {}                       OPTIONAL
}
```

图 4-38　RRCReestablishmentComplete 消息

6. T301 和 T311 定时器

（1）T301

启动：在发送 RRCReestabilshmentRequest 后开始计时。

停止：在计时过程中若遇到以下情况：

1）收到 RRCReestablishment 消息。

2）收到 RRCSetup 消息。

3）选择的小区不合适。

只要满足以上三条中的一条，则停止 T301。

● 超时：若超时，则执行超时处理，执行回到 RRC_IDLE 的流程。

（2）T311

启动：在初始化 RRC connection restablishment 流程时开始计时。

停止：选择到一个合适的 NR 小区或者一个其他 RAT 小区。

超时：进入 RRC_IDLE 态。

（3）T311 与 T301 的区别

T311 比 T301 先启动，T311 是在 UE 准备发起 RRC 恢复流程时就启动了，通常 T311 配置要大于 T301。

4.5.3　RRC 连接恢复

RRC 连接恢复是处于 RRC_INACTIVE 状态的 UE 向网络侧申请连接恢复。此流程的目的是恢复被挂起的 RRC 连接，包括恢复 SRB 和 DRB 或进行 RNA 更新。

5G RRC 恢复有 5 种 Case，如下：

1）Case 1：RRC connection resume, successful。

2）Case 2：RRC connection resume fallback to RRC connection establishment, successful。

3）Case 3：RRC connection resume followed by network release, successful。

4）Case 4：RRC connection resume followed by network suspend, successful。

5）Case 5：RRC connection resume, network reject。

问题：UE 何时发起 RRC 重建立？何时发起 RRC 连接恢复？

答：UE 会在不同状态时发起。当 UE 处于 CONNECTED 状态，如果安全已经激活，以下场景会触发重建立：

1）检测到 RLF。

2）重配置失败。

3）完保校验失败。

4）切换失败。

如果安全没有激活，UE 会直接进入 IDLE 状态。

1. Case 1：RRC connection resume, successful

UE 从 INACTIVE 状态到 CONNECTED 状态如图 4-39 所示。

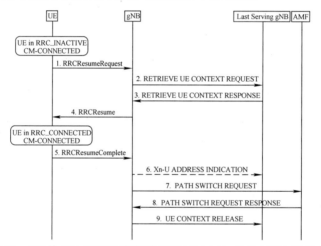

图 4-39 UE 从 INACTIVE 状态到 CONNECTED 状态上下文检索成功

问题：何时使用 RRCResumeRequest 或者 RRCResumeRequest1？

答：根据 SIB1 里的 useFullResumeID 确定是使用前者还是后者。

当 SIB1 存在 useFullResumeID（见图 4-40）时，UE 使用 full I-RNTI 和 RRCResumeRequest1。否则，UE 使用 short I-RNTI 和 RRCResumeRequest。

```
SIB1 ::=        SEQUENCE {
    cellSelectionInfo                 SEQUENCE {
        q-RxLevMin                        Q-RxLevMin,
        q-RxLevMinOffset                  INTEGER (1..8)                                  OPTIONAL,    -- Need S
        q-RxLevMinSUL                     Q-RxLevMin                                      OPTIONAL,    -- Need R
        q-QualMin                         Q-QualMin                                       OPTIONAL,    -- Need S
        q-QualMinOffset                   INTEGER (1..8)                                  OPTIONAL,    -- Need S
    }                                                                                     OPTIONAL,    -- Cond Standalone
    cellAccessRelatedInfo             CellAccessRelatedInfo,
    connEstFailureControl             ConnEstFailureControl                              OPTIONAL,    -- Need R
    si-SchedulingInfo                 SI-SchedulingInfo                                  OPTIONAL,    -- Need R
    servingCellConfigCommon           ServingCellConfigCommonSIB                         OPTIONAL,    -- Need R
    ims-EmergencySupport              ENUMERATED {true}                                  OPTIONAL,    -- Need R
    eCallOverIMS-Support              ENUMERATED {true}                                  OPTIONAL,    -- Cond Absent
    ue-TimersAndConstants             UE-TimersAndConstants                              OPTIONAL,    -- Need R

    uac-BarringInfo                   SEQUENCE {
        uac-BarringForCommon              UAC-BarringPerCatList                          OPTIONAL,    -- Need S
        uac-BarringPerPLMN-List           UAC-BarringPerPLMN-List                        OPTIONAL,    -- Need S
        uac-BarringInfoSetList            UAC-BarringInfoSetList
        uac-AccessCategory1-SelectionAssistanceInfo CHOICE {
            plmnCommon                        UAC-AccessCategory1-SelectionAssistanceInfo,
            individualPLMNList                SEQUENCE (SIZE (2..maxPLMN)) OF UAC-AccessCategory1-SelectionAssistanceInfo
        }                                                                                 OPTIONAL,    -- Need R
    }                                                                                     OPTIONAL,    -- Need R

    useFullResumeID                   ENUMERATED {true}                                  OPTIONAL,    -- Need R

    lateNonCriticalExtension          OCTET STRING                                       OPTIONAL,
    nonCriticalExtension              SEQUENCE{}                                         OPTIONAL
}
```

图 4-40 SIB1 存在 useFullResumeID

RRCResumeRequest 和 RRCResumeRequest1 如图 4-41 所示。

```
RRCResumeRequest ::=                SEQUENCE {
        rrcResumeRequest                RRCResumeRequest-IEs
}

RRCResumeRequest-IEs ::=            SEQUENCE {
    resumeIdentity                     ShortI-RNTI-Value,
    resumeMAC-I                        BIT STRING (SIZE (16)),
    resumeCause                        ResumeCause,
    spare                              BIT STRING (SIZE (1))
}

RRCResumeRequest1 ::= SEQUENCE {
        rrcResumeRequest1               RRCResumeRequest1-IEs
}

RRCResumeRequest1-IEs ::=          SEQUENCE {
    resumeIdentity                     I-RNTI-Value,
    resumeMAC-I                        BIT STRING (SIZE (16)),
    resumeCause                        ResumeCause,
    spare                              BIT STRING (SIZE (1))
}
```

图 4-41　RRCResumeRequest 和 RRCResumeRequest1

相关参数说明如下。

1）resumeIdentity：UE 标识，便于 gNB 找回 UE 上下文，即 full I-RNTI 或者 short I-RNTI。

2）resumeMAC-I：鉴权令牌，便于 gNB 对 UE 进行鉴权。5G 可能对未激活态 UE 鉴权下放到基站，待后续验证。

3）resumeCause：恢复原因，包括紧急呼叫、高优先级接入、rna-Update 等。

RRCResume 相关参数说明如下：

1）radioBearerConfig：SRB 和 DRB 的配置信息。

2）masterCellGroup：主小区组配置信息。

3）measConfig：测量配置。

4）fullConfig：若该信源存在，则清空已有专用无线配置（MCG C-RNTI 以及安全配置除外），再重新配置 MCG、定时器 / 计数器、PHY、MAC 等。

RRCResumeComplete 相关参数说明如下：

1）dedicatedNAS-Message：专用 NAS 消息，对 gNB 透传。

2）selectedPLMN-Identity：UE 从 SIB1 广播的 plmn-IdentityList 中选择的 PLMN index。

3）uplinkTxDirectCurrentList：当 MCG 配置中配置 reportUplinkTxDirectCurrent 为 true，则 UE 在 complete 里需要上报上行服务小区 ID 以及上行 BWP 信息。

2. Case 2：RRC connection resume fallback to RRC connection establishment，successful

如图 4-42 所示，Case2 为基站无法正确获取到 UE 的上下文时，基站执行 Fallback RRC 建立。

3. Case 3：RRC connection resume followed by network release，successful

如图 4-43 所示，Case3 为 RRC_INACTIVE 下的 UE RAN 更新时触发的连接恢复流程。Case3 为获取 UE 上下文失败的情况，在网络侧发送释放消息，并未携带 SuspendConfig，UE 收到 RRC 释放消息后，进入到空闲态。

RRCRelease 主要信源：

1）redirectedCarrierInfo：可以重定向到 NR 或者 EUTRA 的载频信息。

2）cellReselectionPriorities：小区重选优先级。

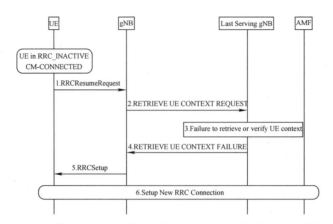

图 4-42　UE 从 INACTIVE 状态到 CONNECTED 状态上下文检索失败

3）suspendConfig：挂起配置。

4）deprioritisationReq：取消当前频点或者 RAT 优先权。取消优先权时间由 deprioritisationTimer（T325）确定。

若网络侧想让 UE 在 RRC_INACTIVE 挂起，则在释放消息中配置 SuspendConfig：

1）UE 标识：full I-RNTI 和 short I-RNTI。

2）ran-PagingCycle：RAN 发起的 UE 特定的寻呼周期。

3）ran-NotificationAreaInfo：RAN 中小区 List 配置以及 RAN List 配置，目的是为了以后的 RAN 更新。

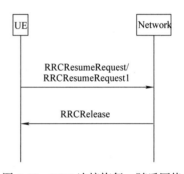

图 4-43　RRC 连接恢复，随后网络释放，成功

4）t380：触发 UE 侧 RAN 更新的周期。

5）nextHopChainingCount：指示新的密钥 K_{gNB}。

有关 T325 和 T380 定时器说明如下：

（1）T325

启动：在收到含有 deprioritisationTimer 的 RRCRelease 后开始计时。

停止：无。

超时：恢复 RRCRelease 消息中所有频率或 NR 的优先权。

（2）T380

启动：在收到 RRCRelease 后开始计时。

停止：

1）收到 RRCResume 消息。

2）收到 RRCSetup 消息。

3）收到 RRCRelease 消息。

只要满足以上三条中的一条，则停止 T380。

超时：执行新的 RRC 恢复流程，恢复原因为 RANU。

4. Case4：RRC connection resume followed by network suspend，successful

如图 4-44 所示，Case4 对应网络侧对 UE 挂起的场景，挂起后，UE 仍然处于 RRC_INAC-TIVE 状态，网络侧挂起可能有两种情况：

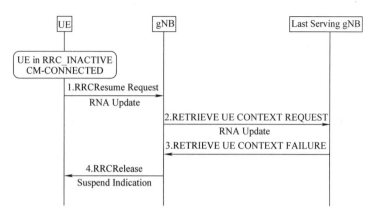

图 4-44　设有 UE 上下文重定位的周期性 RAN 更新过程

1）新 gNB 获取到 UE 上下文，并成功更新 RAN 后挂起该 UE。

2）新 gNB 获取 UE 上下文失败，Last Serving gNB 不想迁移 UE 上下文，指示挂起，新 gNB 转发。

5. Case 5：RRC connection resume，network reject

如图 4-45 和图 4-46 所示，Case5 对应 gNB 不能处理 UE 的恢复请求（例如拥塞），或拒绝了 UE 恢复请求，并携带一个等待时间（T302），T302 时间内 UE 仍处于 RRC_INACTIVE 状态。

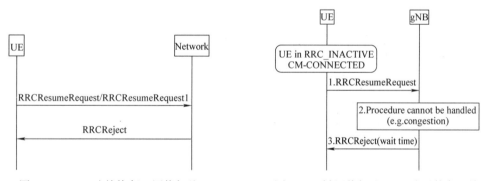

图 4-45　RRC 连接恢复，网络拒绝　　　　　图 4-46　被网络拒绝，UE 尝试恢复连接

4.5.4　AS 安全的激活

SMC（Security Mode Command）流程的目的是激活 AS（Access Stratum，接入层）的安全。AS 的激活时机 SRB1（RRC 连接）建立好之后，且在 SRB2/DRB 建立之前。

与 4G 不同：4G 是 SMC 命令和 RRC 重配置同时发给 UE，5G 是在 AS 安全流程完成后才会进行空口的重配置消息。

SecurityModeCommand 消息如图 4-47 所示。该消息规定了 AS 的 SRB 和 DRB 上的加密算法和完整性保护算法：

1）nea0 ~ nea3 与 LTE 的 eea0 ~ eea3 算法相同。

2）nia0 ~ nia3 与 LTE 的 eia0 ~ eia3 算法相同。

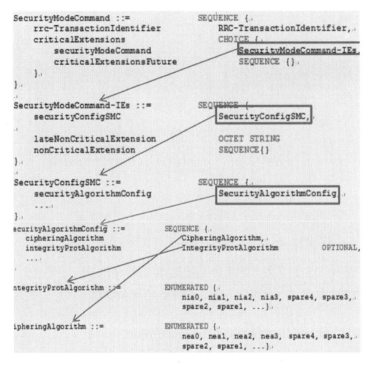

图 4-47　SecurityModeCommand 消息

UE 收到该消息后：

1）对该消息验证完整性保护，当通过后，UE 之后发送的空口消息都要使用该完整性保护（简称完保）算法。

2）除 SecurityModeComplete 外，UE 之后发送的空口消息都要使用加密算法。

SecurityModeComplete/SecurityModeFailure 消息如图 4-48 所示。

```
SecurityModeComplete ::=              SEQUENCE {
    rrc-TransactionIdentifier          RRC-TransactionIdentifier,
    criticalExtensions                 CHOICE {
        securityModeComplete               SecurityModeComplete-IEs,
        criticalExtensionsFuture           SEQUENCE {}
    }
}

SecurityModeComplete-IEs ::=          SEQUENCE {
    lateNonCriticalExtension           OCTET STRING
    nonCriticalExtension               SEQUENCE{}
}

SecurityModeFailure ::=               SEQUENCE {
    rrc-TransactionIdentifier          RRC-TransactionIdentifier,
    criticalExtensions                 CHOICE {
        securityModeFailure                SecurityModeFailure-IEs,
        criticalExtensionsFuture           SEQUENCE {}
    }
}

SecurityModeFailure-IEs ::=           SEQUENCE {
    lateNonCriticalExtension           OCTET STRING
    nonCriticalExtension               SEQUENCE{}
}
```

图 4-48　SecurityModeComplete/SecurityModeFailure 消息

这两条消息分别对应 AS 激活成功和失败的情况，当前版本消息中并没有重要信元，只是向基站反馈激活是否成功。

4.6 5G 寻呼信令解析

网络通过寻呼找到 UE。按照消息的来源分，5G 寻呼可以分为如下两类：

1）第一类是来自 5GC，称为 5GC 寻呼（Paging），处于 RRC_IDLE 状态的 UE 有下行数据到达时，5GC 通过寻呼消息通知 UE。

2）第二类是来自 gNB，称为 RAN 寻呼（Paging），处于 RRC_INACTIVE 状态的 UE 有下行数据到达时，gNB 通过 RAN 寻呼消息通知 UE 启动数据传输。

最终的寻呼消息下发都是由 gNB 通过空口下发给 UE 的。

4.6.1 5GC 寻呼

当 UE 有下行数据到达时，5GC 将通知 gNB 进行寻呼，由 gNB 发起对 UE 的寻呼。UE 接收到寻呼消息后将发起服务请求，响应核心网的寻呼消息，如图 4-49 所示。

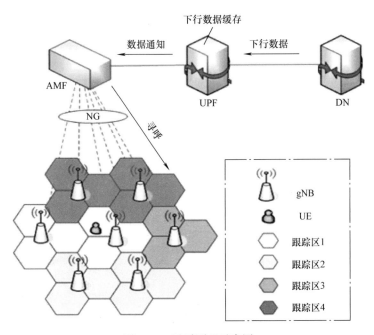

图 4-49 寻呼原理示意图

4.6.1.1 信令流程

5GC 寻呼信令流程如图 4-50 所示。

1）寻呼条件：UE 已注册且处于 CM_IDLE/RRC_IDLE 状态，核心网检测到 UE 有下行数据需要发送。

2）寻呼过程：5GC 发起，gNB 在 TAC 范围内寻呼 UE。

3）寻呼范围：跟踪区（Tracing Area，TA）。

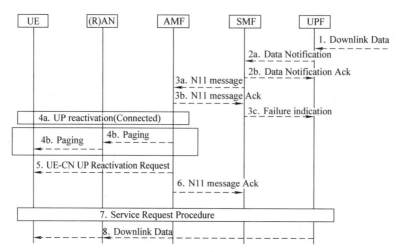

图 4-50   5GC 寻呼信令流程

4.6.1.2 关键消息解读

1. NGAP Paging

消息定义参见 3GPP TS 38.413（见表 4-3）。

表 4-3   NGAP Paging

IE	Presence	含义说明
UE Paging Identity	M	UE 寻呼 ID
Paging DRX	O	UE 特定 DRX
TAI List for Paging	M	TA 列表
TAI List for Paging Item		
TAI	M	TAI
Paging Priority	O	寻呼优先级
UE Radio Capability for Paging	O	UE 寻呼能力
……		

关键信元解读如下：

1）UE Paging Identity：UE Paging Identity = 5G-S-TMSI mod 1024，由核心网计算，参见 3GPP TS 38.304。

2）Paging DRX。

● 根据 3GPP TS 23501 5.4.5 节的内容，空闲模式的 UE 可以与 AMF 协商专有的 DRX（UE Specific DRX），如果 UE 要使用专有的 DRX，UE 会在 Initial Registration 和 Mobility Registration 过程中传递 UE Specific DRX 给 AMF。

● AMF 接受（或者根据运营商策略修改）UE 发送的 UE Specific DRX，并保存到 RM-DEREGISTERED 上下文中。后续 AMF 寻呼该 UE 时，通过 NGAP Paging 消息携带给 gNB。

● UE 按照如下公式监听寻呼周期：

UE 监听寻呼周期 = min（小区默认寻呼周期，UE Specific DRX）

式中，小区默认寻呼周期由 NRDUCellPagingConfig.DefaultPagingCycle 配置，并通过 SIB1 进行广播。

3）TAI List for Paging：已注册 UE 的 TA 信息，由 UE 周期性地发给核心网，核心网保存到 RM-DEREGISTERED 上下文中。后续 AMF 寻呼该 UE 时，会在 UE 所在的 TA 范围内进行，示意图如图 4-51 所示。

4）UE Radio Capability for Paging：根据 3GPP TS 23501 5.4.4 节的内容，UE Radio Capability 信息包括了 UE 可支持的 RAT（无线接入技术）信息（例如能量等级、频段等）。UE Radio Capability 的管理流程详见 3GPP TS 38413 8.14 节的内容。gNB 仅在 UE 支持的频段小区内下发寻呼消息，可以避免寻呼浪费（针对 CN 寻呼）。

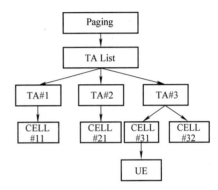

图 4-51　AMF 在所在的 TA 范围内寻呼 UE

2. RRC Paging

消息定义参见 3GPP TS 38.331。

单条空口寻呼消息支持最大的寻呼 UE 数量为 32（maxNrofPageRec = 32）。5GC 寻呼时，PagingUEID 是 5G-S-TMSI；RAN 寻呼时，PagingUEID 是 I-RNTI，见图 4-52。

```
Paging ::=                          SEQUENCE {
    pagingRecordList                    PagingRecordList                        OPTIONAL, -- Need N
    lateNonCriticalExtension            OCTET STRING                            OPTIONAL,
    nonCriticalExtension                Paging-v1700-IEs                        OPTIONAL
}

Paging-v1700-IEs ::=                SEQUENCE {
    pagingRecordList-v1700              PagingRecordList-v1700                  OPTIONAL, -- Need N
    pagingGroupList-r17                 PagingGroupList-r17                     OPTIONAL, -- Need N
    nonCriticalExtension               SEQUENCE {}                             OPTIONAL
}

PagingRecordList ::=                SEQUENCE (SIZE(1..maxNrofPageRec)) OF PagingRecord

PagingRecordList-v1700 ::=          SEQUENCE (SIZE(1..maxNrofPageRec)) OF PagingRecord-v1700

PagingGroupList-r17 ::=             SEQUENCE (SIZE(1..maxNrofPageGroup-r17)) OF TMGI-r17

PagingRecord ::=                    SEQUENCE {
    ue-Identity                         PagingUE-Identity,
    accessType                          ENUMERATED {non3GPP}    OPTIONAL, -- Need N
    ...
}

PagingRecord-v1700 ::=              SEQUENCE {
    pagingCause-r17                     ENUMERATED {voice}      OPTIONAL, -- Need N
}

PagingUE-Identity ::=               CHOICE {
    ng-5G-S-TMSI                        NG-5G-S-TMSI,
    fullI-RNTI                          I-RNTI-Value,
    ...
}
```

图 4-52　RRC 寻呼消息

4.6.2 RAN 寻呼

处于 RRC_INACTIVE 状态的 UE 有下行数据到达时，gNB 通过 RAN 寻呼消息通知 UE 启动数据传输，见图 4-53。

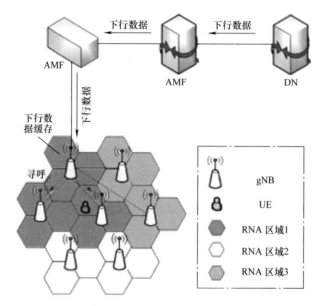

图 4-53　RAN 寻呼原理示意图

4.6.2.1　信令流程

RAN 寻呼信令流程如图 4-54 所示。

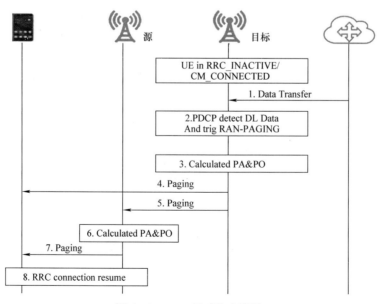

图 4-54　RAN 寻呼信令流程

1）寻呼条件：UE 处于 RRC_INACTIVE 状态，源 gNB 检测到 UE 有下行数据需要发送。

2）寻呼过程：gNB 检测到处于 RRC_INACTIVE 状态的 UE 有下行数据需要发送，则在 RNA 内发起对 UE 的寻呼。

3）寻呼范围：RAN-based Notification Area。

4.6.2.2　关键消息解读

消息定义参见 3GPP TS 38.423。

关键信元解读如下：

1）UE RAN Paging Identity（见表 4-4）。

UE 进入 RRC_INACTIVE 状态时，gNB 会给该 UE 分配 I-RNTI 标识，RAN 寻呼基于 I-RNTI 进行。

表 4-4　UE RAN Paging Identity

IE/ 组名	Presence	取值范围	含义说明
CHOICE UE RAN Paging Identity	M		
>I-RNTI full			
>>I-RNTI full	M	BIT STRING（SIZE（40））	I-RNTI，在 UE 进入 RRC_INAC-TIVE 状态时分配

2）Paging DRX。

UE 寻呼周期 =min（小区默认寻呼周期，UE Specific DRX）。

3）RAN Paging Area：已注册 UE 的 RAN 信息，由 UE 周期性地发送给核心网，核心网保存，之后 gNB 寻呼该 UE 时，会在 UE 所在的 RAN 内进行，如图 4-55 所示。

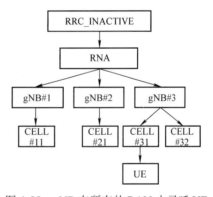

图 4-55　gNB 在所在的 RAN 内寻呼 UE

4.6.3　寻呼消息发送

根据 3GPP TS 38.304 的内容，寻呼消息出现在空口的位置是固定的，以寻呼帧（Paging Frame，PF）和寻呼机会（Paging Occasion，PO）来表示。PO 是一套 PDCCH 监听机会，由多个子帧或 OFDM 符号组成，一个 PO 的长度等于一个波束扫描周期，在每个波束上发送的寻呼消息完全一样，3GPP TS 38.321 中说明，一个 PO 支持最大的寻呼 UE 数量为 32（maxNrofPageRec=32）；PF 是一个无线帧，可能包含一个或多个完整的 PO 或 PO 的起始点。寻呼消息时域位置如图 4-56 所示。

其中，PF 和 PO 的计算公式分别如下：

PF 的 SFN（System Frame Number，系统帧号）：

$$（SFN+PF\_offset）\bmod T=（T \operatorname{div} N）×（UE\_ID \bmod N）$$

PO 的 Index（i_s），指示了一套 PDCCH 监听机会的起始位置，用于监听 Paging DCI。起始位置：

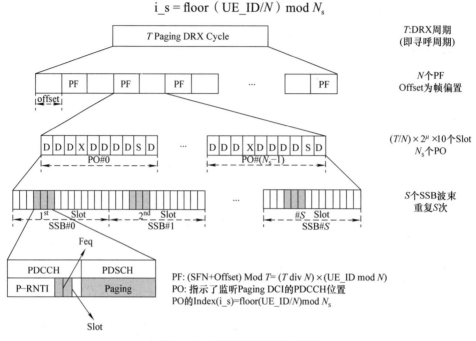

$$i\_s = \text{floor}(UE\_ID/N) \bmod N_s$$

T:DRX周期（即寻呼周期）

N个PF Offset为帧偏置

$(T/N) \times 2^\mu \times 10$个Slot N_s个PO

S个SSB波束 重复S次

PF: (SFN+Offset) Mod T= (T div N) $\times$ (UE_ID mod N)
PO: 指示了监听Paging DCI的PDCCH位置
PO的Index(i_s)=floor(UE_ID/N)mod N_s

图 4-56　寻呼消息时域位置图

其中：

T：UE 的 DRX 周期（即寻呼周期）。当 RRC 信令或上层给出配置 DRX，同时又收到在 SI 中广播默认的 DRX，T 为两者中最短的 UE 级的 DRX；而当 UE 级的 DRX 未被 RRC 信令或上层配置时，则使用默认 DRX。

N：T 中的 PF 的个数。

N_s：PF 中的 PO 个数。

Offset：PF 的偏置。

UE_ID：UE 寻呼 ID。

寻呼信道模型如图 4-57 所示。

4.7　SIP 信令介绍

SIP（Session Initiation Protocol，会话发起协议）是 IETF 制定的多媒体通信协议，它是一个基于文本的应用层控制协议，独立于底层协议，用于建立、修改和终止 IP 网上的双方或多方的多媒体会话。5G 中的 VoNR 和 4G 的 VoLTE 通话，IMS 域信令交互均基于 SIP。

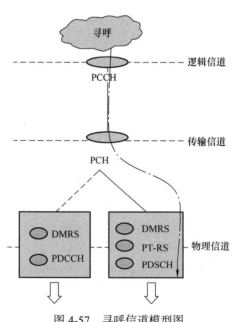

图 4-57　寻呼信道模型图

（1）SIP 请求消息如下

1）INVITE 和 ACK：建立呼叫，完成三次握手，或者用于建立以后改变会话属性。

2）BYE：结束会话。

3）OPTIONS：用于查询服务器能力。

4）CANCEL：用于取消已经发出但未最终结束的请求。

5）REGISTER：用于客户向注册服务器注册用户位置等消息。

（2）SIP 响应消息如下

1）1xx：指临时响应，表示已收到请求消息，正在对其进行处理。

2）2xx：成功消息，相对于 ACK/SUCCESS 类。

3）3xx：重定向，表示需要采取进一步动作，以完成该请求。

4）4xx：客户端错误，请求消息中含语法错误或 SIP 服务器不能完成消息处理。

5）5xx：服务器错误。

6）6xx：全局错误，表示不能在任何 SIP 服务器上实现。

VoNR/VoLTE 通话 SIP 信令流程如图 4-58 所示。

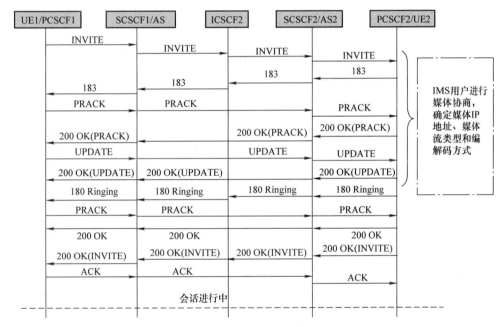

图 4-58　SIP 信令流程

（3）SIP URL 结构如下

1）URL 格式：

SIP：用户名：口令 @ 主机：端口；传送参数；用户参数；方法参数；生存期参数；服务器地址参数。

2）URL 形式：USER@HOST。

用途：代表主机上的某个用户，可指示 From、To、Request URI、Contact 等 SIP 头部字段。

URL 应用举例如下：

sip：j.doe@big.com

sip：j.doe：secret@big.com；transport=tcp；subject=project

sip：+1-212-555-1212：1234@gateway.com；user=phone

sip：alice@10.1.2.3

sip：alice@register.com；method=REGISTER

SIP 的主要消息头字段见图 4-59。

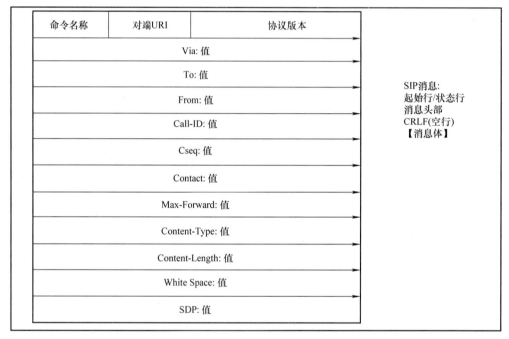

图 4-59　SIP 消息

（4）Via 字段如下

Via 字段用于指示请求经历的路径。它可以防止请求消息的传送产生环路，并确保响应和请求的消息选择同样的路径。

Via 字段的一般格式为

$$Via；发送协议\quad 发送方；参数$$

其中，发送协议的格式为：协议名 / 协议版本 / 传送层，发送方为发送方主机和端口号。

Via 字段的示例为

$$Via：SIP/2.0/UDP\ 202.202.41.8：5060$$

（5）From & To 字段如下

1）From 字段：所有请求和响应消息必须包含 From 字段，以指示请求的发起者。服务器将 From 字段从请求消息复制到响应消息。

From 字段的一般格式为

From ：显示名〈SIP URL〉; tag=xxx

From 字段的示例为

From ：" iwf " <sip : 6136000@202.202.21.1> ; tag=aab7090044b2-195254e9

2）To 字段：所有请求和响应都必须包含 To 字段，字段指明请求的接收者，其格式与 From 字段相同，仅第一个关键词替换为 To。

（6）Call ID 字段

Call ID 字段用于唯一标识一个特定的邀请（或唯一表示一个会话）。

Call ID 字段的一般格式为

Call ID ：本地标识 @ 主机

其中，主机应为全局定义域名或全局可选路径 IP 地址。

Call ID 的示例为

Call-ID ：0009b7aa-124f0006-2050db78-7fded6f5@202.202.41.8

（7）Cseq 字段

Cseq 字段：命令序号。客户在每个请求中应加入 Cseq 字段，其由请求方法和一个十进制序号组成。序号初值可为任意值，其后具有相同的 Call ID 值，但不同请求方法、头部或消息体的请求，其 Cseq 字段序号应加 1。重发请求的序号保持不变。ACK 和 CANCEL 请求的 Cseq 值与对应的 INVITE 请求相同，BYE 请求的 Cseq 值应大于 INVITE 请求，由代理服务器并行分发的请求，其 Cseq 值相同。服务器将请求中的 Cseq 值复制到响应消息中去。

Cseq 字段的示例为

Cseq ：101 INVITE

（8）Contact 字段

Contact 字段用于 INVITE、ACK 和 REGISTER 请求以及成功响应、呼叫进展响应和重定向响应消息，其作用是给出其后和用户直接通信的地址。

Contact 字段的一般格式为

Contact ：地址；参数

其中，Contact 字段中给定的地址不限于 SIP URL，也可以是电话、传真等 URL。

Contact 字段的示例为

Contact ：sip ：6130000@202.202.41.8 ：5060

（9）SIP 消息体

消息体可以为任何协议，大多数情况下采用 SDP（Session Description Protocol，会话描述协议）。

SDP 是一个用来描述多媒体会话的应用层控制协议，它是一个基于文本的协议，用于会话建立过程中的媒体类型和编码方案的协商等。

SDP 包含用户使用的媒体、媒体目的地址、会话描述、联系信息。

对于 RTP（Real-time Transport Protocol，实时传输协议），RTP Audio/Video Profile（RTP/AVP）净荷描述也包括在 SDP 中。

SDP 举例见表 4-5。

表 4-5　SDP 举例

SDP 参数	参数名	备注
v	Version number	v=0
o	Origin containing name	o=\<user name> \<session id> \<version> \<network type> \<address type> \<address>
s	Subject	
c	Connection	Connection IP address（10.216.6.108）
t	Time	t=\<start time> \<stop time>
m	Media	Media format（audio）; Port number（17368）
a	Attribute	Media encoding（PCM A Law）; Sample rate（8000Hz）

SDP 参数举例如下：

v=0。

o=ZTE CSCF 868 868 IN IP4 10.216.9.200。

s=Sip Call。

c=IN IP4 10.216.6.108。

t=0 0。

m=audio 17368 RTP/AVP 8。

a=rtpmap：8 PCMA/8000。

第 5 章　5G 专项优化

5.1　5G 无线上网感知质量提升

5.1.1　上网感知质量提升的意义

伴随着 5G 通信网络的不断演进以及 5G 智能终端的迅猛发展，移动互联网业务不断地推陈出新，同时也进入到一个新的时代，在线游戏、VR/AR、视频下载、全息在线等大数据量业务迎来爆发式增长。面对激烈的竞争格局，5G 移动用户上网感知质量仍然是衡量用户满意度的重要指标，本文将从网络覆盖、网络干扰、业务容量负荷、多网间协同及重点场景保障等多方面开展探讨，以期总结优化经验有效提升 5G 无线上网感知质量。

5.1.2　5G 上网感知质量评估指标及影响因素

1. 评估指标

用户无线上网感知是一项综合的多维度指标，其中最主要的判断 5G 无线上网感知的指标包括如下：

1）用户感知速率，最为直观地反映用户上网的真实感受，分为上行感知速率和下行感知速率。上行感知速率 = 上行 PDCP 层吞吐量 /PDCP 层上行接收数据业务的总时长；下行感知速率 = 下行 PDCP 层吞吐量 /PDCP 层下行接收数据业务的总时长。

2）表征覆盖，指标为 MR 覆盖率，即覆盖率（≥ -110dBm 采样点占比）<90% 定位为弱覆盖，一般定义小区 TA 采样点 >2000m 的占比大于 20% 时为过覆盖（TA：UE 上报的时间提前量）。

3）表征干扰，指标为小区平均干扰电平，即所有 RB 的平均干扰电平 > -105dB，认定为干扰小区。

2. 影响因素

影响用户无线上网感知的因素种类繁多，而总结日常优化中影响的主要方面如下：

（1）网络结构：网络覆盖、站间距、天馈布放等

常见的网络覆盖问题主要包括：覆盖空洞、弱覆盖、过覆盖、重叠覆盖。

1）覆盖空洞即用户处于信号盲区，运营商不能为用户提供网络服务，用户最直接感受是手机显示无服务。

2）弱覆盖即用户所处的位置网络覆盖信号较差，仅显示 1 ~ 2 格信号。由于电平较弱，极有可能造成用户业务失败、上网速率低、通话有杂音吞字等，实际感知较差。

3）过覆盖又称越区覆盖，小区覆盖距离过远，覆盖到其他站点正常覆盖的区域，并且在该区域用户手机接收到的越区信号相对较好。越区覆盖易引入干扰，可能形成覆盖孤岛，一般情况下由于未添加邻区关系导致用户无法切换，造成用户感知差。

4）重叠覆盖即当前用户处在存在 3 个及以上覆盖电平相近的小区共同覆盖区域，多个小区电平差在 6dB 以内，由于信号较多且频率相同导致干扰较强，表现为 SINR 差、接通率低、下

载速率不佳。

站间距对网络结构也存在较大的影响，如果站间距较大，则易出现覆盖空洞及弱覆盖等问题；反之如果站间距较小，易出现越区覆盖。天馈系统同样对网络覆盖存在较大的影响，天面挂高、方位角、下倾角、波瓣宽度等，都与覆盖息息相关，如果设置不合理都会影响网络的覆盖性能，导致用户感知不佳、满意度较差等问题。

（2）网络干扰：系统外干扰、系统内干扰、大气波导干扰（TDD）

网络干扰指的是接收机接收到了较强的其他信号，导致无法有效解调有用信号，用户不能正常通信的现象。

系统外干扰，一般指非 5G 系统的外部干扰，如视频监控网桥、干扰器、路由器、广电干扰等。其干扰特征表现为范围广、随机性强，对用户上网感知影响较大。

系统内干扰，一般特指移动通信系统内收发信机间的信号干扰，如基站间下行信号或者 UE 间的上行信号干扰，网络重叠覆盖、基站 GPS 失步均会产生网内干扰，其干扰特征表现为有时间规律、基站存在告警等。此外多制式在同频的情况下也存在系统内相互干扰的问题，例如 4G 和 5G 同频时隙未对齐导致的交叉时隙干扰，时隙对齐存在 LTE 用户干扰到 5G 基站的问题。

（3）网络负荷方面，上下行流量、最大激活用户数、PRB 及 CCE 利用率

当前 5G 网络整体基本处于轻载的状态，负荷不高，但局部区域存在较大的业务量及较多的用户，如果忙时流量或用户数达到一定的门限后，就会造成 PRB、CCE 资源占用紧张，导致用户接入网络困难，或者每个用户分配到的资源减少，从而引发用户感知下降。

影响网络负荷的因素主要包括以下几个方面：

1）用户的分布，和网络负荷最相关，常见的高用户分布区域主要有高校、居民区、村庄等重要场景，此外网络存在偶发用户聚集的情况，如某工地工棚、某村庄集市等，所以定期分析用户行为及规律，有利于更有效地控制网络负荷。

2）基站故障，当网络中某个基站出现故障时，会导致基站退服或覆盖性能下降等情况，原本归属于该基站覆盖的用户被其他基站覆盖，致使其他基站出现超载状况，从而引发高负荷、业务体验下降等问题。

3）覆盖过远，如某个小区超出了自己的覆盖范围，过远覆盖到其他区域，且电平较强，导致较多的用户均从该小区发起业务，从而引发高负荷。

4）参数设置合理性，当 2.6G 与 700M 共覆盖时，如果设置 700M 重选优先级高于 2.6G，且 700M 向 2.6G 的切换算法为 A5 算法，2.6G 向 700M 的切换算法为 A4 算法时，由于 700M 的带宽仅 30M，所以更容易造成高负荷，引发上网感知速率低等问题。

（4）多网协同方面，频段定位、互操作、室内外协同

当前 2G、4G、5G 网络频段纷繁复杂，其中 5G 包括 2.6G、4.9G、700M，4G 包括 F 频段、A 频段、E 频段、D 频段、FDD1800M、FDD900M，2G 包括 DCS1800M、GSM900M，此外还存在 NB 物联网的频段。只有每个频段的定位准确，合理承载，才能够将网络与用户融为一体，高效地发挥网络性能，用户才能获得更好的网络体验。

除各频段定位外，还需要把这些频段相互连接起来，那么互操作就是连接各个频段的纽带，4->5 互操作、5->4 互操作、EPS FB 等，它们之间空闲态如何进行，连接态如何进行，门限怎么才算合理，都将会直接影响用户的上网感知，所以互操作对多网协同来说意义非凡。

　　此外 5G 系统内宏站与室分的协同也是制约用户上网感知的因素之一，如何控制室内、室外同频组网带来的网络干扰，如何保障室内窗口等边缘区域的上网感知，如何尽量地使室内用户占用室分小区等，都会对用户上网的体验带来较大的影响。

　　（5）网络重保方面

　　用户聚集场景（高校、交通枢纽、风景区）及大型活动现场（商场开业、演唱会、大型会议）。

　　1）由于用户大量集中使用业务，会导致网络负荷居高不下、网络资源紧张，每个用户获得的速率不足，用户上网感知也将随之下降。

　　2）当用户数超过系统容量时，可能导致部分用户无法接入，同时已接入用户上网感知极差。

　　3）当用户数远远超过系统容量时，甚至可能导致基站设备负荷过高而停止服务。

　　应对这种 5G 突发性高话务场景及常态化持续高话务的区域，需要现场网络工程师提前预估用户量，并制定和实施对应保障方案来保障 5G 网络服务和用户上网感知。通过工程改造、网优参数调整和开启防高话务冲击功能等方式进行高话务场景保障。而对于常态化持续高话务的区域，还是需要通过网络规划和新建扩容来解决。

5.1.3　网络结构整治提升用户上网感知

5.1.3.1　常规覆盖解决方案

1. RF 优化改善覆盖

　　调整天线下倾角。通过调整天线的机械下倾角，使得天线各个波束正对弱覆盖区域。该方法实施方便，是一种常用的优化弱覆盖的手段，但如果弱覆盖区域周边阻挡严重，则优化效果不明显。同时在调整过程中，注意机械下倾角一般不应超过 10°，否则易造成波束变形，影响覆盖效果。

　　调整天线方位角。通过调整天线的方位角，控制天线覆盖方向，正对弱覆盖区域以增强覆盖，或者避开重叠覆盖区域，尽量使重叠区域主服务小区减少。在调整过程中，要兼顾周围各个扇区，注意避免造成其他区域的弱覆盖问题及干扰问题。

　　升高或降低天线挂高。通过调整天线的相对高度来优化由于天线受到阻挡而形成弱覆盖的区域。由于该方案需要进行工程整改，实施较复杂，同时受线缆长度等的限制。

2. 新增基站增强覆盖

　　对根据测试、MR、扫频、栅格数据及网络结构站间距、用户投诉等定位出来的弱覆盖、无覆盖区域进行基站建设，新增站点或拉远站点。主要用于已经优化调整后仍无法解决的弱覆盖区域。新增基站是解决网络覆盖的最有效方法，但需考虑站点的规划、设计、建设等问题，整体周期较长。

3. 故障及时处理以恢复覆盖

　　设备故障告警，特别是射频单元告警与 MR 覆盖率是强相关性的，对于弱覆盖小区首先需要进行故障告警排查。对于无告警但存在隐性故障（业务量下降、性能指标异常）的长期弱覆盖小区也需要进行重点关注。

　　从告警来看，影响小区覆盖性能的告警和故障问题主要包括：①光口及光模块告警；②光衰过大造成小区性能异常；③ AAU 故障告警；④小区退服或降级服务告警；⑤ AMF 不通造成小区不可用。

4. 优化上下行不平衡以改善覆盖

上下行不平衡一般指目标覆盖区域内，上下行对称业务出现下行覆盖良好而上行覆盖受限（表现为 UE 的发射功率达到最大仍不能满足上行 Bler 要求），或下行覆盖受限（表现为下行专用信道发射功率达到最大仍不满足下行 Bler 要求）的情况。

针对上下行不平衡小区问题的定界，具体可定义为 PHR<0 的比例大于 20% 且 TA 大于 20 采样点的占比大于 30% 的小区。上下行不平衡的覆盖问题比较容易导致掉话，常见的现象是上行覆盖受限。对于上行干扰产生的上下行不平衡，可以通过监控小区的频谱扫描来确认是否存在干扰。如果确认是上行受限但是不存在上行干扰，则可以通过增加上行分集或者增加塔放来扩大上行的覆盖范围。

5. 功率、切换及接入优化合理覆盖

结合弱覆盖 Top 小区，核查小区功率及接入、邻区类参数配置情况，个性化设置 Top 小区参数，提升 MR 覆盖水平。

对于农村、乡镇 5G 孤站，如果功率配置较高，此时会造成远端弱覆盖用户的增加，MR 弱覆盖 Top 小区可以尝试降低功率控制覆盖以提升覆盖率。

对于城区、郊区 5G 站点，如果功率配置特别低，通常会造成用户集中区域室内覆盖差，需要提升发射功率来提升 MR 覆盖，但对可能带来的重叠覆盖等影响需进行及时评估。

对 Top 小区提高最小接入电平门限，限制弱覆盖场景用户驻留 5G，从而提升 5G 覆盖率。

邻区定义漏配会造成通话用户无合适切换小区，导致通话用户切换慢或产生拖死现象，在弱覆盖区域影响到 MR 覆盖率，结合邻区 MR 数据，精确分析造成 MR 弱覆盖的原因是否为邻区未添加而造成的拖尾。通过对邻区参数设置的核查和合理配置，使得用户在小区边缘可以合理切换，以获取电平更好的小区。

5.1.3.2　参数设置提升覆盖

为提升 5G 分流，让 5G 终端优先驻留 5G，并尽可能地在 5G 网络产生业务，减少与 4G 间的互操作，需精细配置 4G、5G 间关键互操作参数的设置。

1. 小区最大发射功率（MaxTransmitPower）

1）定义：该参数表示 NR DU 小区 TRP（Transmission and Reception Point，发送和接收点）的最大发射功率。

2）设置影响：该参数如果设置过小，将会影响相应小区的覆盖范围；该参数如果设置过大，则对其他小区的干扰会加大，从而影响网络的整体性能。

2. 同步信号和物理广播信道功率偏置最大值（MaxSsPbchPwrOffset）

1）定义：该参数表示小区同步信号和物理广播信道功率汇聚后，小区同步信号和物理广播信道功率相对于基准功率的功率偏置最大值。

2）设置影响：该参数越大，同步信号和物理广播信道覆盖范围越大，但数据信道可用的功率越少；该参数越小，同步信号和物理广播信道覆盖范围越小，但数据信道可用的功率越多。

3. 公共搜索空间的 DCI 功率偏置最大值（MaxCommonDciPwrOffset）

1）定义：该参数表示小区公共搜索空间的 DCI 功率汇聚后，小区公共搜索空间的 DCI 功率相对于基准功率的功率偏置最大值。

2）设置影响：该参数越大，公共搜索空间的 DCI 的覆盖范围越大，但其他 DCI 可用的功率越少；该参数越小，公共搜索空间的 DCI 的覆盖范围越小，但其他 DCI 可用的功率越多。

4. RMSI DCI 功率偏置最大值（MaxRmsiDciPwrOffset）

1）定义：该参数表示 RMSI DCI 发送时所采用的功率相对小区基准功率的最大偏置值。

2）设置影响：该参数越大，小区广播 RMSI DCI（调度 SIB1 的 PDCCH）发送时采用的功率越大，小区广播 RMSI DCI 覆盖范围越大，但其他 PDCCH 调度可用的功率越少；该参数越小，小区广播 RMSI DCI 发送时采用的功率越小，小区广播 RMSI DCI 覆盖范围越小，但其他 PDCCH 调度可用的功率越大。

5. Paging DCI 功率偏置最大值（MaxPagingDciPwrOffset）

1）定义：该参数表示 Paging DCI 发送时所采用的功率相对小区基准功率的最大偏置值。

2）设置影响：该参数越大，小区广播 Paging DCI 发送时采用的功率越大，小区广播 Paging DCI 覆盖范围越大，但其他 PDCCH 调度可用的功率越少；该参数越小，小区广播 Paging DCI 发送时采用的功率越小，小区广播 Paging DCI 覆盖范围越小，但其他 PDCCH 调度可用的功率越大。

6. OSI DCI 功率偏置最大值（MaxOsiDciPwrOffset）

1）定义：该参数表示 OSI DCI（调度除 SIB1 之外其他系统消息的 PDCCH）发送时所采用的功率相对小区基准功率的最大偏置值。

2）设置影响：该参数越大，小区广播 OSI DCI 发送时采用的功率越大，小区广播 OSI DCI 覆盖范围越大，但其他 PDCCH 调度可用的功率越少；该参数越小，小区广播 OSI DCI 发送时采用的功率越小，小区广播 OSI DCI 覆盖范围越小，但其他 PDCCH 调度可用的功率越大。

7. 消息 2 功率偏置最大值（MaxMsg2PwrOffset）

1）定义：该参数表示小区消息 2 功率汇聚后，小区消息 2 功率相对于基准功率的功率偏置最大值。

2）设置影响：该参数越大，消息 2 的覆盖范围越大，但数据信道可用的功率越少；该参数越小，消息 2 的覆盖范围越小，但数据信道可用的功率越多。

5.1.3.3　权值优化覆盖挖潜

Massive MIMO 和波束赋形（BF）二者相辅相成，缺一不可。Massive MIMO 负责在发送端和接收端将越来越多的天线聚合起来；波束赋形负责将每个信号引导到终端接收器的最佳路径上，提高信号强度，避免信号干扰，从而改善通信质量。

Massive MIMO 和波束赋形的优点有：①更好地覆盖远端和近端的小区；②更精确的 3D 波束赋形，可以提升终端接收信号的强度；③同时同频服务更多用户（多用户空分），提高网络容量；④有效减少小区间的干扰。

5G 对广播、控制信道的波束测量进行维护，增强网络覆盖，降低干扰，提升测量精度，权值优化手段更多样化，对网络结构影响较大（见表 5-1）。

表 5-1 4G、5G 波束权值优化方式对比

分类	4G	5G
广播信道	支持 13 种典型场景波束	支持 17 种典型场景波束，支持 SSB 窄波束扫描
控制信道	不支持波束定义	支持波束的维护和测量
优化手段	支持数字下倾角、场景波束优化	支持数字下倾角、数字方位角、场景波束优化
		SSB 与 CSI-RS 优化分离
		32T AAU（16H2V）支持包络远程可调
场景应用	用于热点扩容	基础解决方案

1. 常见场景波束权值设置

5G 天线权值支持不同场景的广播波束覆盖，如楼宇场景、广场场景等。

例如，广场场景，近点使用宽波束，保证接入，远点使用窄波束，提升覆盖（见图 5-1）。高楼场景，使用垂直面覆盖比较宽的波束，提升垂直覆盖范围（见图 5-2）。

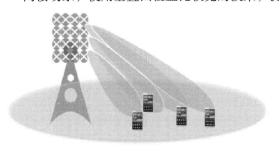

图 5-1 广场场景波束设置

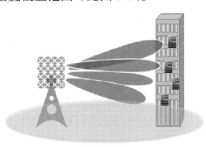

图 5-2 高楼场景波束设置

商业区，既有广场又有高楼，采用水平、垂直覆盖角度都比较大的波束（见图 5-3）。

可根据用户现网的位置配置覆盖场景。当前常见的不同覆盖场景的波束权值设置均对网络覆盖存在良好的增益，可以配置覆盖场景（见表 5-2）。配置建议如下：

1）一般情况下，推荐配置为场景默认，适合典型三扇区组网。

2）当水平覆盖要求比较高时，推荐配置为场景 1、场景 6、场景 12 等场景，远点可以获得更高的波束增益，提升远点覆盖。

图 5-3 商业区场景波束设置

3）当小区边缘存在固定干扰源时，可以考虑场景 2、场景 3、场景 7、场景 8、场景 13 等场景，缩小水平覆盖范围，避开干扰。

4）当只有孤立的建筑时，推荐配置为场景 4、场景 5、场景 9、场景 10、场景 11、场景 14、场景 15、场景 16 等场景，可以获得的水平面覆盖较小，不适合连续组网。

5）当只有低层楼宇时，可以从场景 1~场景 5 等场景中选择。

6）当存在中层楼宇时，可以从场景 6~场景 11 等场景中选择。

7）当存在高层楼宇时，可以从场景 12~场景 16 等场景中选择。

表 5-2　不同场景权值典型设置表

覆盖场景 ID	覆盖场景	场景介绍	水平 3dB 波宽	垂直 3dB 波宽	下倾角可调范围	方位角可调范围
场景 1	广场场景	非标准 3 扇区组网，适用于场景比场景 2 大，如广场场景和宽大建筑。近点覆盖比场景 2 略差	110°	6°	$-2° \sim 9°$	0°
场景 2	干扰场景	非标准 3 扇区组网，当邻区存在强干扰源时，可以收缩小区的水平覆盖范围，减少邻区直覆盖干扰的影响。由于垂直覆盖角度最小，因此适用于低层覆盖	90°	6°	$-2° \sim 9°$	$-10° \sim 10°$
场景 3	干扰场景	非标准 3 扇区组网，当邻区存在强干扰源时，可以收缩小区的水平覆盖范围，减少邻区直覆盖干扰的影响。由于垂直覆盖角度最小，因此适用于低层覆盖	65°	6°	$-2° \sim 9°$	$-22° \sim 22°$
场景 4	楼宇场景	底层楼宇，热点覆盖	45°	6°	$-2° \sim 9°$	$-32° \sim 32°$
场景 5	楼宇场景	底层楼宇，热点覆盖	25°	6°	$-2° \sim 9°$	$-42° \sim 42°$
场景 6	中层覆盖广场场景	非标准 3 扇区组网，水平覆盖最大，且带中层覆盖的场景	110°	12°	$0° \sim 6°$	0°
场景 7	中层覆盖干扰场景	非标准 3 扇区组网，当邻区存在强干扰源时，可以收缩小区的水平覆盖范围。由于垂直覆盖角度相对于场景 1 ~ 场景 5 变大，因此适用于中层覆盖	90°	12°	$0° \sim 6°$	$-10° \sim 10°$

（续）

覆盖场景 ID	覆盖场景	场景介绍	水平 3dB 波宽	垂直 3dB 波宽	下倾角可调范围	方位角可调范围
场景 8	中层覆盖干扰场景	非标准 3 扇区组网，当邻区存在强干扰源时，可以收缩小区的水平覆盖范围，减少邻区覆盖角度相对干扰影响。由于垂直覆盖角度 5 变大，因此适用于中层覆盖	65°	12°	0°~6°	−22°~22°
场景 9	中层楼宇场景	中层楼宇，热点覆盖	45°	12°	0°~6°	−32°~32°
场景 10	中层楼宇场景	中层楼宇，热点覆盖	25°	12°	0°~6°	−42°~42°
场景 11	中层楼宇场景	中层楼宇，热点覆盖	15°	12°	0°~6°	−47°~47°
场景 12	广场＋高层楼宇场景	非标准 3 扇区组网，水平覆盖最大，且带高层覆盖的场景。当需要广播信道数据体现该场景盖情况时，建议使用该场景	110°	25°	6°	0°
场景 13	高层覆盖干扰场景	非标准 3 扇区组网，当邻区存在强干扰源时，可以收缩小区的水平覆盖范围，减少邻区覆盖角度最大，因此适用于高层覆盖	65°	25°	6°	−22°~22°
场景 14	高层楼宇场景	高层楼宇，热点覆盖	45°	25°	6°	−32°~32°
场景 15	高层楼宇场景	高层楼宇，热点覆盖	25°	25°	6°	−32°~32°
场景 16	高层楼宇场景	高层楼宇，热点覆盖	15°	25°	6°	−47°~47°

如果希望基站能够覆盖 H（30m）以下的楼层，同时覆盖 B（30m）以内的水平范围，则根据如下步骤计算所需要配置的场景 ID：

1）计算波束的垂直扫描范围（见图 5-4）。

当 D=70m，h=15m，则 C=H−h=15m，则可计算出 α=25°。

参照广播波束非默认的覆盖场景可知场景 12～场景 16 的垂直 3dB 波宽为 25°。

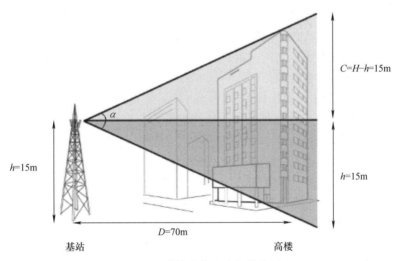

图 5-4　计算波束垂直扫描范围

2）计算波束的水平扫描范围（见图 5-5）。

当 B=30m，D=70m，则可计算出 β=25°。

参照广播波束非默认的覆盖场景可知场景 5、场景 10、场景 15 的水平 3dB 波宽为 25°。

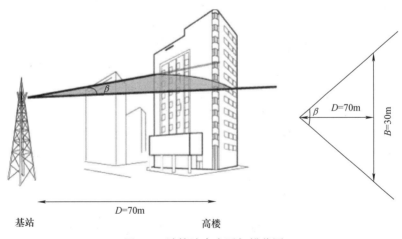

图 5-5　计算波束水平扫描范围

3）取步骤 1）和 2）的场景交集，即场景 15 能同时满足水平和垂直覆盖需求。

波束还可以基于典型个性化需求进行自定义波束配置，以满足个性化需求。在协议支持的最大 SSB 个数内灵活进行自定义，每个波束的水平和垂直方位角可配置，下倾角可独立配置。

2. 智能权值自动寻优

从波束的方位角、下倾角、水平波宽、垂直波宽四元组，以及天线实际挂高、覆盖距离、覆盖场景等维度，5G 有成千上万种波束组合，不同的权值设置将直接影响覆盖效果。依赖人工判断与经验，难以实现最优配置，波束权值的智能优化是当前 5G 时代的一个重要优化手段。

为切实解决 5G 网络覆盖的痛点，回答用户在哪、楼宇在哪、问题在哪等问题，需重点开发权值如何自动智能寻优。

示例：某地开发研究了基于粒子群等的智能天线权值技术，构建了深度覆盖问题、垂直覆盖问题、失效站点问题的三大网络场景优化能力，利用 5G MR/MDT（Minimization Drive Test，最小化路测）/GIS 地图等数据，实现"用户、楼宇、问题"三维对象的精准天线权值覆盖，提升上网感知，并提升客户满意度。

（1）5G 高倒流深度覆盖权值优化

利用小区级的 MDT 栅格化数据及 GIS 地图的楼宇分布，从高精度楼宇地图智能识别和 MDT 用户分布识别两条技术路线出发，结合水平二维迭代扫描算法，小区覆盖扇区内用户和楼宇分布有机融合，配合高增益波束权值方案，解决 5G 深度覆盖及 5G 高倒流问题。

利用高精度楼宇地图识别密集楼宇区域，首先读取 GIS 高精度电子地图，对密集楼宇进行纵深扫描，使高增益波束对准密集楼宇群。利用 MDT 识别用户分布集中的区域，对 MDT 数据进行聚类处理，扫描 MDT 用户集中区域，使波束方案对准用户集中的楼宇。

（2）垂直楼宇权值精准覆盖

构建三维立体栅格集，利用 5G MR 数据做栅格化映射，智能判断用户垂直方向及水平方向的相对位置，得出针对垂直场景的最佳权值方案，实现高层楼宇的 5G 覆盖。搭建垂直覆盖场景的智能权值功能。

（3）失效站点补偿

通过对基站告警的周期性检查，构建失效站点二维栅格，MDT 采样点与二维栅格映射，通过识别栅格内最强 4G 邻区，获取 5G 补偿站点候选清单，再进行 RSRP 仿真，寻优得出最佳补偿权值方案。搭建智能分析系统的失效站点补偿功能模块。

1）告警检测：周期性对基站进行告警监控，出现站点失效告警时，触发算法。

2）邻区选择：站点失效后，根据栅格内的最强邻区选择补偿邻区对象。

3）权值计算：根据失效区域及补偿基站对象，进行权值计算。

4）效果仿真：对权值补偿方案使用仿真模型，以进行覆盖仿真模拟。

5）权值优化：根据最佳仿真效果，实施权值补偿方案，以维稳网络。

6）失效接触：继续对告警数据进行监控，告警消除后，对邻区的权值进行回调。

5.1.3.4　缩减带宽、提升功率以改善覆盖

当前网络中大部分区域 5G 用户相对较少，所产生的流量也相对较小，每个小区基本都处于轻载的状态，为此我们可以针对部分弱覆盖区域，通过牺牲带宽来换取功率谱密度提升，从而增强小区覆盖，以达到改善覆盖的目的。本方法主要针对 2.6G 而言，目前主流的 2.6G 带宽为 100M，可以通过将其缩减为 60M 带宽来增强 5G 网络覆盖，以达到提升用户感知的目的。

某地对 5G 小区进行了 2.6G 带宽缩减、覆盖增强试点验证，整体效果良好，前、后台指标如下。

1. 测试覆盖指标改善

选择修改带宽前拉远的近点、中点、远点与修改带宽后的同位置进行覆盖及速率对比，发现修改带宽后同位置电平值提升 3dB 左右，中点、远点 SINR 有所提升，近点速率有所下降，中点、远点速率基本持平（见表 5-3）。

表 5-3　测试覆盖指标改善情况

小区	参数	近点（100m）		中点（500m）		远点（900m）	
		修改前	修改后	修改前	修改后	修改前	修改后
A 小区	RSRP/dBm	−60.38	−59.9	−83.55	−79.43	−93.72	−91.28
	SINR/dB	24.58	27.42	5	6.63	−9.83	−3.28
	上传速率 /（Mbit/s）	137.75	81.34	41.18	34.68	16.25	13.31
	下载速率 /（Mbit/s）	886.64	549.93	235.34	237.2	85.18	153.06

小区	参数	近点（150m）		中点（350m）		远点（700m）	
		修改前	修改后	修改前	修改后	修改前	修改后
B 小区	RSRP/dBm	−60.75	−57.88	−82.5	−80.45	−85.68	−83.03
	SINR/dB	22.9	22.13	−5.53	−4.88	−10.4	−11.38
	上传速率 /（Mbit/s）	139.78	75.56	18.74	21.18	4.5	2
	下载速率 /（Mbit/s）	786.05	375.62	88.28	87.38	24.93	24.39

小区	参数	近点（150m）		中点（350m）		远点（700m）	
		修改前	修改后	修改前	修改后	修改前	修改后
C 小区	RSRP/dBm	−61.1	−59.55	−83.68	−82.6	−92.5	−90.95
	SINR/dB	21.4	20.75	−10.73	−8.38	−9.75	−10.52
	上传速率 /（Mbit/s）	117.24	61.85	23.24	27.42	3.48	6.55
	下载速率 /（Mbit/s）	560.37	432.89	173.54	175.71	130.9	155.56

小区	参数	近点（100m）		中点（300m）		远点（500m）	
		修改前	修改后	修改前	修改后	修改前	修改后
D 小区	RSRP/dBm	−68.15	−63.22	−83.63	−81.43	−87.38	−86.38
	SINR/dB	14.5	15.6	−10.52	−9.32	−12.25	−12.52
	上传速率 /（Mbit/s）	153.66	75.54	27.64	15.47	3.42	1.84
	下载速率 /（Mbit/s）	637.3	352.02	214.18	209.6	38.21	26.32

小区	参数	近点（200m）		中点（600m）		远点（1200m）	
		修改前	修改后	修改前	修改后	修改前	修改后
E 小区	RSRP/dBm	−67.2	−62.53	−78.78	−76.17	−85.92	−83.72
	SINR/dB	7.22	10.38	−7.7	−7.17	−9.48	−6.38
	上传速率 /（Mbit/s）	105.81	52.88	13.99	16.81	7.67	9.39
	下载速率 /（Mbit/s）	583.54	347.5	114.46	92.13	84.14	109.66

通过 DT 的测试图来看，覆盖较修改前均有提升，具体测试图示例如图 5-6 所示。

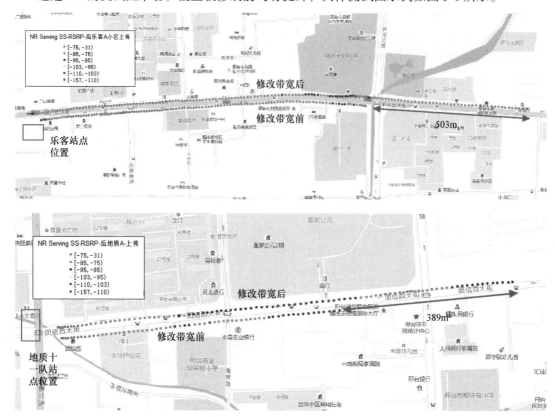

图 5-6 DT 调优前后效果对比

2. 后台覆盖指标改善

完成站点带宽的修改，修改后 5G 总流量增长 203GB，增幅为 23.42%，周边 500m 内 4G 总流量降低 200GB，降幅为 4.23%，5G 分流比由 15.51% 提升至 19.13%，增幅为 23.39%，带宽降低后上下行用户体验速率略有下降，由于覆盖距离增大，随着边缘用户的接入，致使接通、掉线指标较修改前有所恶化（见表 5-4）。

5.1.3.5 覆盖提升案例

5G 覆盖案例（Powerboosting 提升 NR 边缘覆盖）：NR 频段较高，覆盖距离受限，穿透性较差，在建网初中期，基站数量远未达到全覆盖需求，部分基站间距较大，弱覆盖区域较多。因此通过 Powerboosting 提升 NR 边缘覆盖，对于改善用户上网感知有重要意义。

NR 下行功率分配以符号为粒度分配到每个子载波上，不同信道和信号的功率可以相同，也可以不同，可以需要根据实际场景来配置。静态功控根据各个信道或信号的覆盖能力，通过在小区基准功率上进行功率偏置参数配置，从而调整发射功率。NR 支持的下行功率控制有 PBCH 和 SS（SSB）、PDCCH、PDSCH、CSI-RS/TRS 等功率控制。

（1）PBCH 和 SS（SSB）功率控制

在 5G 覆盖较差区域的连片站点进行参数验证，结合现场情况进行 CQT、DT 等测试、小区极限距离测试，整体统计观察调整前后各类指标变化情况（见表 5-5）。

表 5-4　调优前后指标对比

日期	无线接通率（%）	无线掉线率（小区级）（%）	切换成功率（%）	NR 向 E-UTRAN 切换的成功率（%）	最大用户数	总流量 -5G/GB	上行每 PRB 的接收干扰噪声平均值 /dBm	上行用户体验速率	下行用户体验速率	平均 TA	500m 内 4G 总流量 /GB	分流比（对比 500m 内 4G 流量）
修改前均值	99.38	0.52	99.41	99.97	592	868.48	-111.59	3.83	145.08	2.77	4730.26	15.51%
修改后均值	99.33	0.69	99.4	99.99	647	1071.87	-110.95	3.61	134.98	3.05	4530	19.13%
增幅	-0.05%	32.69%	-0.01%	0.02%	9.29%	23.42%	-0.57%	-5.74%	-6.96%	10.11%	-4.23%	23.34%

表 5-5　PBCH 功率控制方案指标对比

DT 指标

方案	偏移值	平均 SSB-RSRP	平均 SSB-SINR	上行速率	下行速率	上行 MCSAvg	下行 MCSAvg	接通率	覆盖率
现网值	0	-76.83	16.96	68.87	475.85	18.5	14.5	100%	97.92%
方案 1	3	-75.2	18.18	69.75	492.67	17.5	15.5	100%	98.98%

CQT 指标

选点	方案	偏移值	平均 SSB-RSRP	平均 SSB-SINR	上行速率	下行速率	上行 MCSAvg	下行 MCSAvg
近点	现网值	0	-62.89	19.03	83.21	816.47	17.5	12.5
近点	方案 1	3	-62.67	19.23	83.08	818.69	22.5	12.5
中点	现网值	0	-85.21	16.17	74.33	506.3	15.5	12
中点	方案 1	3	-84.84	19.29	76.37	536.15	16	13
远点	现网值	0	-96.62	8.06	49.16	305.71	16.5	12
远点	方案 1	3	-94.84	9.13	50.63	327.67	12	10.5

网管指标

方案	偏移值	用户数	总流量	MR 覆盖率	接通率	所在簇区的 5G 分流比	下行用户感知速率	极限距离 /m（选取 3 个小区极限拉网测试）	接通率
现网值	0	251	48.59	95.35%	99.70%	25.59%	293.39	2290/1576/1638	100% 100% 100%
方案 1	3	257	53.92	96.46%	99.73%	28.61%	322.62	2404/1645/1756	100% 100% 100%

开启 PBCH 和 SS（SSB）功率控制后，测试 SSB-RSRP 和 SINR 略有提升，MR 覆盖率有一定提升，上下行速率、用户数、流量、所在扇区 5G 分流比均有一定程度增长。

（2）PDCCH 功率控制

选取连片站点进行参数验证，结合现场情况进行 CQT、DT 等测试、小区极限距离测试（见表 5-6）。

PDCCH 功率控制调整后，下行用户感知速率提升明显，上下行 CCE 失败次数明显下降，PDCCH CCE 占用成功率略有提升。CQT 近点的上下行速率提升明显，中点和远点的上下行速率存在劣化，RSRP 和 SINR 无明显变化。

（3）PDSCH 功率控制

选取连片站点进行参数验证，结合现场情况进行 CQT、DT 等测试、小区极限距离测试（见表 5-7）。

PDSCH 功率控制调整后，近点 CQT 上下行速率略有升降，远点上下行速率有所提升。极限距离、MR 覆盖率、下行用户感知速率略有所提升，下行 256QAM 占比下降。

（4）CSI-RS/TRS 功率控制

1）CSI-RS 功率控制效果：选取感知速率差、覆盖差的站点进行参数验证，结合现场情况进行 CQT、DT，整体统计观察调整前后各类指标变化情况（见表 5-8）。

调整后，下行用户感知速率明显提升，下行 64QAM 和 256QAM 编码占比略有提升，近点下行速率提升不明显，中点和远点的上下行速率有一定程度提升，其他指标正常波动。

2）TRS 功率控制：选取感知速率差、覆盖差的站点进行参数验证，结合现场情况进行 CQT、DT（见表 5-9）。

TRS 功率控制主要针对 CSI-RS 进行相位校准，调整后下行速率、双流、3 流占比等指标有小幅度提升。DT 上下行速率小幅提升，CQT 近点和中点的 SINR 和下行速率提升明显，其他指标正常波动。

（5）经验总结

通过对不同类型的参数设置进行综合对比，并从场景维度进行分析，参数设置建议见表 5-10。

5.1.4　干扰优化排查提升用户上网感知

5.1.4.1　常见干扰特征

在我们日常处理干扰问题的过程中，常见的干扰主要包括阻塞干扰、杂散干扰、互调干扰等。

1. 阻塞干扰

阻塞干扰：由于接收滤波器并不能完全抑制掉带外信号，所以会接收到一定强度的带外信号，如果带外信号足够强，则接收滤波器将会接收到足够强的带外信号，从而引起干扰。

阻塞干扰与接收机特性有关，需要在被干扰系统上装滤波器抑制阻塞干扰。

典型特征：带外功率干扰，底噪全频域提升（见图 5-7）。

常见阻塞干扰有屏蔽器干扰（或称为电子干扰器）。在移动通信领域，常见的屏蔽器干扰为阻塞式或扫频式干扰，如学校考试屏蔽器、政府重要会议屏蔽器、监狱屏蔽器、加油站屏蔽器等。

表 5-6　PDCCH 功率控制方案指标对比

DT 指标

方案	功率偏移	平均 SSB-RSRP	平均 SSB-SINR	上行速率	下行速率	上行 MCSAvg	下行 MCSAvg	接通率	选取 3 个小区极限拉网测试 极限距离 /m	选取 3 个小区极限拉网测试 接通率
现网值	0	−76.83	16.45	66.58	299.74	18.4	13.3	100%	2290/1576/1638	100%
方案 2	3	−76.31	16.76	66.77	301.12	20	14.5	100%	2287/1564/1642	100%

CQT 测试指标

选点	方案	偏移值	平均 SSB-RSRP	平均 SSB-SINR	上行速率	下行速率	上行 MCSAvg	下行 MCSAvg	接通率
近点	现网值	0	−76.89	19.03	103.21	605.47	15.5	12.5	100%
近点	方案 2	3	−76.38	20.88	109.32	643.72	17.5	12.8	100%
中点	现网值	0	−88.21	16.17	74.33	446.3	15.5	12	100%
中点	方案 2	3	−86.53	16.95	74.07	443.87	18	12	100%
远点	现网值	0	−98.62	8.06	49.16	205.71	16.5	12	100%
远点	方案 2	3	−99.36	6.16	40.91	193.81	11.5	11.5	100%

网管指标

方案	偏移值	总流量	用户数	上行 CCE 失败次数 / 万	下行 CCE 失败次数 / 万	上行 PDCCH CCE 占用成功率	下行 PDCCH CCE 占用成功率	上行平均 CCE 聚合等级	下行平均 CCE 聚合等级	接通率	下行用户感知速率
现网值	0	46.78	251	2.8	11	3.55%	3.88%	3.11	6.67	99.73%	292.39
方案 2	3	47.34	248	0.9	5	3.62%	3.97%	2.88	5.68	99.75%	339.62

表 5-7　PDSCH 功率控制方案指标对比

DT 指标（选取 3 个小区极限拉网测试）

方案	开关	偏移值	平均 SSB-RSRP	平均 SSB-SINR	上行速率	下行速率	上行 MCSAvg	下行 MCSAvg	下行 64QAM 编码占比	下行 256QAM 编码占比	覆盖率	接通率	极限距离 /m
现网值	FALSE	0	−74.93	16.73	69.65	301.97	17.6	14.5	31.84%	62.32%	97.36%	100%	2290/1576/1638
方案 3	TRUE	3	−72.85	18.64	71.24	307.84	18	14.6	43.36%	61.24%	97.52%	100%	2430/1664/1682

CQT 指标

选点	方案	开关	偏移值	平均 SSB-RSRP	平均 SSB-SINR	上行速率	下行速率	上行 MCSAvg	下行 MCSAvg	下行 64QAM 编码占比	下行 256QAM 编码占比	接通率
近点	现网值	FALSE	0	−76.89	19.03	83.21	605.47	17.5	12.5	16.5%	74.9%	100%
近点	方案 3	TRUE	3	−76.99	19.01	83.5	599.34	15	11.5	31.76%	49.63%	100%
中点	现网值	FALSE	0	−88.21	16.17	74.33	436.3	15.5	12	28.72%	60.46%	100%
中点	方案 3	TRUE	3	−86.19	15.8	55.23	439.35	17	11.5	21.89%	65.41%	100%
远点	现网值	FALSE	0	−98.62	8.06	41.16	278.71	16.5	12	43.44%	48.63%	100%
远点	方案 3	TRUE	3	−97.7	6.61	45.66	305.31	13	9.5	45.08%	35.42%	100%

表 5-8　CSI-RS 功率控制方案指标对比

DT 指标

方案	偏移值	平均 SSB-RSRP	平均 SSB-SINR	上行速率	下行速率	上行 MCSAvg	下行 MCSAvg	下行 64QAM 编码占比	下行 256QAM 编码占比	覆盖率	接通率	选取 3 个小区极限拉网测试 极限距离 /m	接通率
现网值	0	−72.76	17.27	50.7	441.5	21.09	18.59	45.43%	49.35%	96.83%	100%	1673/1775/3803	100%
方案 2	3	−74.51	14.54	51.44	443.45	19.31	18.07	50.39%	44.96%	97.02%	100%	1739/1761/3810	100%

CQT 指标

选点	方案	偏移值	平均 SSB-RSRP	平均 SSB-SINR	上行速率	下行速率	上行 MCSAvg	下行 MCSAvg	下行 64QAM 编码占比	下行 256QAM 编码占比	接通率
近点	现网值	0	−77.78	11.92	77.55	447	21.54	9.16	2.73%	34.24%	100%
近点	方案 2	3	−79.47	10.57	71.53	448.14	18.56	10.12	9.15%	32.68%	100%
中点	现网值	0	−87.56	9.1	30.32	304.28	12.5	6.75	41.32%	0%	100%
中点	方案 2	3	−86.06	9.22	33.92	318.38	13.3	6.27	38.36%	1.31%	100%
远点	现网值	0	−104.68	7.61	2.93	221.19	4.1	4	20.39%	0%	100%
远点	方案 2	3	−102.58	7.85	3.89	261.32	2.66	8.43	40.92%	0%	100%

网管指标

方案	偏移值	总流量	用户数	平均 TA	接通率	掉线率	下行用户感知速率	下行 64QAM 编码占比	下行 256QAM 编码占比
现网值	0	183.9	410	3.34	99.43%	0.57%	117.3	19.84%	3.19%
方案 2	3	185.49	416	3.3	99.46%	0.52%	149.99	20.07%	3.52%

表 5-9 TRS 功率控制方案指标对比

DT 指标

方案	偏移值	平均SSB-RSRP	平均SSB-SINR	上行速率	下行速率	上行MCSAvg	下行MCSAvg	覆盖率(大于-105dBm比例)	接通率	EPS FB回落成功率	EPS FB回落时延
现值	0	-84.2	7.2	61.2	532.9	10.1	18.5	95.60%	100%	100%	3836
方案1	4	-83.7	7.4	62	533.8	9.8	18.7	95%	100%	100%	3797

CQT 指标

选点	方案	偏移值	平均SSB-RSRP	平均SSB-SINR	上行速率	下行速率	上行MCSAvg	下行MCSAvg	接通率	EPS FB回落成功率	EPS FB回落时延
近点	现网值	0	-70.3	6.9	99.7	514.3	15.7	15.5	100%	100%	3355
近点	方案1	4	-69.8	10.7	103	542.3	17.9	15.4	100%	100%	3692
中点	现网值	0	-85.2	4.4	51.2	417.1	8.3	12.5	100%	100%	3688
中点	方案1	4	-85	7.3	46.7	448.6	7.3	15.3	100%	100%	3441
远点	现网值	0	-94.4	4	31.2	384.1	4.3	16.4	100%	100%	3511
远点	方案1	4	-93.4	4.4	32.9	374.3	4.9	16.6	100%	100%	3416

网管指标

方案	偏移值	下行单流占比	下行双流占比	下行3流占比	下行4流占比	256QAM_Rank1(万)	256QAM_Rank2(万)	256QAM_Rank3(万)	256QAM_Rank4(万)	无线接通率	掉线率	切换成功率	EPS FB回落成功率
现值	0	8.11%	63.06%	17.18%	11.65%	179.4	2168	431.11	274.43	99.05%	0.42%	99.28%	98.83%
方案1	4	7.21%	63.27%	19.33%	10.2%	184.95	2256.5	632.27	379.63	98.98%	0.4%	99.29%	99.44%

表 5-10　功率控制方案经验总结

类型	参数	取值建议
PBCH 和 SS（SSB）功率控制	sssOffsetRE	农村、县城覆盖远、市区深度覆盖不足、覆盖率<95%：3、4 或 6 其余设置：0
	MaxSsbPwrOffset	
	ssbPowerBoost	
PDCCH 功率控制	pdcchCommonPwrOffset	高校、商圈、高层居民区等场景 NR 站点密集但用户数不高：3 其余设置：0
	MaxCommonDciPwrOffset	
PDSCH 功率控制	pdschMaxPwrOfst	农村、县城、低层居民区等场景 NR 站间距较大、覆盖远：3 其余设置：0
	pdschAdpBoostingOn	
CSI-RS/TRS 功率控制	CsirsMaxPwrOffset	郊区、低层居民区、道路等场景站间距 >500m 的站点：3 其余设置：0
	trsPowerBoosting	低速率小区：4 其余设置：0

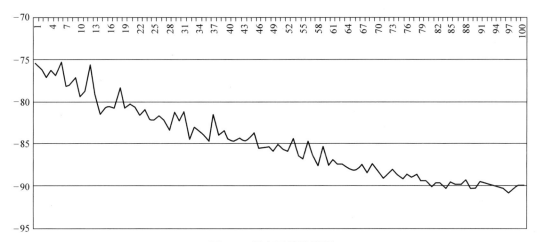

图 5-7　阻塞干扰波形图

2. 杂散干扰

杂散干扰：由于发射滤波器的原因，发射机带外的泄漏、谐波发射、寄生发射、互调产物以及变频产物落入到其他系统带内，引起其他系统底噪抬升，从而引起灵敏度恶化的一种干扰。

解决方案：需要在干扰系统上安装滤波器来抑制杂散干扰。

典型特征：杂散干扰的频域图具有典型的斜坡特征（见图 5-8），若施扰源是高频信号，那么频域图呈现左低右高的趋势，若施扰源是低频信号，那么频域图呈现左高右低的趋势。

常见杂散干扰如直放站干扰，直放站（中继器）属于同频放大设备，是指在无线通信传输过程中起到使信号增强作用的一种无线电发射中转设备。直放站的基本功能就是使射频信号功率增强。直放站在下行链路中，由施主天线在现有的覆盖区域中拾取信号，通过带通滤波器对带通外信号进行隔离，将滤波后的信号经功放放大后再次发射到待覆盖区域。在上行链路中，覆盖区域内的手机的信号以同样的工作方式由上行放大链路处理后发射到相应基站，从而达到基站与手机的信号传递。

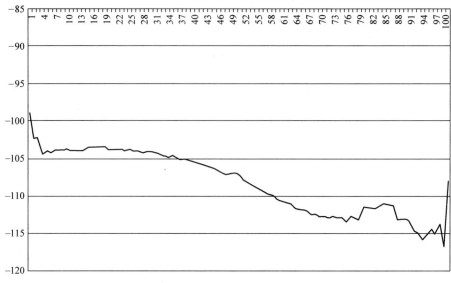

图 5-8　杂散干扰波形图

3. 互调干扰

互调干扰也是接收机的特性之一，指接收机接收到两个或以上具有特定频率的强信号时产生组合频率产物而引起的干扰。

互调干扰是由于天馈系统相关器件的非线性导致发射信号的互调产物落到其他系统的接收频段而造成的不利影响，使受干扰系统接收信噪比下降，主要表现为信噪比下降和服务质量恶化。互调产物中以二阶互调产物和三阶互调产物幅度较大，如图 5-9 所示。频率为 f_1 和 f_2 的信号产生的三阶互调频率等于（$2f_1-f_2$）或（$2f_2-f_1$），二阶互调干扰频率为 f_1+f_2，当 f_1 等于 f_2 时即为二次谐波干扰。

干扰原理及特征：外系统多载波灌入接收机，衍生出较大功率杂波。

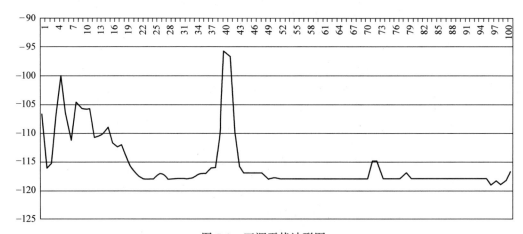

图 5-9　互调干扰波形图

终端内互调干扰主要来源于射频前端器件的非线性。非线性器件可划分为无源和有源两大类。其中非线性无源器件包括滤波器、双工器等；非线性有源器件包括开关、PA（功率放大器）、调谐电路等。无源器件产生的谐波及互调干扰一般要弱于有源器件产生的。在有源器件中 PA 是主要的非线性来源。

5.1.4.2　系统外干扰排查

1. 定位外部干扰仪器

5G 网络的外部干扰通过后台指标分析、用户投诉等途径反馈至优化工程师侧，优化工程师还需结合干扰仪将具体的干扰位置、干扰类型定位出来。常见的干扰仪有纳萨斯 DONA、德力 E8900A、罗德与施瓦茨 PR200 等。

扫频定位测试关注点主要包括 RBW（分辨率带宽）的合理设置，如果需要定点扫频，外出时需携带相关设备等（见图 5-10），如果需要进行 DT，需提前规划路线等。

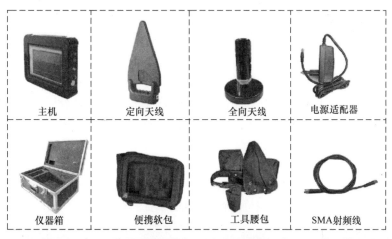

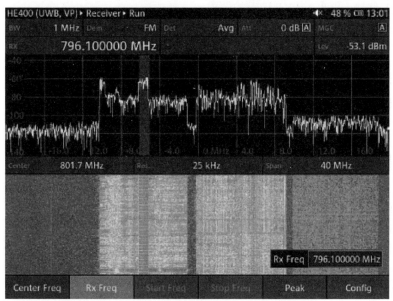

图 5-10　常用设备及外部干扰定位仪器指标

2. 常见外部干扰及排查解决

（1）视频监控网桥

视频监控网桥为 2.6G 频段干扰中最常见的一种外部干扰，因为无线监控用途非常广泛，常见于电梯井、建筑工地、停车场等。通常处理方案是通过修改网桥的频段到 2.5G 以下来规避干扰或者更换 5.8G 高频无线监控网桥来彻底解决。

（2）路由器干扰

按国家和行业规定路由器工作频段为 2.4G～2.5G，但是实际排查发现某些品牌的路由器由于射频邻道泄漏或者杂散指标较差导致对 2.6G 的 5G 频段产生干扰。现阶段对于此类干扰可通过更换新款路由器或者将频点修改为高频来规避。

（3）干扰器

从 4G 时代开始，无线干扰器就已经成为学校、政府机构、抵押车行、边境检查站的标配设备。5G 时代亦是如此，其主要特点为范围广、强度大，全频段抬升。现阶段对于此类干扰只能通过协商，使用户减少影响或者更换下行干扰器。

（4）广电干扰

广电在部分城市仍然在使用 2.6G 频段进行数字信号传输。其主要特点为范围广、强度大，带宽基本都是 8M 或者 8M 的倍数。需要注意的是，由于广电电视塔出于广覆盖的要求，因此问题点距离事发区域可能较远，如有未能在本市发现施扰源，需要结合周边地市的干扰情况进行联合排查。现阶段对于此类干扰可通过无线电管理部门或者客户协调广电部门进行退频。

（5）单音干扰

单音干扰常见于某外部监控 / 摄像设备产生的谐波 / 互调 / 零频产物。当遇到这类问题时应结合站点属性以及周边的干扰情况来进行综合分析。初步来看基本都是设备杂散指标不过关导致的，对于此类干扰主要还是通过更换施扰源来规避干扰。

（6）ATM/ 智能灯杆

ATM/ 智能灯杆：2.6G 频段干扰中新发现的一种应用较为广泛的外部干扰源，由于其安装位置不高，因此干扰范围相对有限，常见于银行、路灯旁等。通常处理方案是客户协调关闭干扰源。

5.1.4.3　系统内干扰排查

1. 重叠覆盖干扰抑制

5G 系统内最为常见的干扰主要由重叠覆盖引起的，分为站内干扰、宏站间干扰、微站间干扰。

（1）站内干扰

OFDMA 接入使本站内的用户信息承载在相互正交的同频载波上，导致站内不同扇区（AAU）间存在干扰。主要通过站内协同实现扇区间的干扰抑制，实现方法简单。

（2）宏站间干扰

密集组网，相邻站点间重叠度过高引起的强干扰，主要来自于宏站重叠覆盖邻区。通过站间协同实现干扰抑制，对站间传输要求高，实现难度较大，因此主要还是通过天线物理以及电子下倾角调整。

（3）微站间干扰

异构网络中在大量引入微站进行覆盖和容量补充时引入的宏站与微站之间的干扰。宏站与微站需协同实现干扰抑制，对站间传输要求高，宏站与微站的功率等关键参数差异大，实现难度大。参考 LTE 的情况来看，主要还是微站受扰，建议微站做补忙区域，宏站天线进行物理调整以及增大电子下倾角。

2. D 频段对 NR 干扰

现阶段 2.6GHz 频段的 5G 建设优先采用 100MHz 组网建设方案，在这种场景下 D1/D2 频段的 TD-LTE 网络与 5G 小区有 40MHz 频率重叠，未清频区域的 LTE 小区在高负荷情况下终端会对同覆盖区域的 5G 小区产生上行同频干扰，并严重影响 5G 网络性能。LTE 同频干扰强度和同覆盖区域的大小、无线环境、LTE 邻区业务量等因素有较大关系。

LTE 同频干扰的主要特征是频域上 D1/D2 频段对应的 163 ~ 273 PRB 底噪明显抬升，波形特征呈现出与调度算法高度相关的特点；时域上则是 24h 内干扰强度随业务量明显起伏且变化趋势基本一致，呈现出明显的时域波动性。针对此类干扰，需对 LTE 的 D 频段进行清退工作。

3. 大气波导抑制

TDD 系统中，干扰形成的主要原因为大气波导的环境中超远距离同频信号所造成的 TDD 的交叉时隙干扰（见图 5-11）。首先是大气波导环境中，传播损耗比较小，其次是 TDD 下行信号的传输时延超出了配置的保护间隔（GP）。

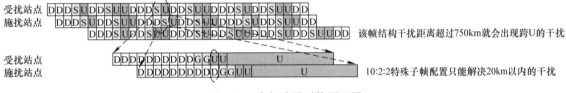

图 5-11　大气波导干扰原理图

5G 网络中，2.6G 频段、5ms 单周期帧结构场景下 5G-5G 间的大气波导干扰特征如下：

1）从大气波导的形成来看，主要发生在郊区、农村、沿海等。相比当前 5G 网络还较稀疏，而且网络负荷很低。

2）NR 在负荷较低时，公共信道开销很小，即使形成大气波导干扰管道，也不足以形成强干扰。

3）NR 定位干扰源，已经有确定的 3GPP 标注化 RIM 方案支撑。标准化已经完成，为 NR 对该干扰场景的解决方案提供了有力支撑。

4）NR 相关空口技术配置灵活，同时灵活的帧结构导致定位功能设计复杂，尤其小周期的帧结构。不过对于 2.6G 频段当前的 5ms 单周期帧结构，和 LTE 时隙是对齐的，因此方案的设计相对可以简化。

5）一旦定位了干扰源后，相比 LTE 阶段，NR 的干扰源侧的干扰规避手段较为灵活。

针对大气波导的抑制，可采用 5G 大气波导 RIM-RS 的设计来解决。

第一步：

1）受扰基站接收到干扰，例如干扰值快速增加从而启动 RS 传输 / 监控。

2）受扰基站发送 RS-1 的 RS 用于帮助施扰基站识别它们正在对受扰基站造成远程干扰，并检测 / 推断受扰基站有多少 UL 资源受到施扰基站的影响。

3）受扰基站标记大气波导标记，启动受扰侧的干扰缓解功能。

4）受扰基站开始监控 RS-2。

第二步：在接收到 RS-1 后，施扰基站启动远程干扰规避功能，例如降功率、符号回退，并发送 RS-2 来通知受扰基站大气波导现象仍然存在。

第三步：如果检测到 RS-2，受扰基站将继续 RS-1 的传输。如果没有检测到 RS-2 并且干扰恢复到一定水平，则施扰基站会停止 RS-1 的传输。

第四步：施扰基站在接收 RS-1 时继续启动远程干扰规避功能。当 RS-1 "消失"时，施扰基站在 RS-1 "消失"时恢复原始配置。

5.1.4.4　功能类干扰抑制

1. 频选调度

上行频选调度：基站根据上行 NI 或上行检测到的 UE SRS 的 SINR 进行频选调度。特别是针对小包业务的 UE 在分配 RB 时，选择干扰情况较小的频域位置分配 RB，避免将 RB 分配在受到外界干扰较大的频域位置。目的是通过上行频选调度，提升小包业务的 UE 调度的 MCS，从而提升频谱效率。通过上行开启频选调度后，对于小包业务的 UE，会尽量为其分配干扰小的频域位置，从而避免干扰，提升上行频谱效率。

下行频选调度：NR UE 测量 D1/D2 频段带宽内的干扰并反馈给基站，基站根据 UE 反馈的干扰测量情况，自适应调整可用于该 NR UE 下行调度的带宽。对于 NR 站内不同区域位置的 UE，根据干扰情况其可用带宽将不同。

频选调度原理图如图 5-12 所示。

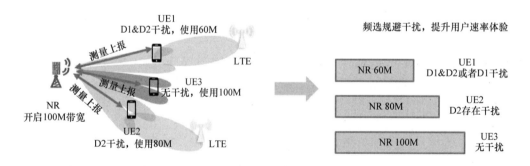

图 5-12　频选调度原理图

2. PRB 干扰随机化

根据不同的小区划分不同 RB 分配起始位置，每个小区根据当前的小区类型，选择一种固定的 RB 分配起始顺序。当小区 RB 占用率不高的时候，不同小区间频域资源错开，降低干扰，提升了吞吐量（见图 5-13）。

RB 随机化建议适用于以下场景：

1）只有部分频段有强干扰（高干扰频段最好小于一半 RB）。

2）小区业务量不是很高（业务量较高的话，无论如何都会分配到高干扰频段 PRB），负荷超过 40% 以后，增益不明显。

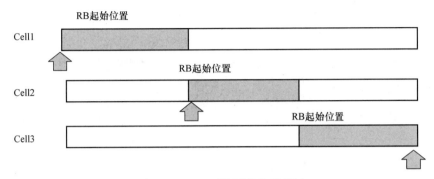

图 5-13　PRB 干扰随机化示意图

3）异厂家宏微组网。

3. 宏微波束对齐

在微站单波束场景下，宏站多波束的发送时域位置会碰撞干扰微站的业务信道，在宏微强干扰场景下，会对边缘 UE 整个业务信道测量和信道自适应造成影响，影响用户上网感知。如果微站采用多波束，会使得 SSB 撞微站 SSB，那么微站业务信道干扰变化稳定，从而提升边缘用户上网感知（见图 5-14）。

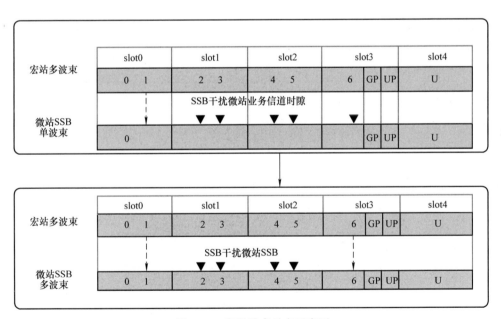

图 5-14　宏微波束对齐示意图

4. 小区间 SSB 波束干扰协同

在 5G 网络 RF 优化时天线方位角会根据覆盖场景进行调整，在机械方位调整时往往会出现 SSB index 时刻发生碰撞的情况，导致干扰上升，网络质量一定程度上恶化。在 RF 方位调整时同步调整 SSB index 时刻，可以尽量避免 SSB 波束同 index 碰撞的情况（见图 5-15）。

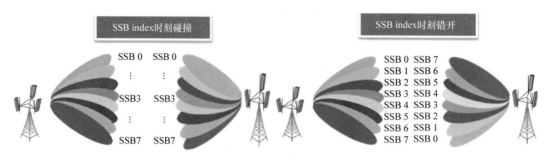

图 5-15　小区间 SSB 波束干扰协同原理图

5. SRS 干扰规避

将相邻小区分为三种类型：A 类、B 类、C 类，不同颜色表示不同类型的小区，如图 5-16 所示。其中，A 类小区当某种 SRS 可用周期下的某种发送带宽下的 SRS 符号数大于等于 3 时，才使用 SRS 时域三段式分配。确定每种可用的 SRS 周期内一次性发送窄带 SRS 和一次性发送全带宽 SRS 符号数，将所有符号分成了三个部分。不同小区按照不同的优先级顺序分配这些符号。

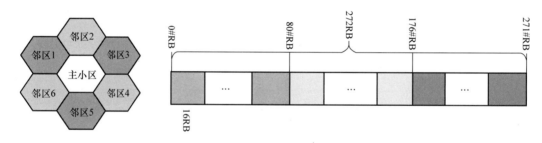

图 5-16　SRS 干扰规避示意图

在时域基础上进行频域三段式，给 A、B、C 三类小区相同 SRS 符号上配置不同的 SRS 频域起始发送位置（见图 5-17）。

符号编号	0	1	2	3	4	5
划分三个部分	N0	N1	N2	N0	N1	N2

图 5-17　符号编号划分

A 类小区分配顺序：N0->N1->N2，即符号 0->3->1->4->2->5。
B 类小区分配顺序：N1->N2->N0，即符号 1->4->2->5->0->3。
C 类小区分配顺序：N2->N0->N1，即符号 2->5->0->3->1->4。

5.1.4.5　干扰优化案例

1. 案例（1）：视频监控

某小区现场扫频为无线网桥导致的，修改网桥频率后，干扰恢复正常（见图 5-18）。

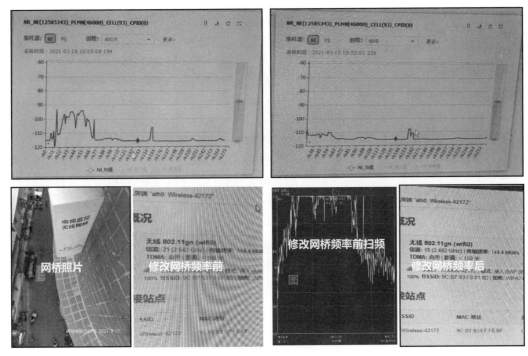

图 5-18　视频监控干扰排查图

2. 案例（2）: 5G 反向开通 MM 后 D 频段干扰问题分析

现象概述: 现场采用某设备厂家 AAU 反向升级开通 MM 后, 对现网 D 频段造成干扰, 干扰大约为 10dB。反向开通前, 5G 小区未对 4G 小区产生干扰。反向开通后, 闭塞 MM 小区, 干扰仍然存在, 闭塞 5G 小区后, 干扰消失。从受干扰小区的频谱扫描来看, 上行常规子帧的时隙 0 没有干扰, 而时隙 1 有干扰, 怀疑存在 5G 对 4G 的交叉时隙干扰。频谱扫描如图 5-19 所示。

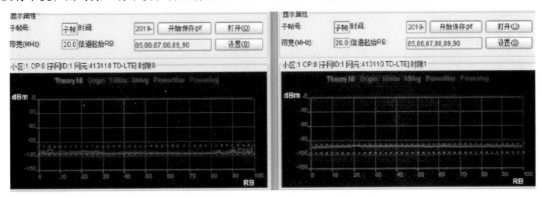

图 5-19　反向开通后干扰频谱图

原因分析: 由于某地市现网 D 频段的帧头已提前 700μs, 现网 D 频段站点的 D 频段调整方式为 "手动", TDD 帧频调整偏移是 "-2688"。2.6G 频段的 5G 站点为 5ms 帧结构, 为了不与 4G 产生交叉时隙干扰, NR 的帧头要比 4G 延迟 3ms。因此, 现网配置 5G 帧头偏移延迟 2.3ms, 即对应 5G 网管帧频调整量为 8832。

4G 现网调整帧频偏移的两个地方为 TDD 帧频调整偏移和 D 频段调整。

1）TDD 帧频调整偏移：此处是基带板时钟整体偏移，会造成 RRU 上的时钟也被偏移，从而导致无线帧头偏移。

2）D 频段调整：此处基带板不调整时钟，仅仅调整无线帧头，对应 RRU 上的时钟不产生变化。现网 D 频段的配置是：TDD 帧频调整偏移是 "−2688"，D 频段调整方式为 "手动"，也就是 AAU 的时钟偏移了 −2688，此时由于我们在 5G 侧对 5G 帧头也做了调整，所以帧头调整和时钟调整叠加造成了 5G 侧帧头调整错误，从而 5G 对 4G 产生了交叉时隙干扰。

解决方案：因此该站点 4G 和 5G 共 AAU 场景下 4G 侧 D 频段帧头调整方式是错误的，应将 D 频段帧头调整方式修改为自动（D 频段调整方式为自动，TDD 帧频调整偏移为 0），从而 LTE 基站会把帧头调整量直接发给 AAU，而不调整 AAU 的时钟，顺利解决了该问题。

5.1.5　负荷扩容提升用户上网感知

随着大量 5G 终端的商用及入网，网络中部分区域已出现大业务、高负荷等问题，需要深入研究 5G 容量与感知的关系，基于感知制定合理 5G 扩容门限。5G 当前主要为高清视频业务需求，以下将重点探索基于体验保障的扩容门限。

5.1.5.1　5G 容量标准研究

1. 标准探讨

5G 感知体验标准，考虑了自由视角、蓝光 4K 等前瞻视频业务需求，以下行 20Mbit/s 的速率为体验目标。但现网绝大部分视频业务都以 1080P 点播及以下分辨率为主，下行 10Mbit/s 的速率已可满足绝大多数业务需求（见表 5-11 和图 5-20）。

表 5-11　不同分辨率视频业务对速率的要求

分类	分辨率	速率要求
监视器 / 智能终端	360P	~ 300kbit/s
	480P	~ 800kbit/s
	720P	~ 1.5Mbit/s
	1080P	~ 5Mbit/s（点播）
		~ 20Mbit/s（蓝光 4M 直播）
		~ 20Mbit/s（自由视角）
高清电视 /Cloud XR（扩展现实）/ 全息	2K	~ 10Mbit/s（点播）
	4K	~ 25Mbit/s（点播）
		~ 40Mbit/s（直播）
	8K	~ 100Mbit/s（2D）
	12K	~ 500Mbit/s

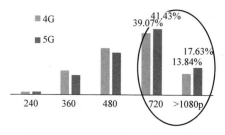

图 5-20　4G、5G 视频分辨率统计

基于速率满足度及平均体验速率感知关系曲线，10Mbit/s 满足度达到约 90% 时达到拐点，再提升代价较大，因此以 10Mbit/s 满足度 90% 为体验目标（见图 5-21）。

$$速率满足度 = \frac{速率 > 100M 的样本数量}{总样本数量}$$　　（样本粒度：每用户每秒）

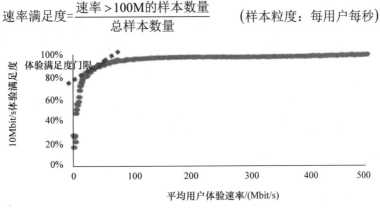

图 5-21　速率满足度与平均体验速率感知拐点

2. 5G 容量拐点分析

基于某地现网出现的部分高负荷小区分析，10Mbit/s 满足度 90% 对应的激活用户数门限在 65 左右，下行流量门限在 65GB 左右，与多地相对较为认可的 70 个激活用户数及 70GB 下行流量门限较为吻合（见图 5-22 和图 5-23）。

其中，根据全网大数据统计，RRC 激活用户数在 60 ~ 70 时，对应 RRC 用户数约为 200，可作为容量拐点评估的补充判断条件。

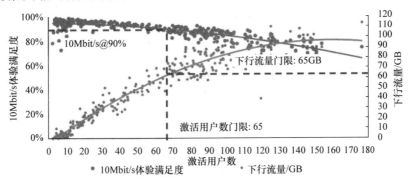

图 5-22　10Mbit/s 体验满足度与下行容量拐点

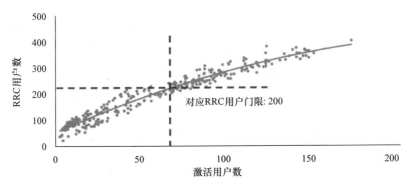

图 5-23　激活用户数 65 时对应的 RRC 用户门限

3. 不同通道差异化标准

5G 的通道较多，其中主要为 64T、32T、8T 等。不同的通道，其容量性能存在差异。基于前期部分区域的测试经验，密集城区 32T 设备吞吐率相当于 64T 设备的 76% 左右；同时基于前期 3D-MIMO 的经验，64T 设备相当于 2.5 ~ 3 个 8T 设备的容量（折算一下，8T 是 64T 的 36.5%）。如图 5-24 所示。

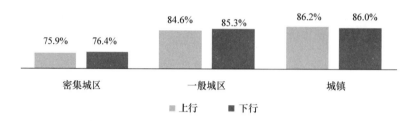

图 5-24　不同场景下 32T 设备相对 64T 设备吞吐率对比

各通道下差异化 5G 容量标准：基于 64T64R 折算扩容建议标准见表 5-12。

表 5-12　各通道下的扩容建议标准

TDD 2.6G，100M 带宽 （配比为 8∶2）	4T4R （4T 是 8T 的 76.9%）	8T8R （8T 是 64T 的 36.5%）	32T32R MM （32T 是 64T 的 76.9%）	64T64R
小区下行流量 /GB	20	25	54	70
小区激活用户数	20	25	54	70
小区 RRC 用户数	57	74	156	200

5.1.5.2　160M 组网演进

1. 160M 部署可行性分析

为应对 5G 高负荷状况，最直接有效的方案就是扩容，可以扩容至 100M+60M，或者 80M+80M，无论哪种方式，160M 的部署是否可行，干扰状况如何，都将是当前 5G 容量工作的重点。当口碑场景部署 160M 时，最重要的是需评估 4G、5G 共存时相互干扰的问题；因 5G 窄波束轮询发送且仅在有用户调度时才发送 CSI-RS 的机制，因此 4G、5G 同频共存时，5G 对 4G 的同频干扰影响较小，而 4G 对 5G 的同频干扰影响较大。

通过对 4G、5G 波束进行分析，LTE 持续在宽波束进行发送，而 5G 8 个窄波束轮询发送，将干扰随机化。

通过对 4G、5G 参考信号差异进行分析，LTE CRS 持续发送，而 NR 无 CRS，而是采用 CSI-RS，只在有用户调度时才发送，因此大大减少了同频干扰（见图 5-25）。

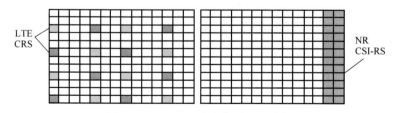

图 5-25　4G、5G 参考信号差异分析

我们对 4G、5G 干扰仿真进行了评估（见表 5-13），假如设置 800m 的隔离带，仿真结果如下：

1）LTE 30% 加载：若无隔离带，室外平均速率恶化 <18%，边缘速率恶化 <25%。设置隔离带后，平均速率恶化 <10%，边缘速率恶化 <11%。

2）LTE 50% 加载：若无隔离带，室外平均速率恶化 <29%，边缘速率恶化 <19%。设置隔离带后，平均速率恶化 <13%，边缘速率恶化 <12%。

表 5-13　4G、5G 干扰仿真评估结果

负荷	类别	5% RSRP	5% SINR	边缘下行速率	恶化	50% RSRP	50% SINR	平均下行速率	恶化
NR 0% LTE 0%	基线	−109.24	12.95	393.2	/	−92.3	28.48	952	/
NR 0% LTE 30%	无隔离带	−109.24	3.79	295.71	24.79%	−92.3	17.68	841.93	17.83%
	有隔离带	−109.62	9.85	356.51	9.33%	−91.8	25.15	782.29	10.64%
NR 0% LTE 50%	无隔离带	−109.28	2.19	283	28.03%	−92.65	16.63	772.45	18.86%
	有隔离带	−109.62	8.86	344.24	12.45%	−91.8	24.11	841.93	11.56%

对某地现场测试情况进行分析，测试在周边站点 D3/D7 干扰对 5G 60M 感知的影响。在 5G 主服小区与同频 4G 最强干扰小区电平差值在 10dB 时，宏站相比无干扰场景速率损失约为 20%，室分速率损失约为 13%（见图 5-26）；口碑场景应用 160M 区域，需尽量控制 D3/D7 干扰电平比 5G 小 10dB 以上。

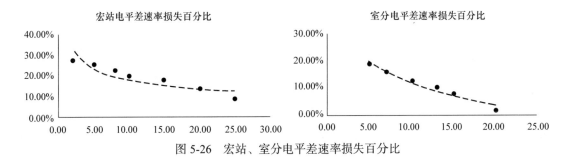

图 5-26　宏站、室分电平差速率损失百分比

通过上述分析及测试验证，总结口碑场景部署 160M 组网的建议如下：

1）共站如有 D3/D7/D8，必须退频。

2）如要达到 160M 的峰值速率，必须保证周边至少 800m 以内 D3/D7/D8 退频。

3）一般应用场景下，如能接受 10% ~ 20% 的速率损失，则建议至少保证 5G 电平强于 D3/D7/D8 等 10dB 以上。

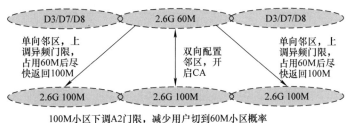

图 5-27　160M 组网策略示意图

口碑场景部署 160M 组网的策略建议：初期 D3/D7 未清频、100M 负荷也不高，建议非 CA 用户优先占用 100M 小区，60M 重点用作 CA 需求（见图 5-27）。

2. 后续连片 160M 组网演进初步分析

面向后续连片 160M 组网演进，重点开展带宽、频点、载波间功率协同、信道间功率协同、互操作策略协同五方面分析。

1）带宽方面，优选 100M+60M 而非 80M+80M。通过各维度综合对比，160M 组网可选择 100M+60M 或 80M+80M 两种带宽组合方案，经多重评估，100M+60M 带宽策略更优（见表 5-14）。

表 5-14　不同带宽组网下的影响对比

	100M+60M	80M+80M
现网影响	不影响存量 100M 带宽小区	存量 100M 小区需调整功率、带宽等
网络性能	不影响存量 100M 带宽小区	带宽从 100M 缩小到 80M，现网用户存在峰值体验下降风险
竞对影响	不影响存量 100M 带宽小区	峰值速率劣于竞对
演进影响	100M+60M 后续通过智简载波功能，体验上可接近 100M+100M	—

2）频点方面，考虑 CA，可做到一步到位。160M CA 场景 SSB 频点要求：协议规定，在 160M 带内连续 CA 场景下，100M 小区与 60M 小区间 SSB 频点间隔要小于等于 79.8MHz。

规范频点建议：为减少不必要异频组网、减轻维护压力，建议考虑 CA 需求，统一规范 5G SSB 频点号（见表 5-15）。

表 5-15　160M 规范 SSB 频点号建议

频段	频率 /MHz	带宽	中心频率 /MHz	中心频点号	SSB 频率 /MHz	GSCN	SSB 绝对频点号
2.6G	2515～2615	100M	2565	513000	2524.95	6312	504990
2.6G	2515～2595	80M	2555.01	511002	2524.95	6312	504990
2.6G	2515～2575	60M	2545.02	509004	2524.95	6312	504990
2.6G	2515～2555	40M	2535	507000	2524.95	6312	504990
2.6G	2615～2675	60M	2644.8	528960	2624.55	6561	524910
2.6G	2615～2655	40M	2634.72	526944	2619.75	6549	523950
2.6G	2615～2635	20M	2624.94	524988	2619.75	6549	523950
4.9G	4800～4900	100M	4850.01	723334	4850.4	8784	723360

3）载波间功率协同方面，采用同心圆原则，功率谱密度对齐。

根据 LTE 经验，F 频段的 F1 20M 和 F2 10M 两小区采用同覆盖策略，用户体验平稳（见图 5-28）。

● 驻留对比：大小圆覆盖，用户会优先驻留 100M 小区，再通过负荷均衡到 60M 小区，相比同覆盖多了一次切换，影响体验。

● 性能对比：大小圆相比同覆盖，部分区域无法享受载波聚合和智简载波特性增益，用户体验较差。

● 功率建议：基于相同功率谱密度原则，100M 小区配置 200W，60M 小区配置 120W，确保覆盖区域相同。

4）信道间功率协同方面，采用大小圆原则，控制信道功率适当超配，业务信道通过动态功率共享补充。

● 控制信道适当超配：增加 1～3dB SSB 功率偏置，提升控制信道覆盖，形成控制信道覆盖大圆、业务信道覆盖小圆（见图 5-29）。

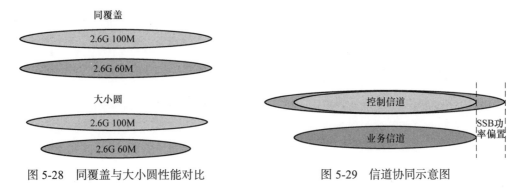

图 5-28　同覆盖与大小圆性能对比　　　　图 5-29　信道协同示意图

● 业务信道动态功率共享：载波间动态共享瞬时空余功率，使实际功率突破小区静态配置功率限制，实现与业务信道覆盖补齐（见图 5-30）；下行用户感知吞吐率提升 5%～20%。

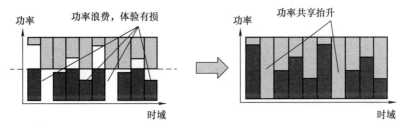

图 5-30　业务信道动态功率共享

5）互操作策略协同方面，频段内采用基于感知的均衡，频段间协同 60M 继续继承 100M 小区策略（见图 5-31）。

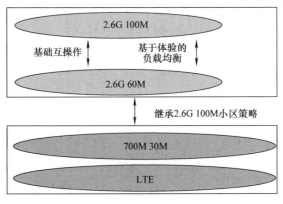

图 5-31　互操作策略协同示意图

频段内协同如下。

● 基础互操作：100M/60M 重选配置同优先级，配置双向切换，确保 60M 覆盖边缘可及时切换回 100M。

● 基于频谱效率的智能负荷均衡：通过 Xn 接口获取对端负荷信息，基于体验最优原则，相互进行负荷均衡，实现 60M 与 100M 中重载场景下感知对齐。

频段间协同如下。

● 2.6G 60M 小区空闲态、连接态协同策略完全继承 2.6G 100M 小区。

● 开启 LNR（LTE&NR）同频干扰优化功能，基于干扰用户级动态调度 60M 带宽资源，以降低 LTE 对 NR 的干扰。

5.1.6 多网协同优化提升用户上网感知

随着 5G 网络建设规模越来越大，当前各运营商网络将长期呈现多网络、多频段、多制式共存的复杂局面，那么该如何确保用户上网感知呢？本文主要从以下三大维度进行阐述：①频段的合理定位；②多网协同互操作的合理设置；③室内外合理协同。

5.1.6.1 频段的合理定位

不言而喻，频段的意义对网络影响是非凡的，对网络承载至关重要，怎么才能使网络良性发展，其中频段定位起到举足轻重的作用。下面以某运营商为例展开阐述，其可用频段定位如图 5-32 所示。

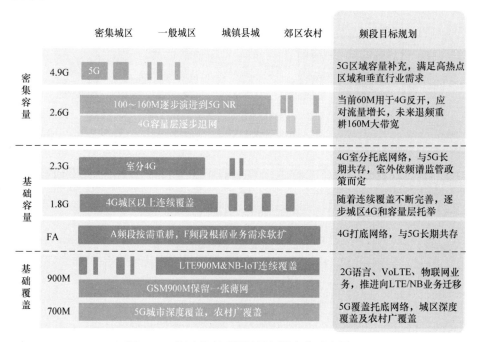

图 5-32　某运营商不同场景频段定位示意图

1. 密集容量层

某运营商多网协同中，4.9G、2.6G 频段定义为密集容量层，其中 4.9G 主力分布在密集城区及一般城区的热点区域，主要应用于满足高热点区域和垂直行业的容量需求。2.6G 主力分布在密集城区、一般城区及县城乡镇，当前阶段 60M 用于 4G 网络的反开，补充 4G 容量，应对流量增长，未来退频重耕为 160M 大带宽，满足 5G 热点的容量需求。

2. 基础容量层

2.3G（E 频段）、1.8G（FDD1800M）、F 频段、A 频段定义为基础容量层，其中 2.3G（E 频段）主要为 4G 室分托底网络，与 5G 长期共存，分布在密集城区、一般城区及县城乡镇。1.8G（FDD1800M）主要分布在密集城区、一般城区、县城乡镇及部分农村区域，随着连续覆盖的不断完善，逐步承担城区 4G 和容量层的托举。FA 频段分布在各个场景中，作为基础容量层，A 频段按需重耕，F 频段根据业务需求软扩，作为 4G 托底网络，将与 5G 长期共存。

3. 基础覆盖层

900M、700M 频段定义为基础覆盖层，其中 FDD900M 及 NB 主要分布在一般城区、县城乡镇及农村区域，GSM900M 保留一张薄网，主要提供 2G 语音、物联网业务等，同时后续继续推进 2G 业务向 LTE/NB 业务的迁移，直至全量退网。700M 作为 5G 覆盖的托底网络，主要承担城区的深度覆盖及农村广覆盖的任务。

5.1.6.2　多网协同互操作的合理设置

合理的互操作参数设置能够保证用户在 4G、5G 间合理驻留，同时能够获得良好的上网感知体验。主要包括空闲态和连接态两大部分，图 5-33 为多网协同互操作示意图。

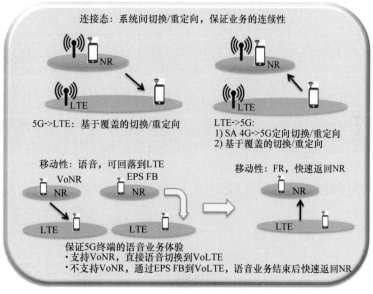

图 5-33　多网协同互操作示意图

1. 空闲态 5G->4G 重选

（1）5G->4G 重选基本流程

互操作 5G 到 4G 的重选，首先 UE 驻留在 NR 小区上，通过 NR 广播消息获得 LTE 重选频点等信息，若满足重选条件，则 UE 驻留在 LTE 小区上，并接收 LTE 系统广播消息（见图 5-34）。

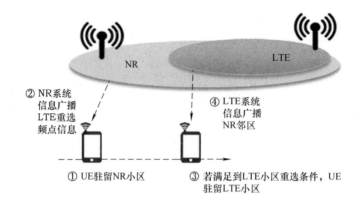

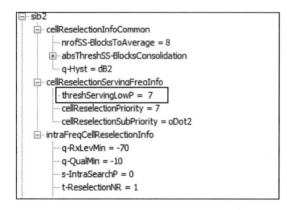

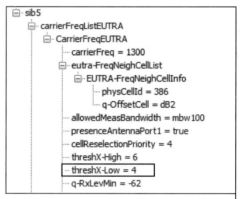

图 5-34　空闲态 5G->4G 重选示意图

（2）5G->4G 重选优先级设置

5G 只需向基础覆盖层和室分频段进行重选，为保障 5G 体验用户在 5G 覆盖边缘回落 LTE 即可。5G 优先级设置为最高，保证终端占用 5G 网络。5G 侧对 LTE 频点优先级设置应尽量与 LTE 系统内频点优先级关系保持一致。为给 5G 多频点组网腾出优先级，建议 LTE 频点优先级从 3 开始（见图 5-35）。

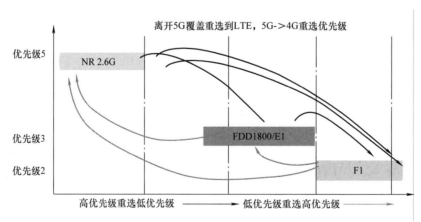

图 5-35　空闲态 5G->4G 重选优先级示意图

（3）5G->4G 重选参数设置

具体涉及参数及常规设置建议见表 5-16。

表 5-16　5G->4G 重选参数设置

大类	类别	英文参数名	参数名称	2.6G 参数设置建议值	700M 参数设置建议值
5G->4G 重选	小区重选 -> EUTRAN 小区重选频点配置	cellReselectionPriority	E-UTRAN 重选优先级	LTE FDD1800M/E 频段：3 LTE F 频段：2 LTE 其他频段：1	LTE FDD1800M/E 频段：3 LTE F 频段：2 LTE 其他频段：1
		qRxLevMin	E-UTRAN 最小接收电平	−64 ～ −60	−64 ～ −60
		threshXLow	向低优先级 E-UTRAN 小区重选 RSRP 门限	7 ～ 10（对应 LTE 高于 −114 ～ −108dbm）	7 ～ 10（对应 LTE 高于 −114 ～ −108dbm）
	CU 小区配置 -> 小区重选	sNonIntraSearchSwitch	是否配置非同频起测门限	enable	enable
		sNonIntraSearchP	非同频小区重选起测 RSRP 门限	3 ～ 6（即 6 ～ 12dB，对应起测门限 −114 ～ −108dbm）	3 ～ 6（即 6 ～ 12dB，对应起测门限 −114 ～ −108dbm）700M 干扰场景下可适当提升
		threshServingLowP	低优先级服务小区 RSRP 判决门限	1 ～ 4（即 2 ～ 8dB 对应 NR 低于 −118 ～ −112 dBm）	1 ～ 4（即 2 ～ 8dB 对应 NR 低于 −118 ～ −112 dBm）700M 干扰场景下可适当提升
		cellReselectionPriority	同频重选优先级	NR 室分：7 NR4.9G：6 NR2.6G：5 NR700M：4	NR 室分：7 NR4.9G：6 NR2.6G：5 NR700M：4
	小区选择配置参数	qRxLevMin	小区选择所需的最小 RSRP 接收水平	−60	−60

2. 空闲态 4G->5G 重选

（1）4G->5G 重选基本流程

互操作 4G->5G 的重选，UE 驻留在 LTE 小区上，通过 LTE 广播消息获得 NR 重选频点等信息，若满足重选条件，则 UE 驻留在 NR 小区上，并接收 NR 系统广播消息（见图 5-36）。

（2）4G->5G 重选优先级设置

为保证终端占用 5G 网络，需要在 LTE 所有小区部署 NR 重选策略。5G 优先级设置为 7 或者 7.6，保证高于 LTE 优先级，LTE 系统内优先级保持不变（见图 5-37）。

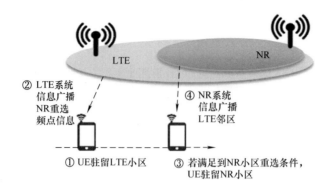

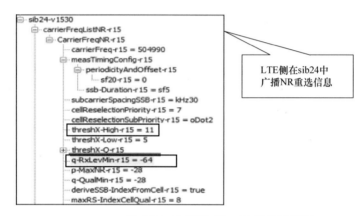

图 5-36　空闲态 4G->5G 重选示意图

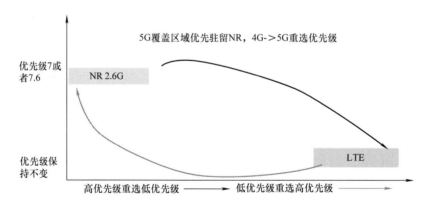

图 5-37　空闲态 4G->5G 重选优先级示意图

（3）4G->5G 重选参数设置

具体涉及参数及常规设置建议见表 5-17。

3. 连接态 5G->4G 移动性

（1）5G->4G 移动性方式选择

连接态时，用户从 5G 网络到 LTE 网络，可以采用切换方式，也可以采用重定向方式。

当 NR->LTE 走切换流程时，优点是所有 SA 终端都支持 5G->4G 切换的功能，切换流程不会导致业务中断。缺点是需要添加 LTE 邻区，工作量较大。

表 5-17　4G->5G 重选参数设置

大类	类别	英文参数名	参数名称	2.6G 参数设置建议值	700M 参数设置建议值
4G->5G 重选	LTE FDD（TDD）系统信息调度	sib24	是否包含 sib24	是	是
	eNB CU/LTE/ 全局业务开关	switchForUserInactivity	User-Inactivity 使能	打开	打开
	LTE FDD（TDD）NR 小区重选参数 / NR 小区载频重选配置	nrCellReselectPara_qrxLevMin	NR 小区重选所需要的最小接收电平	−120	−120
		nrCellReselectPara_nrReselPrio	NR 小区重选优先级	7	7
		nrCellReselectPara_nrThrdXHigh	重选到 NR 载频高优先级的 RSRP 高门限	16（实际 dB 值）	10 ~ 22（实际 dB 值）

当 NR->LTE 走重定向流程时，优点是不需要添加 4G 邻区，运维比较简单。缺点则是重定向过程会导致短暂的业务中断，对用户上网感知存在影响。为使得 SA 用户感知达到最优，5G->4G 一般建议采用切换方式。

（2）LTE 侧邻区配置原则

5G->4G 确定为切换方式后，NR->LTE 邻区添加策略如下：

1）原则：在 NR 覆盖边缘能够实现回落 LTE 的前提下，应添加尽量少的 LTE 邻区，实现极简互操作。

2）策略：NR 侧除添加 FDD1800M 和室分 E1 频段两个频段邻区，为保证终端在 5G 边缘正常回落，建议再次添加基础覆盖层 F1 频段邻区。

（3）5G->4G 切换参数设置

具体涉及参数及常规设置建议见表 5-18。

表 5-18　5G->4G 切换参数设置

大类	类别	英文参数名	参数名称	2.6G 参数设置建议值	700M 参数设置建议值
5G->4G 切换	LTE 邻接关系	hoState	切换状态	高优先级	高优先级
	关闭异频异系统的切换测量配置	a1-Threshold	A1 事件判决的 RSRP 绝对门限	参考范围 −110 ~ −105dBm	参考范围 −110 ~ −105dBm，700M 干扰场景下可适当提升
	打开异频异系统的切换测量配置	a2-Threshold	A2 事件判决的 RSRP 绝对门限	参考范围 −120 ~ −110dBm	参考范围 −120 ~ −110dBm，700M 干扰场景下可适当提升
	默认的基于覆盖的异系统测量	b2Thrd2Rsrp	B1 事件邻区判决的 RSRP 绝对门限或 B2 事件邻区判决的 RSRP 绝对门限 2	参考范围 −110 ~ −103dBm	参考范围 −110 ~ −103dBm，700M 干扰场景下可适当提升
	默认的基于覆盖的异系统测量	b2Thrd1Rsrp	B2 事件服务小区判决的 RSRP 绝对门限 1	参考范围 −120 ~ −110dBm	参考范围 −120 ~ −110dBm，700M 干扰场景下可适当提升

4. 连接态 4G->5G 移动性

（1）4G->5G 移动性方式选择

连接态时，用户从 LTE 网络到 5G 网络，可以采用切换方式，也可以采用重定向方式。

当 LTE->NR 走切换流程时，优点是切换流程不会导致业务中断。缺点是部分终端不支持 4G->5G 的切换，同时需要添加 NR 邻区，工作量大且容易出错。按以往低制式向高制式互操作经验，推荐采用重定向流程。

当 NR->LTE 走重定向流程时，优点是不需要添加 NR 邻区，运维简单。缺点是重定向过程会导致短暂的业务中断。

（2）4G->5G 定向重定向

为保证 5G 用户在 5G 覆盖范围内尽快占用 5G，一般开启 4G->5G 定向重定向功能。在 4G->5G 定向重定向过程中，每次发起 B1 测量时，启动 T1 定时器，当定时器超时收不到测量报告时，则删除 B1 测量。

在 4G->5G 定向重定向过程中，每次删除 B1 测量时，启动 T2 定时器，当定时器超时，则重新发起 B1 测量。

发起 B1 测量的总次数可配置，如 N 次或无穷次（见图 5-38）。

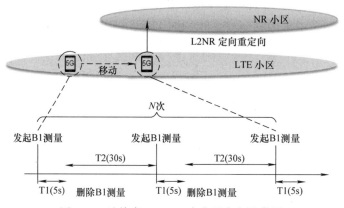

图 5-38　连接态 4G->5G 定向重定向示意图

（3）4G->5G 定向重定向参数设置

具体涉及参数及常规设置建议见表 5-19。

表 5-19　4G->5G 定向重定向参数设置

大类	类别	英文参数名	参数名称	2.6G 参数设置建议值	700M 参数设置建议值
4G->5G 定向重定向	LTE FDD（TDD）测量参数	nSAAndSAStgyCfg	NSA 和 SA 混模用户策略配置	SA 优先	SA 优先
	LTE FDD（TDD）测量参数	sADirectMigSwch	SA 用户定向迁移开关	打开	打开
	LTE FDD（TDD）测量参数	sADirectMigMethod	SA 用户定向迁移执行方式	重定向	重定向
	LTE FDD（TDD）测量参数	sADirectMigMaxRetryNum	SA 用户定向迁移最大重试次数	5	5
	LTE FDD（TDD）测量参数	sADirectMigRetryTimer	SA 用户定向迁移重试定时器（单位为 s）	10	10

（续）

大类	类别	英文参数名	参数名称	2.6G 参数设置建议值	700M 参数设置建议值
4G->5G 定向重定向	测量配置索引集	sADirectMigMeasCfg	SA 用户定向迁移测量配置索引	2124	2124
	控制面定时器配置	nSA4SADelayTimer	NSA 相对 SA 延迟启动定时器（单位为 ms）	5000	5000
	控制面定时器配置	sADirectMigMeasTimer	SA 用户定向迁移测量等待定时器（单位为 s）	5	5
	eNB CU/LTE/ 全局业务开关	nLPsHoSwch	NL PS 切换功能开关	关闭	关闭
	eNB CU/LTE/ 全局业务开关	nrMeasGapSwch	NR 测量 GAP 功能开关	打开	打开
	eNB CU/LTE /E-UTRAN FDD（TDD）小区	rd4ForCoverage	基于覆盖的重定向算法启动开关	打开	打开
	E-UTRAN FDD（TDD）小区 /LTE FDD（TDD）测量参数 / 系统优先级	ratPriorityCfgPara_ratPriority8	NR 系统优先级	256	256
	LTE/UE 测量 /NR 系统间测量参数	rSRPNRTrd	NR 的 B1 测量时 RSRP 绝对门限（测量配置号为 2124）	−117 ~ −107	−115 ~ −105
	E-UTRAN FDD（TDD）小区 /LTE FDD（TDD）测量参数 /NR 载频相关配置	nRFreqConfigPara_nRFreqRdPriority	NR 频点重定向优先级	255	246
		nRFreqConfigPara_nRFreqPSHOMeasInd	NR 频点的 PS HO 测量指示	1	246
		nRFreqConfigPara_nRFreqSAInd	NR 频点的 SA 指示	1	1
		nRFreqConfigPara_sADirectMigNRFreqPri	SA 用户定向迁移 NR 系统频点优先级	255	246

5. 700M 不同干扰场景互操作

（1）700M 协同原则

700M 网络不断地建设，但是网络受干扰情况较为严重，为了保障 700M 与 4G 网络的合理互操作、700M 流量良好吸收、用户上网感知提升，根据有无干扰、覆盖连续性、组网方式等，确定了 700M 整体协同原则，如下。

1）无 / 低 / 高干扰场景：高干扰场景维持现状，优先处理干扰；无干扰场景应尽可能发挥 700M 广覆盖优势，吸纳远点用户以提高 5G 效能；低干扰场景可结合实际可用带宽，以感知速率为依据，在感知速率不低于 LTE 网络的前提下，逐步提升分流情况，确保流量提升的同时不会大幅度冲击用户上网感知。

2）连续 / 非连续覆盖场景：对于 700M 连续覆盖的区域，700M 网络可以充当 LTE 的替代网络，结合干扰情况，对于支持 700M 的终端应使其尽可能占用 700M 网络。对于 700M 不连续覆盖的区域，为了防止弱场用户异系统频繁互操作影响用户感知，不宜使 700M 网络吸收过远的用户。

3）LTE/700M/2.6G 两层或三层组网：对于无 2.6G 或 2.6G 占比很低的 700M/LTE 两层组网区域，应充分发挥 700M 的能力，吸纳更多 LTE 用户及 2.6G 的边缘用户。对于 2.6G 占比较高的 700M/2.6G/LTE 三层组网区域，由于 700M 的速率远低于 2.6G，此时应以 2.6G 为主，700M 作为 2.6G 的补充。

（2）700M 参数设置

根据上述原则，总结梳理了 12 个场景的 700M 互操作参数，具体设置见表 5-20。

5.1.6.3 室内外合理协同

5G 网络室分覆盖是热点区域覆盖的重要手段，当前网络室内覆盖存在 2.6G 室分和 4.9G 室分两种，同时也存在宏站覆盖室内的状况，面对较为复杂的室内外同、异频组网，同频干扰问题如何规避，参数策略如何配置等，都是室内外协同优化的难点。下面从不同场景角度重点阐述宏站与室分的合理配置，更好地服务于用户上网感知。

1. 室内无室分覆盖

针对室内无室分覆盖的情况，我们细分了居民区、校园、商场、办公楼、机场车站这五类重点场景，并给出每种场景的优化思路。

（1）居民区场景

优先考虑以覆盖优化调整为主。

1）宏站覆盖居民区室内，如果宏站功率非满配，可以适当增加小区发射功率，增强 NR 信号覆盖，提升用户上网感知。

2）开展天馈调整优化，优化宏站小区，从覆盖道路调整为优先覆盖居民区。

3）对宏站小区进行权值智能寻优，针对用户分布，进行权值自优化调整。

4）利用现网存量完善的 LTE 覆盖，NR 宏站可以部署质切功能，当用户 5G 上网质量下降的时候，及时切换到 4G 网络。

5）针对居民区弱覆盖区域，可以增加微站进行覆盖补盲优化。

（2）校园场景

优先考虑针对高价值区域新增室分系统进行覆盖。

1）针对高价值区域（如教学楼、学生宿舍区），新增室分系统进行覆盖。

2）如果宏站功率非满配，可以适当增加小区发射功率，增强 NR 信号覆盖。

3）开展天馈调整优化，优化宏站小区以覆盖教学楼、学生宿舍等区域。

4）对宏站小区进行潮汐效应的权值寻优，针对用户分析，进行自动权值优化调整。

5）利用现网存量完善的 LTE 覆盖，NR 宏站可以部署质切功能。

（3）商场场景

优先以部署室分系统为主。

1）优先规划部署室分系统。

2）如果宏站功率非满配，可以适当增加小区发射功率，增强 NR 信号覆盖。

3）开展天馈调整优化，优化室外小区以覆盖商场。

4）利用现网存量完善的 LTE 覆盖，NR 宏站可以部署质切功能。

表 5-20　12 个不同干扰场景的 700M 互操作参数设置建议

类别	参数	700M连续				700M非连续				2.6G+700M共覆盖			
		无干扰	干扰区间(-105,-95)	干扰区间(-95,-85)	干扰区间(-85,-75)	无干扰	干扰区间(-105,-95)	干扰区间(-95,-85)	干扰区间(-85,-75)	无干扰	干扰区间(-105,-95)	干扰区间(-95,-85)	干扰区间(-85,-75)
5G->4G 重选	E-UTRAN 频点重选优先级	LTE FDD1800M/E 频段：3；LTE F 频段：2；LTE 其他频段：1											
	E-UTRAN 最低接收电平/dBm	-128～-120											
	threshServingLowP/dBm	-114	-108	-105	-95	-118	-110	-100	-95	-118	-106	-96	-90
	threshX-Low/dBm	-108				-108				-108			
基于上行质量的 5G->4G 切换	SINR	18				12				18			
	异系统切换事件	EventB2				EventB2				EventB2			
	b2Threshold-1/dBm	-100	-100	-90	-85	-105	-100	-95	-85	-110	-98	-88	-84
	b2Threshold-2/dBm	-108				-108				-108			
基于覆盖的 5G->4G 切换	a1-Threshold/dBm	-110	-105	-95	-85	-105	-100	-90	-80	-110	-100	-90	-85
	a2-Threshold/dBm	-115	-110	-100	-90	-110	-105	-95	-85	-115	-105	-95	-90
	a2-Threshold（盲）/dBm	-120	-115	-105	-100	-120	-115	-105	-100	-120	-115	-105	-100
	b2Threshold-1/dBm	-115	-110	-100	-90	-115	-105	-95	-85	-115	-110	-100	-95
	b2Threshold-2/dBm	-108				-108				-108			
基于覆盖的 5G->4G 切换（VoNR）	a1-Threshold/dBm	-102	-87	-75	-75	-95	-82	-75	-75	-102	-87	-75	-75
	a2-Threshold/dBm	-105	-90	-80	-80	-100	-85	-80	-80	-105	-90	-80	-80
	b2Threshold-1/dBm	-105	-90	-80	-80	-100	-85	-80	-80	-105	-90	-80	-80
	b2Threshold-2/dBm	-108				-108				-108			
4G->5G 重选	NR 最低接收电平/dBm	-120	-120	-120	-120	-120	-120	-120	-120	-120	-120	-120	-120
	threshX-High/dBm	-112	-107	-97	-87	-117	-102	-92	-82	-112	-97	-87	-83
基于业务的 4G->5G 切换	异系统切换/重定向事件	EventB1				EventB1				EventB1			
	基于业务的 NR B1 事件 RSRP 触发门限/dBm	-108	-98	-98	-98	-108	-108	-108	-98	-108	-108	-98	-98
	700M 频率偏置/dB	-8	-8	-15	-15	-8	-8	-15	-15	-8	-8	-15	-15

（4）办公楼场景

优先以宏站小区天线权值寻优为主，细分波束覆盖场景。

1）针对高层楼宇办公场景，部署 SSB 波束 1+*x* 或 *M*+*N* 方案，增强中高层楼宇覆盖。

2）如果宏站功率非满配，可以适当增加小区发射功率，增强 NR 信号覆盖。

3）部署室分系统，增强办公楼室内覆盖。

4）开展天馈调整优化，优化室外小区覆盖办公楼宇。

5）利用现网存量完善的 LTE 覆盖，NR 宏站可以部署质切功能。

（5）机场车站场景

优先以部署室分系统为主。

1）针对机场、车站等人流密集区域，优先部署室分覆盖。

2）如果宏站功率非满配，可以适当增加小区发射功率，增强 NR 信号覆盖。

3）开展天馈调整优化，优化室外小区覆盖机场和车站人流密集区域。

4）利用现网存量完善的 LTE 覆盖，NR 宏站可以部署质切功能。

2. 室内有室分覆盖

针对室内有室分覆盖的情况，室内外协同需要做好同频干扰抑制、异频高性能组网、加强设备维护等维度的工作。主要分为六大场景，下面重点阐述不同场景的解决思路。

（1）场景一：2.6G 宏站包含 2.6G 室分

如图 5-39 所示，两者之间存在同频干扰，2.6G 室分抗干扰能力比 2.6G 宏站差，所以需要尽量占用室分，减少宏站对室分的干扰。

解决方案：①2.6G 宏站和 2.6G 室分波束需对齐；②2.6G 室分建设需完善，优化需要充分，使室分的信号足够强，减少受到宏站的干扰；③控制宏小区的信号覆盖，根据场景调整宏站和室分小区对的 CIO（Cell Individual Offset, 小区个性偏移），使 UE 尽量驻留在室分小区，最小化宏站对室分的干扰。

图 5-39　2.6G 宏站包含 2.6G 室分示意图

（2）场景二：700M 宏站包含 2.6G 室分

如图 5-40 所示，不存在同频干扰，700M 覆盖能力强，在室内的覆盖也相对较强，但是 2.6G 室分的带宽大，也应尽量占用室分，提升用户上网感知。

解决方案：2.6G->700M 采用 A5 切换策略，A5-1 比大网低 2dB，不要过早切换至 700M；700M->2.6G 室分仍采用 A5 切换策略，到室分小区的切换邻区对 CIO 从 0 改为 2dB。

图 5-40　700M 宏站包含 2.6G 室分示意图

（3）场景三：700M 宏站和 2.6G 宏站包含 2.6G 室分

如图 5-41 所示，此时存在三个信号，2.6G 室分信号较强的时候占用室分，2.6G 室分变弱的时候，根据覆盖进行正常切换，700M 和 2.6G 宏站哪个优先达到优先切换。

解决方案：700M 作为切换隔离带方案，覆盖使用普通的切换策略，2.6G 室分 <->2.6G 宏站使用 A3 切换策略，2.6G 宏站和室分切换检测到不同类型小区时，下发到 700M 切换事件，切换至异频 700M，2.6G 室内外小区覆盖满足差值时，才允许反向切换回 2.6G。

图 5-41 700M 宏站和 2.6G 宏站包含 2.6G 室分示意图

（4）场景四：室外为 700M/2.6G 宏站小区覆盖，室分部署 2.6G 和 4.9G 频点，两异频交叉非共覆盖场景

如图 5-42 所示，由于室内为 2.6G 和 4.9G 交叉异频覆盖，4.9G 和 2.6G 室分小区间的互操作建议采用同优先级策略方式，切换采用 A2+A3 切换策略，4.9G 与 2.6G 规划及互操作策略建议如下。

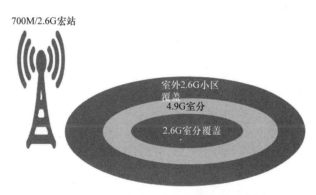

图 5-42 两异频交叉非共覆盖场景示意图

1）室内 2.6G 和 4.9G 小区建议错频设置，将 4.9G 小区设为与室内外 2.6G 小区的隔离带。

2）4.9G 室分小区，将 2.6G 室分小区设为同优先级，切换策略配置为 A2+A3。

3）2.6G 室分小区，将 4.9G 室分小区设为同优先级，切换策略配置为 A2+A3。

4）4.9G 室分小区到 2.6G 室外小区，通过将邻区对的切换重选参数（CIO 和 q-OffsetCell）设置为 10dB 进行补偿，让 4.9G 更难切换到室外 2.6G 宏站小区。

5）室外 700M/2.6G 小区，按正常大网的互操作策略进行设置。

（5）场景五：室外为 700M/2.6G 宏站覆盖，室分为 2.6G 单双通道 DAS 或双通道 Qcell 系统覆盖，NR 网络只支持单双流（见图 5-43）

1）室分为单通道 DAS 设备（只支持单流）：由于单通道 DAS 只支持单流，对于 2.6G 室分和室外 2.6G 宏站小区间的切换重选互策略建议调整，在两者重叠覆盖处，建议用户优先占用宏站小区提升感知速率，具体参数调整如下。

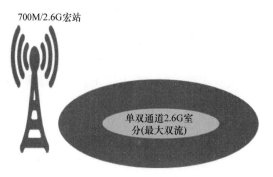

图 5-43　室内最大双流示意图

● 室分小区到宏站的切换重选策略改为 0dB。

● 宏站到室分小区的切换重选策略，通过将邻区对的 CIO 和 q-OffsetCell（邻小区偏置）设置为 3dB 进行方向补偿。

2）室分为双通道 DAS/2Qcell 等设备（最大支持双流）：双流室分设备情况下，对于 2.6G 室分和室外 2.6G 宏站小区间的切换重选互策略，在两者重叠覆盖处，让用户尽量占用室分小区，具体参数调整如下。

● 室分小区到宏站的切换重选策略改为 1.5dB。

● 宏站到室分小区的切换重选策略，通过将邻区对的 CIO 和 q-OffsetCell（邻小区偏置）设置为 0dB。

（6）场景六：室内有 2.6G 和 4.9G 共扇区覆盖

如果室内有 2.6G 和 4.9G 共扇区覆盖的室分小区，2.6G 和 4.9G 间可部署 LB（负荷均衡）和 CA（载波聚合）功能，以提升用户上网感知（见图 5-44）。

1）2.6G 和 4.9G 共覆盖，部署 LB 功能以提升用户上网感知：小区出现高负荷，会影响用户上网感知。地理位置上相关联的小区间负荷应尽可能地平均分布，从而可以有效地改善系统整体性能。

NR 负荷均衡如图 5-45 所示。

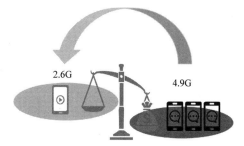

图 5-44　室内存在 2.6G 和 4.9G 共扇区覆盖示意图

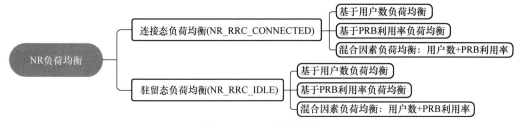

图 5-45　NR 负荷均衡

针对负荷均衡，UE 选择策略如下：

①不选择紧急呼叫用户；②不选择 NSA 用户；③不选择 5QI=1 的用户；④不选择乒乓切换用户；⑤不选择低 / 中 / 高 PRB 利用率用户；⑥按照 PRB 利用率排序选择用户。

针对负荷均衡的邻区，目标邻区选择策略如下：

通过 Xn 接口获取邻区的负荷信息，滤除高负荷的邻区，再按照邻区负荷排序，最后选择负荷低的邻区作为目标小区。

2）2.6G 和 4.9G 共覆盖，部署 CA 功能以提升用户上网感知：NR（2.6G）采用 5ms 单 DDDD DDDSUU，帧头相比 LTE 空口帧头推迟 3ms；NR（4.9G）采用 2.5ms 双周期 DDDSUDDSUU，帧头相比 LTE 空口帧头推迟 1.5ms，见图 5-46。

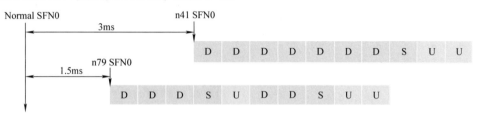

图 5-46　2.6G 和 4.9G 共覆盖部署 CA 时帧头设置示意图

通过 2.6G + 4.9G R16 Unaligned frame boundary with slot alignment + R16 UL Tx switch 实现上行 TDM 发送，可实现无损切换，提升单用户上行容量，同时可以有效降低上下行用户面时延，见图 5-47。

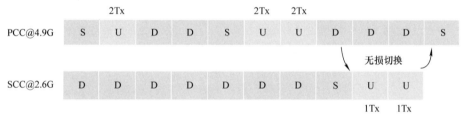

图 5-47　Tx switch 无损切换示意图

5.1.7　重点场景保障提升用户上网感知

随着 5G 用户的突飞猛进及网络的快速发展，不仅需要对普通场景（居民区、中心商业区、风景区、高铁、校园等）进行分类优化，同时对于高业务场景需求，由于业务的突发性和持续性，更应重点关注。

1. 突发高业务影响用户上网感知的特征

如果某个区域突发高业务，体现为有大型活动、体育赛事、电商促销、节假日等状况，在用户密度极高，业务量集中度极高的场景下，指标恶化严重，用户上网感知明显下降。主要特征表现为在短时间内，大量用户聚集，业务量在某个时间段陡增，导致接通率指标、掉线率指标恶化严重，见图 5-48。

2. 重大活动保障流程

大型活动通常体现了国家的综合实力，而其中的无线网络通信保障工作一般需融合各类新兴的 5G 业务应用，是一项技术难度高、方案复杂度高的系统工程。运营商需要确保网络覆盖范围、容量及质量，并在此基础上制定应急调整预案，全流程中的每一环节都需要细化并落实，见图 5-49。

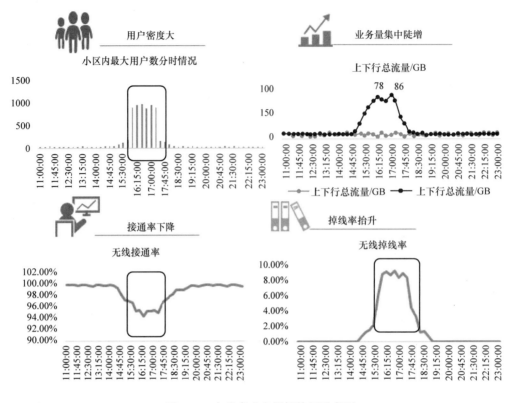

图 5-48　突发高业务指标特征示意图

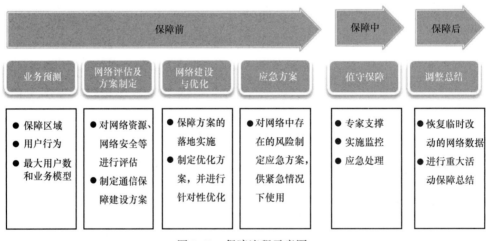

图 5-49　保障流程示意图

在活动保障前，首先需要进行科学合理的业务预测，在明确覆盖区域的前提下，通过用户行为分析和用户数预测来制定业务模型，从而完成业务容量规划。其次，需要对网络资源、网络安全等进行评估，制定无线通信保障建设方案及优化方法。最后，大型赛事活动业务突发性高，因此对网络中可能存在的风险制定应急方案不可或缺，以备在紧急情况下启用。

在活动进行中，需要进行无线网络保障值守，网络维护人员需实时监控网络状态，并对各类紧急事件进行排查处理。

在活动结束后,一般要对临时改动和调整的网络参数进行恢复,使无线网络回归常态化运行。

3. 重大活动中的 5G 业务需求

5G 网络应用主要包括云 VR/AR、高清直播、视频监控、远程医疗、远程控制、云游戏等,而高清直播、VR/AR、机器视觉、远程会诊等室内业务对网络速率要求较高,具体业务指标见表 5-21。对于大型活动而言,典型的 5G 业务应用包括 4K/8K 高清直播、VR 直播、安防保障等。

表 5-21 5G 典型业务指标要求

行业类别	业务类型	场景类型	上行速率 /（Mbit/s）	下行速率 /（Mbit/s）	时延 /ms
工业	机器视觉	室内	30 ~ 100	—	20
	AGV 智能机器人	室内	10 ~ 30	—	20
	远程控制	室内	10	—	20
教育	远程同步课堂	室内	5 ~ 40	—	20
	VR/AR 虚拟教学	室内	5 ~ 30	—	20
医疗	急救或示范病区	室内	5 ~ 40	—	20
	远程会诊	室内	30 ~ 100	—	50
媒体	高清 4K 直播	室外、室内	30 ~ 60	—	20
	超高清 8K 直播	室外、室内	90	—	20
其他	视频监控	室外、室内	5 ~ 40	—	50
	云游戏	室外、室内	1	—	10

其中:

4K/8K 高清直播:5G 直播可实时回传高清画面,实现 360° 全景高清、10 倍变焦效果。

VR 直播:通过 5G VR 技术对明星演唱会、大型赛事等进行实时直播,使用户获得身临其境般的体验。

安防保障:大型活动的安防工作非常重要,5G 网络可以提供操作更智能、图像识别更清晰的安防视频监控手段。其中 AR 眼镜通过人脸识别技术可提升安防效率,智能机器人可以进行地面安全巡检,CPE 回传设备利用 5G 网络将 4K 高清巡检画面回传以完成常规安全检查。

4. 重大活动网络保障方案

大型活动一般在场馆内举办,属于典型的室内覆盖高业务需求场景。大型场馆通常面积较大,单体建筑跨度大,且以钢架结构为主,造成天线安装点位受限,场景空旷无遮挡,越区覆盖与干扰控制较为困难。业务方面的特点是:业务突发性强,数据业务需求远超语音业务需求,其中上传业务需求大,上行流量占总流量的比重可达 40% 以上。

（1）频谱规划

对于举办大型活动的场馆而言,需要协同考虑 2G、4G、5G 无线网络涉及的室内外所有频段。制定频率规划策略时,应尽量以室内外异频组网或错频组网为主,即使采用同频组网,也应采取各类手段控制并降低干扰。针对室内场馆的 2G、4G、5G 频点的合理规划,应根据业务需求划分小区，还应尽量考虑后续紧急扩容时小区分裂的便利性。

5G 建设初期容量普遍不高，室内一般采用两个频点间隔部署，随着用户的需求不断攀升，在局部热点区域还需要叠加新的 5G 频点以吸收话务。

（2）业务承载与容量规划

在大型赛事活动的通信保障中，无线网络建设总体投资较大，为了降本增效，需要合理利用现有网络资源，协同规划业务承载方式，保证用户业务服务体验。其中，5G 网络主要承载高清视频、AR/VR 等对带宽和时延求较高的新业务；其他一些能够在 4G 网络中获得满意体验的应用，仍由 4G 网络承载。

对于大型场馆的容量规划，应考虑以极限容量进行规划，2G、4G、5G 网络硬件一次部署，之后软件根据场馆举办赛事的实际需求进行灵活配置，既能够保障网络覆盖范围、容量和质量，又可以提升资源利用率。

5G 容量规划需要结合 4G 网络负荷、5G 业务发展预测等因素。进行容量需求估算时，应重点考虑用户数预测、市场占有率、终端渗透率和业务保障速率等指标，具体可见表 5-22。

表 5-22　5G 容量需求估算参考表

参数	说明
可容纳人数	根据建筑设计标称值或按图纸估算
市场占有率	市场占有比例
5G 终端渗透率	根据 5G 业务发展预测情况预测
5G 用户数	5G 用户数 = 可容纳人数 × 市场占有率 ×5G 终端渗透率
连接态用户数比例	根据 5G 业务现网实际和发展情况预测
5G RRC 用户数	5G RRC 用户数 =5G 用户数 × 连接态用户数比例
用户忙时平均激活比	根据 5G 业务现网实际和发展情况预测
忙时平均激活用户数	忙时平均激活用户数 =5G RRC 用户数 × 用户忙时平均激活比
用户保障速率	根据具体业务保障需求确定，例如下行需满足视频类 1080P 清晰度（取 4Mbit/s），上行需满足微信流畅视频通话（取 1Mbit/s）
总容量需求	上行、下行分别进行计算
单小区平均容量	根据 5G 小区容量能力并结合压力测试进行修正，上行、下行分别进行估算
小区数	上行、下行分别进行计算
总小区需求	取上行、下行的小区数中的较大值

通过容量估算方法，合理进行小区规划，随着业务的持续增长可以采用小区分裂、增加载波等手段保障网络容量。

（3）设备选型

大型场馆室内环境以视距传播半径为主，覆盖较好，但是容量需求高且干扰极其严重。可以选择小微站、新型室分、赋形天线等设备和器件，以提升网络容量、降低干扰。

5G 室内覆盖设备可优先选择使用外接天线型分布式皮站，并采用光电复合缆支持最大距离 200m 的 pRRU 远端单元拉远。由于容量需求较高，一般应选择 4T4R 分布式皮站，相比传统室分系统可以提供良好的覆盖及较高的容量，同时也便于灵活地扩充容量。

赋形天线旁瓣抑制比高、滚降角度小，可精准控制天线覆盖范围，建议大型场馆在天线选择上优先采用赋形天线以控制干扰，可以有效消除相邻复用蜂窝区的重叠覆盖。

（4）组网方案

对于高话务用户密集场景的场馆室内的覆盖基站，如果选用分布式皮站，应以多频多模设备为主，可同时满足 2G、4G、5G 网络多制式需求。

根据 4G 与 5G 不同的性能及业务需求状况，也可以选择 4G 与 5G 分别独立组网一套 RHUB 中继单元与 pRRU 远端单元，也就是 4G 和 5G 采用不同的小区拓扑结构。这种方式的优点在于，4G 网络容量需求较高、小区分裂密度较大，而 5G 建设初期容量需求不大，4G 与 5G 网络可相对独立地进行性能优化。

在大型场馆的业务密集区域需要合理设计射频端的安装高度及位置，并在干扰严重的看台区域外接赋形天线，当层高大于 8m 时，可通过分布式皮站外接四通道板状天线来增强覆盖效果。

（5）高容量保障方案

大型活动业务需求突发性强，具有潮汐效应，活动直播、转播、AR/VR 沉浸式体验等业务较多，上行业务需求非常强劲，且干扰严重，需重点考虑容量保障方案，可以综合考虑 C-RAN、超高频率复用、室内外协同频率规划、载波池等功能协同应用。

其中，大型活动采用 C-RAN 组网具有较多优势。采用室内外 BBU 集中的 C-RAN 组网可以在一定程度上缓解室内外同频干扰，同时站间动态调度、载波资源共享功能也可以借助 C-RAN 组网获得增益，节省了载波资源，提高了投资利用率。C-RAN 集中机房为 MEC/UPF 下沉提供了最佳部署位置，而大型赛事的实时直播、高运算且低时延需求更容易借助 C-RAN 实现 MEC 边缘云部署。此外，有利于引入协作化技术 CoMP（Coordinated Multi-Point，多点协作），以提升小区边缘速率。

（6）应急保障方案

大型活动的重要性和影响力极高，因此务必要保障网络的正常运行，对于突发情况应实施应急预案，确保业务顺畅进行，如下。

1）容灾备份、设备备份：启用设备容灾备份方案，并进行冗余覆盖设计，一般应考虑多载波协同覆盖方式。

2）实时监控：对于用户数和利用率等关键指标进行监控，提前设置预警门限，一旦触发门限就应开展应急负荷处理。

3）问题定位：提前准备相关参数预案，对临时出现的故障、高话务、高干扰等问题迅速定位。

4）快速调整落地：提前准备可能涉及的相关网络参数脚本，并开通绿色通道，确保优先执行。

一旦出现网络紧急突发事件，可以通过以上应急保障预案多措并举，最大限度地保障用户业务需求。

5. 重大活动保障案例

（1）某地重大赛事保障

1）精准规划。为应对突发高话务，需提前对要保障的场景进行精准规划，以确保用户上网感知。对此主旨规划方案为：5G SA/NSA 双模、NR2.6G+NR4.9G+NR700M 组网，4G 以 FDD1800M 为主，按需反开 D 频段及增补 F/E 频段，2G 在 FDD 上按需反开 DCS1800M，相关场景如下。

① 竞赛场馆：人员密集，容量为主，看台采用 FDD1800M+TDD-E+NR2.6G 共三种制式微站进行覆盖；室内封闭区域采用 FDD1800M +NR2.6G 新型室分进行覆盖。

② 非竞赛场馆：人员非密集但区域全封闭，覆盖为主，主要采用 FDD1800M+NR2.6G 新型室分进行覆盖，以保障用户上网感知。

③ 赛区场馆及室外：场馆出入口、检票口、停车场等人员疏散区用户密集，需兼顾覆盖和容量，采用 FDD1800M+NR2.6G+NR700M 进行覆盖保障，密集区（交通卡口、商业街等）采用 TDD-F、TDD-E、TDD-D 频段和 NR4.9G 进行容量加厚。

④ 交通干线及枢纽：人员非密集，覆盖为主，隧道及交通枢纽部分采用传统室分进行热点话务吸收，以 FDD1800M+NR2.6G 制式进行覆盖。

⑤ 市区及县城重点区域（枢纽、酒店、医院等）：市区及县城重点区域室外采用 FDD1800M+NR2.6G 保基础覆盖，局部区域增加 TDD-F 及 TDD-D 频段进行热点业务容量保障。非极热场景但保障级别高时，4G 沿用现有室分，5G NR2.6G 采用新型室分，新建物业点采用 FDD1800M+NR2.6G 新型室分，并预留 E 频段进行容量补充。

2）创新应用。

① 微站横置 + 宏站定向干扰规避：降低网内干扰。

● 5G NR 微站横置：水平波瓣角由 65° 变为 28°，水平张角大幅度减小，适合在较小空旷区域多台微站之间控制同频干扰，典型场景如体育场看台（见图 5-50）。

● 基于 PMI 的天线权值智能优化：基于 UE 上报的预编码矩阵指示（Precoder Matrix Indicator，PMI）测量数据，定位用户分布的集中程度及方位，开展天线权值精细优化。

● 宏站波束定向干扰规避：通过分析宏站覆盖情况，针对可能覆盖到场地内的小区开启波束定向干扰规避功能，将可能干扰场地的波束进行屏蔽，保证场地内的 5G 信号由微站提供，减少宏站与微站之间的干扰。

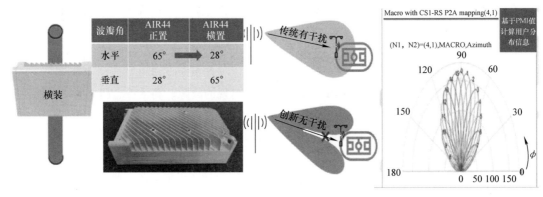

图 5-50　微站横置示意图

② 2.6G+4.9G 跨频段载波聚合部署。

通过 2.6G+4.9G 载波聚合，单用户下行峰值速率接近理论峰值，均值速率达到 2.73Gbit/s，为赛场提供了更快、更好的网络感知与极速体验（见图 5-51）。

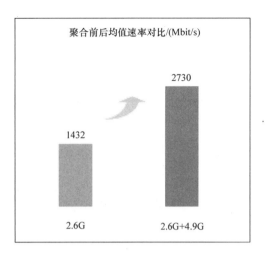

图 5-51   跨频段载波聚合效果图

③毫米波系统助力 VR 高清体验。

某地滑雪跳台附近部署的 360° 摄像头采集高清视频源，经毫米波基站，回传到营业厅的 VR 眼镜，实现低时延、超高清 VR 视频体验（见图 5-52）。

图 5-52   超高清 VR 视频示意图

（2）高级别用户场馆互操作参数保障案例

以场馆保障为例，分为空闲态和连接态，下面进行重点分析。场馆内采用 3.5G+2.6G+4.9G 多频 NR 覆盖。

1）空闲态流程概述（见图 5-53）。

①空闲态用户（VIP 和普通用户）进入场馆，会尝试向最高优先级的 NR 3.5G 小区重选。

②gNB 在小区系统消息 SIB1 中广播 TAC，UE 重选到 NR 3.5G 小区之后发现 TAC 不一致，则触发 TAU 过程。

③5GC 基于 IMSI 识别用户，VIP 为 TAU 成功，允许在 NR 3.5G 小区驻留；普通用户则为 TAU 拒绝，无法在 NR 3.5G 小区驻留。

④普通用户重选驻留到 NR 4.9G 或 NR 2.6G 小区。

⑤普通用户在 T3247 定时器（30～60min）内不会重选驻留到 NR 3.5G 小区。

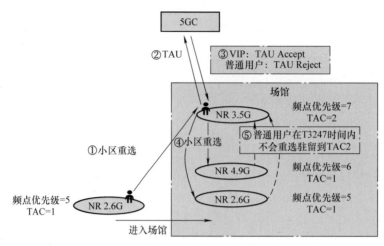

图 5-53　高级别用户场馆互操作示意图

2）功能及参数配置。

① 场馆内 NR 3.5G 小区规划新的 TAC =2（举例值），gNB 在 SIB1 中广播 TAC。

② 5GC 配置 TAC2 的 IMSI 黑 / 白名单（仅允许 VIP IMSI），并应用于 TAU 过程。

3）连接态流程概述（见图 5-54）。

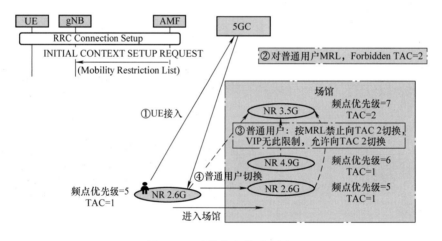

图 5-54　连接态流程示意图

① 连接态用户（VIP 和普通用户）在场馆外或场馆内小区进入连接态。

② 5GC 基于 IMSI 识别用户，对普通用户给 gNB 配置移动性约束列表（Mobility Restriction List，MRL），将 NR 3.5G 的 TAC 设置为 Forbidden TAC；对 VIP 则不配置 MRL。

③ gNB 发现核心网给普通用户配置了 MRL，并且 Forbidden TAC 与 NR 3.5G 邻区的 TAC 相匹配，则不向 NR 3.5G 邻区切换。VIP 没有配置 MRL，允许向 NR 3.5G 小区切换。

④ NR 2.6G 和 NR 4.9G 的 TAC 没有在 MRL 中被禁止，允许普通用户切换。

4）功能及参数配置。

① 场馆内 NR 3.5G 小区规划新的 TAC =2（举例值），gNB 在邻区关系中配置。

② 5GC 配置 TAC 2 的 IMSI 黑 / 白名单（仅允许 VIP IMSI），并应用于 MRL 配置。

③ gNB 基于 MRL 中的 TAC 筛选切换目标小区。

5.2　5G 语音业务质量优化提升

5.2.1　5G 语音业务质量提升的意义

在熟悉语音业务优化之前，我们先来回顾一下移动网络语音业务的演进历程。在 2G、3G 时代，语音业务采用 CS（Circuited Switched，电路交换）技术，即手机在通话前需在网络中建立一条独占资源的线路，直到通话结束才拆除。这种古老的技术存在消耗资源、组网复杂、效率低等缺点。进入 4G 全 IP 时代后，由于只有 PS（Packet Switch，分组交换），不再支持传统 CS 语音，于是提出了 CSFB 和 VoLTE 两种方案来支持语音业务。CSFB（CS FallBack）指当手机在 4G 网络中发起语音呼叫时，会从 LTE 网络回落到 2G、3G 网络，借助 2G、3G 网络的电路域（CS）来完成语音通话，通话结束后再返回 4G LTE。VoLTE（Voice over LTE）指通过引入 IMS，LTE 网络可以直接提供基于 IP 的语音业务。VoLTE 也被称为由 IMS 管理的、承载于 4G LTE 网络上的 VoIP。VoLTE 将语音业务封装成 IP 数据包像快递打包一样传输，无须"独占资源"，大幅提升了网络效率。更重要的是，VoLTE 还史无前例地提升了语音质量以及降低了通话建立时长。

从 2G 时代起，语音业务就始终伴随着通信网络的不断演进、发展，语音业务也从最初的 2G 语音，发展到如今 5G 时代 EPS FB 和 VoNR 并存的局面。在这一过程中，语音业务始终占据着重要地位，由于广大终端用户对语音业务的敏感程度较高，所以我们通常对语音业务质量优化提出了更高的要求，语音业务质量提升意义重大，对用户满意度的影响深远。

5.2.2　5G 语音业务解决方案

在了解完语音业务的发展历史之后，现在步入了全新的 5G 时代。5G 语音业务的解决方案主要包括 EPS FB 和 VoNR 两种，下面我们对这两种实现方案进行简要介绍。

5.2.2.1　EPS FB 语音业务解决方案概述

语音业务是 5G 的基本功能，建网初期由于 5G 网络覆盖不完善，5G 的语音业务采用回落 4G（即 EPS FB）的策略来完成，即当终端占用 5G 网络将要进行语音业务或者有语音业务接入时，网络将 5G 终端回落至 4G 侧，再通过 VoLTE 功能提供语音服务，见图 5-55。

由于用户使用语音业务需要回落 4G 网络，所以最容易出现的是回落失败问题，导致回落失败的因素主要有互操作策略不当、参数不合理等，那么需要做的就是规范互操作策略，具体优化提升措施详见 5.2.4 节。

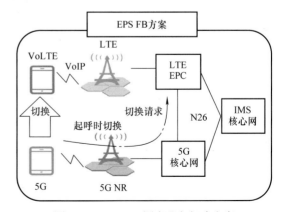

图 5-55　EPS FB 语音业务解决方案

5.2.2.2　VoNR 语音业务解决方案概述

VoNR（Voice over NR）作为 5G 网络语音

业务最终解决方案，是一种建立在 IP 网络之上的 UE 和 IMS 之间的会话，主叫和被叫可以利用该技术在 5G 网络上实现语音业务。其核心业务控制网络为 IMS 网络，配合 NR-RAN 及 5GC，从而实现端到端的基于分组域的语音及视频通信业务（见图 5-56）。

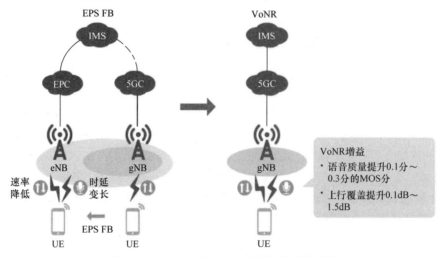

图 5-56　EPS FB 到 VoNR 的网络结构演进图

5G 网络参照服务类型、时延和丢包率等标准，将具有不同特征的业务划分成不同的 5QI（5G QoS Identifier，5G QoS 等级标识）承载类型，与 VoNR 业务直接相关的承载包括 5QI1、5QI2 和 5QI5，其中 5QI1 承载语音，5QI2 承载视频，5QI5 承载用于建立 VoNR 的 SIP（Session Initiation Protocol，会话初始协议）信令。

VoNR 作为 5G 语音业务解决方案，相对于 4G 语音解决方案 VoLTE 有以下特点：

1）空口由 NR 基站承载语音业务，是完全的 5G 语音方案。

2）新的语音编码方案：EVS（Enhanced Voice Service，增强型语音服务）扩展音频频率为 50Hz ~ 16kHz，支持人类听觉的频率。网络部署初期，传统 4G 终端较多，EVS 采用 AMR 兼容模式，网络成熟期 5G 终端渗透率提高后，5G 终端之间采用 EVS 提升语音质量。

3）3GPP R16 版本制定 IVAS（Immersive Voice and Audio Service，沉浸式语音及音频服务）语音编码标准，支持更好的抗丢包能力。

VoNR 语音解决方案主要由 5G 网络独立自主完成，其最容易出现的就是丢包、切换、掉话等问题，具体影响因素主要有功能机制不健全，5G 特性优化不完善，各个阶段优化手段匮乏等，为了解决上述问题，我们也在摸索中前行，具体优化提升措施详见 5.2.5 节。

5.2.3　5G 语音业务评估指标及影响因素

5.2.3.1　评估指标

由于语音业务解决方案主要由 EPS FB 和 VoNR 两种方案构成，所以判别指标也主要分为两大类指标。

1. EPS FB 类

由于 EPS FB 语音用户首先需要回落到 4G 网络，并在 4G 网络上进行语音业务，因此回落成功率成为体现语音业务质量的重要指标之一，回落成功率 = 回落成功次数 / 回落请求次数，即为返回 4G 网络能力的一项指标。

此外接通率也是表征语音业务质量的重要指标之一，ESP FB 始呼接通成功率 = 始呼接通次数 / 始呼请求次数。

同时反映语音业务接通快慢的指标有接通时延，它同样也是表征语音业务质量的重要指标之一，主要分为 EPS FB 拨打 VoLTE 始呼接通时延（ms）和 EPS FB 拨打 EPS FB 始呼接通时延（ms）。分别定义如下：

1）EPS FB 拨打 VoLTE 始呼接通时延（ms）= EPS FB 拨打 VoLTE 始呼接通总时延 /EPS FB 拨打 VoLTE 始呼接通次数。

2）EPS FB 拨打 EPS FB 始呼接通时延（ms）= EPS FB 拨打 EPS FB 始呼接通总时延 /EPS FB 拨打 EPS FB 始呼接通次数。

最后表征语音业务质量的重要指标还有掉话率，EPS FB 掉话率 = 掉话次数 / 呼叫应答次数。

2. VoNR 类

VoNR 语音业务则完全在 5G 网络上自主完成语音呼叫，主要通过注册类、接入类、保持类、质量类、切换类、时延类等指标来反映 VoNR 的质量的好坏。

注册类指标主要表征 5G 终端用户和核心网的连接能力，重点指标——注册成功率 = 注册成功次数 / 注册请求次数。

接入类指标主要反映 5G 用户的接通能力，重点指标——接通率 =（始呼请求次数 - 始呼失败次数）/ 始呼请求次数。

保持类指标主要为用户在进行语音业务时在 5G 网络上的保持能力，重点指标——掉话率 = 掉话次数 / 应答次数。

质量类指标顾名思义为反映 5G 语音业务质量能力的指标，重点指标——VoNR 语音 MOS= 语音 MOS 总和 / 语音有效 RTCP 流数。

切换类指标主要反映 5G 终端用户在网络中不同小区间的移动能力，重点指标——切换成功率 = 切换成功次数 / 切换请求次数。

时延类指标则反映 5G 用户在接入、切换等过程中用时快慢的问题，重点指标主要有接入时延和切换时延，另外由于 VoNR 语音业务涉及的网元较多，还存在好多分段时延等，在这里就不一一赘述了。

5.2.3.2　影响因素

影响 5G 语音业务质量的因素多种多样，下面我们将从 EPS FB 和 VoNR 两个维度进行影响因素阐述。

1. EPS FB 维度

常见的 EPS FB 问题包括参数配置问题、无线环境因素、核心网配置问题等。

1）参数配置问题：由于 EPS FB 需要回落至 4G 网络，那么采用何种回落方式将直接影响语音业务的通话质量。如果采用基于测量的切换，那么 4G 核心网与 5G 核心网需要配置 N26 接口，好处是回落成功率高，而缺点是回落时延相对较大。如果采用重定向方式，若是基于测量的重定向，则回落成功率高，但时延大；若是采用盲重定向方式，则回落成功率低，但时延小。所以采用何种回落方式将直接影响语音业务质量。同时在回落时还包含门限、算法、邻区、频点等信息，这些都需要正确设置，稍有不慎将直接影响用户语音回落。

2）无线环境因素：任何时候网络无线空口环境的好坏对 SA 语音业务从 5G 回落 4G 的影

响都尤为重要。而影响无线空口质量的因素众多，当无线链路质量变差时，信令的交互以及承载的建立都会受到不同程度的影响，进而间接地导致回落不了或者回落 LTE 后语音承载建立出现问题。无线环境的覆盖规划与优化应做到规划合理、参数优配、多维度 RF 优化，以减少现网网络中的弱覆盖、过覆盖、频繁切换、干扰等问题带来的网络性能下降。

3）核心网配置问题：核心网侧的相关网元策略及网元功能的完善至关重要，目前 AMF 处于容灾机制的考虑配置了多条 AMF 地址，基站也同时配置了多条 AMF 地址，基站通过 NG 接口连接到 AMF。早期新增 AMF 地址时，通过前端测试发现了多种问题，因此当后期若要再新增 AMF 网元后，进行相关的完善优化工作至关重要。同时还应注意相关网元策略，如 BSF（Binding Support Function，绑定支持功能）网元负荷分担方式、PCF 网元的容灾策略、UPF 网元 SIP 信令的转发等。

2. VoNR 维度

影响 VoNR 语音业务质量的表现主要有接通、时延、语音 MOS 和掉话等。进一步定位是网络中的问题，主要体现在终端、接入网、承载网、核心网等层面。

1）接通问题影响因素主要涵盖终端、空口、gNB、承载网、5GC，以及 IMS。

- 终端能力不支持 VoNR、终端性能存在故障均可导致接通失败或无法接通。
- 空口质量、空口资源存在问题，如高干扰、弱覆盖，以及容量受限等都有可能存在接通问题。
- gNB 如果出现寻呼参数设置不当、QoS 策略设置不当、故障告警等，都会导致基站性能下降，从而影响用户的接通。
- 传输承载网如果出现参数设置不当、容量受限，以及传输质量问题，最终可能造成大时延、抖动、丢包、乱序等现象，进而影响用户接通。
- 5G 核心网被叫域选参数配置出现问题、寻呼策略配置不当、流程冲突等，也是造成用户接通问题的因素之一。
- IMS 侧被叫域选失败、路由配置缺失或错误、互通场景下 CS 侧信元差异导致终端不支持或者他网运营商网络不支持等，均有可能造成终端接通失败等问题。

2）时延问题影响因素主要体现在弱覆盖导致 SIP 信令调度慢，高干扰导致 SIP 解调失败或者终端重建立，高负荷导致 SIP 信令调度慢，以及基站寻呼周期过长、乒乓切换、跨 TAC 频繁切换、gNB 处理 SIP 优先级低等，上述现象均会影响用户的接通时延，给用户带来较差的业务体验。

3）语音 MOS 问题影响因素则重点体现在弱覆盖问题、切换问题、RRC 重建立、下行质量差、语音参数设置不合理、终端问题，以及传输和核心网问题，需要逐一排查。

4）掉话问题影响因素主要包括终端侧、无线侧、5GC，以及 IMS 等。

- 终端异常 detach，以及终端异常发起专载释放，最终导致用户掉话。
- 从无线侧分析影响原因，主要有覆盖问题、高干扰、容量受限、参数设置问题，以及切换失败、邻区漏配等，这些都会使用户存在掉话的可能性。
- 从 5GC 侧分析影响原因，TAU reject、专载丢失、核心网主动下发专载释放等均有可能引起用户掉话，究其原因可能是由于核心网侧存在故障、流程冲突等。
- 异常的 IMS 信令，如 IMS 下发 BYE、IMS 没有下发 BYE200 OK 消息、IMS 单边释放、RTP TIMEOUT 等，这些就需要在 IMS 侧重点进行根因定位了。

5.2.4　EPS FB 语音质量提升

5.2.4.1　EPS FB 4/5G 协同关键点

由于 EPS FB 语音业务需要回落 4G 网络，那么语音业务如何在 4G 网络和 5G 网络之间更优地协同，则是优化 EPS FB 语音业务质量的关键环节。SA 4/5G 互操作和语音业务承载策略需要确定以下信息：

1）连接态互操作方式：4G 到 5G 和 5G 到 4G 应该选择切换还是重定向？

2）邻区添加策略：4G 应添加哪些 5G 邻区？ 5G 应添加哪些 4G 邻区？

3）空闲态下 4G 侧和 5G 侧的频点优先级如何设置？

4）SA 语音业务应该如何承载？

不过确定以上策略首先需要考虑以下三个维度的因素：

1）用户感知维度：对于语音业务 EPS FB 来说，基于切换方式的 EPS FB 比基于重定向的 EPS FB 可靠性更高，用户感知更好。

2）运维优化维度：对于 4G 到 5G 互操作来说，如果选择切换方式则必须在 4G 小区添加邻区，如果选择重定向方式则只需在 4G 侧添加 5G 频点。对于 5G 到 4G 互操作来说，如果添加所有 4G 频点小区为邻区则工作量巨大，因此应该保证终端在 5G 边缘回落的前提下，添加尽量少的 4G 邻区。

3）产业链成熟度维度：从终端产业链现状来看，部分终端不支持 VoNR 业务。从网络侧来看，SA 建网初期由于 5G 覆盖不连续，并且语音业务增强功能在 NR 侧不够完善，VoNR 逐步代替 EPS FB 成为 5G 最终的语音解决手段。

下面就上述疑问进行逐一解答。

1. 互操作策略

1）LTE->NR 互操作策略：LTE 锚点 ->NR 采用切换方式，LTE 非锚点 ->NR 采用重定向方式。主要考虑因素：锚点站已添加 NR 邻区，可以快速部署 LTE->NR 切换功能；非锚点站到 NR 采用重定向方式，无须添加 NR 邻区。

2）NR->LTE 互操作策略：NR->LTE 采用切换方式，为实现极简互操作原则，NR 应配置尽量少的 LTE 邻区。

2. 邻区添加策略

1）LTE->NR 邻区添加策略：LTE 锚点，已添加 NR 邻区；LTE 非锚点，采用重定向方式，无须添加 NR 邻区。

2）NR->LTE 邻区添加策略：原则为在 NR 覆盖边缘能够实现回落 LTE 的前提下，应添加尽量少的 LTE 邻区，实现极简互操作。NR 侧必须添加 FDD1800M 和室分 E 频段两个频段邻区，同时要添加基础覆盖层频点邻区。

3. 频点优先级策略

1）LTE 侧优先级设置：在 LTE 侧将 NR 频点优先级设置为最高，如果 LTE 侧重选优先级 1 ~ 7 全部被占用，则将 NR 侧优先级设置为 7.2。

2）NR 侧优先级设置：NR 侧的 E-UTRAN 频点优先级与 LTE 系统内优先级设置应基本保持一致，同时考虑到未来 NR 可能有多个频点，NR 侧将 E-UTRAN 最高优先级推荐设置为 4（见表 5-23）。

表 5-23　回落 4G 侧频点优先级

频点优先级配置	频点	优先级
重选频点优先级	E1	4
	FDD1800M、F1	3
	D3、D7	2
连接态频点测量优先级	E1	255
	FDD1800M、F1	254
	D3、D7	253

4. SA 语音业务策略

最终当用户发起语音业务时，通过 EPS FB 建立 VoLTE 语音业务，用户通话完成后，在 VoLTE 业务释放时，通过 FR（Fast Return，快速回落）到 NR SA 网络。

5.2.4.2　EPS FB 各阶段调优策略

一段完整的 EPS FB 语音业务主要包括四个阶段，分别是起呼阶段、回落阶段、通话阶段，以及返回阶段。每个阶段都应该有不同的优化策略来应对，下面我们来简述一下不同阶段的不同策略。

1. 起呼阶段

针对此阶段，最重要的就是保持用户的平稳起呼，通过 RSRP 与起呼成功率、SINR 与起呼成功率的关联分析，可以看出，当 RSRP 电平值低于 −110dBm 时，起呼成功率下降明显，当 SINR 值低于 −3 时，起呼成功率下降明显，由此可以看出，EPS FB 起呼的拐点是 RSRP 为 −110dBm 和 SINR 为 −3，见图 5-57。

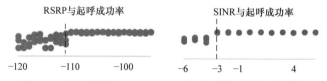

图 5-57　起呼阶段 RSRP、SINR 与起呼成功率拐点分析

基于上述的拐点，我们将 EPS FB 的 A2 保底门限设定为 −110dBm ～ −105dBm，确保终端在此阶段及时对 4G 侧发起测量。与此同时，结合实际路测过程，可以对发现的 RSRP<−110dBm 或者 SINR<−3 的区域进行覆盖增强及干扰抑制等调优工作。在起呼阶段，可开展 4G、5G 协同，在尝试差区域空闲态驻留在 NSA，缩短语音呼叫时延，提升语音感知，同时兼顾 5G 信号显示。

2. 回落阶段

在回落 4G 阶段，回落的方式选择、回落的频点选择，以及回落后如何落脚等至关重要。那么我们可以选择在覆盖无短板区域，采用基于重定向方式回落降低时延；在覆盖有部分频点差区域，采用基于切换方式回落保成功率。针对回落频点，可采用择优的方式，开启基于回落邻区感知来设置回落优先级，感知优的优先回落，感知差的靠后回落。当回落至 4G 网络后，需要对切换进行保护，同时防止重定向返回保护，以保证回落到感知最优的小区。

3. 通话阶段

通话阶段最需要的就是稳定，可结合 4G 和 5G NSA 测试切换链，择优确定 EPS 回落后的切换路径。通过将同频、异频起测门限拉齐，实现早测量，避免拖带。基于小区性能择优切换控制，实现占用性能最优小区。在电平切换的基础上补充基于质量切换，避免拖带切换隐患。同时对 FDD 干扰小区采用慢入快出语音数据分层策略，规避 FDD 干扰，降低 FDD 干扰小区对用户上网感知的影响，对于具体设置可根据当地不同的实际情况来实施。NSA 语音通话时在 NR 侧 SCG 断链，并在 LTE 侧终端可达到 23dBm 的最大上行发射功率，避免双连接上行受限。对于 EPS FB 用户，不允许添加 SCG，以保证上行发射功率，避免上行受限。

4. 返回阶段

目前 NR 网络主要以 2.6G 为主，调整 4G 到 5G 重定向时 RRC Release 中的频点优先级，优先返回 2.6G。若发现挂机后进入 NSA，则通过 NSA/SA 测量迟滞协同解决，由于 FR 的 B1 时间迟滞大于 SCG 添加迟滞，因此先进入 NSA，FR 过程中断，导致终端无法返回 SA。针对该协同问题，建议将 FR 的 B1 测控时间迟滞优化到 160ms，以解决 FR 问题。同时将 5G 终端的 SRVCC 关闭，确保终端不会驻留 2G 网络，以降低返回过程时延。

5.2.4.3 EPS FB 呼叫成功率专项提升

前面调优策略简要介绍了 EPS FB 各个阶段的优化对策，下面我们重点对 EPS FB 呼叫成功率和时延进行重点讲解。

1. EPS FB 呼叫成功率低原因分析

（1）深入分析 EPS FB 呼叫成功率，归类相关失败原因，并总结问题根因，同时探讨基于典型失败原因值的精准定界和定位。

以某省为例，通过对现网未接通典型问题深入分析，对 503/580 等常见错误码典型失败原因进行归纳，如下。

1）503 常见失败：回落后在 TAU 流程中，建立专载流程和无线流程冲突导致 RAR message timeout，最终 SBC 向 UPF 回应 503 错误。回落前、中、后三个阶段的失败原因如下：

① 回落前失败：5QI5 建立失败，被叫晚或未收到 Invite，网络侧超时发起 Cancel。主要原因为空口质差，RRC 重配失败，UE Lost。

② 回落中失败：NR 基站参数配置的问题，如 EPS FB 开关未开、5G-4G 频点 / 邻区未配置、有 5G 无 4G 等。MME 不响应 AMF 的问题，MME 没有收到 Forward Relocation 或异常未响应等。eNB 侧不回复 HO ACK 的问题，如 SRI 资源不足导致 NR 向 LTE 切换入失败，MME 等待 eNB 回复 HO Request Ack 超时。

③ 回落后失败：SMF 和彩铃平台的问题，PCF 发起了 ASR 拆除专载，因此 SBC 发起 503 释放，导致视频彩铃被叫失败。

2）580 常见失败：终端侧专载建立超时，终端向网络侧发起拆线。回落前、中、后三个阶段的失败原因如下：

① 回落前失败：空口质差导致 SIP 信令传输失败、空口质差导致终端发送的 183 未被网络侧收到或 183 上行传输延迟较大。

② 回落中失败：EPS FB 回落成功后，MME 未发送 QCI 专载建立消息的问题。流程冲突的问题，AMF 收到基站重定向请求和 SMF 发送的回落重传消息流程冲突，导致专载未建立。5G 到 4G 切换失败的问题，切换超时转重定向，被叫终端侧等待专载建立超时发送 580。

③回落后失败：4G 空口质差导致 QCI1 建立失败的问题，被叫终端侧等待专载建立超时发送 580。TAU 发起过晚的问题，SMF 5s 超时没收到 4G 的 MBR 导致流程失败。4G 侧 QCI 专载未建立的问题，MME 未发起 QCI1 建立。eRAB 建立和 X2 切换流程冲突的问题，MME 未处理 pathswitch，QCI1 专载也未建立。

（2）EPS FB 与无线进行联动分析。将 EPS FB 失败分阶段与无线进行联动分析，找出各阶段常见空口原因。表 5-24 为无线寻优思路。

表 5-24　EPS FB 无线寻优思路

场景	定界思路（质差识别规则）	平台输出	无线排查思路
回落未触发	PDU 会话修改流程失败原因值	5G 小区 / 基站	检查 EPS FB 开关、4G 侧频点、邻区配置
	34 Not supported 5QI value		
	27 Unknown QoS Flow ID		
切换失败（切换方式）	1）未发起切换	5G-4G 小区对	检查无线质量
	2）切换失败（非 N26 超时）		
5G 释放失败（重定向方式）	1）基站未发起 UE 上下文释放	5G 小区	检查基站侧重定向开关
	2）UE 上下文释放流程失败		空口问题排查：弱覆盖、质差
4G TAU 失败	1）未发起 TAU	1）5G 小区	空口问题排查：弱覆盖、质差
	2）TAU 失败（重定向：鉴权或加密或初始上下文建立超时引起 UE 上下释放）	2）4G 小区	TAU 与 X2 流程冲突
4G 专载建立失败	MME 发起专载建立请求，终端未响应	4G 小区	空口问题排查：弱覆盖、质差传输丢包排查

2. EPS FB 呼叫成功率提升措施

1）EPS FB 测量重定向方式修改为切换方式：测量重定向方式回落周期长，增加 EPS FB 与其他空口流程冲突概率，导致重定向方式回落成功率低于切换方式。因此回落方式修改为切换方式，有利于提升 EPS FB 呼叫成功率。

2）处理核心网信令丢包问题：丢包概率性导致 MME 无法收到 AMF forward 消息，进而引起超时未接通问题，通过优化 AMF 重发定时器为 3s，SMF 的流程冲突重发次数为 3 次来规避。

3）虚拟化 S-CSCF 呼叫数据区存储不足问题：在被叫过程中，S-CSCF 将呼叫相关信息保存到呼叫数据区，由于 PANI 信息可变，溢出后导致未接通，通过核心网修改软参来解决。

4）基础配置参数规范化：基础配置参数的规范化是确保网络稳定、高效运行的基础，由于 EPS FB 同时牵涉 4G、5G 网络，并且涉及无线参数众多，尤其是 4G 网络 VoLTE 性能也会影响 EPS FB 性能，因此需要对 4G、5G 基础进行整治，首先要确保 VoLTE 性能达标。例如现网部分站点因为告警、断链等原因，以及 EPS FB 开关未开、LTE 频点漏配、邻区漏配等原因，导致基站无法触发 EPS FB 流程。

5）5G-4G 频点 & 邻区精细优化：在 EPS FB 语音呼叫时，按配置的 LTE 频点优先级由高到低依次测量回落频点，如果频点优先级配置不当，会造成回落失败和时延增加。对于基于切换方式的 EPS FB 来说，如果终端在语音业务时没有测量到优先级最高的频点，而是测量到了优先级次高的频点，则回落时延会增加 300 ~ 600ms。对于基于盲重定向方式的 EPS FB 来说，如果终端向优先级最高的频点回落失败，则终端会发起重新搜网，此时会导致呼叫时延增加。考虑到以上问题，需要根据 LTE 打底覆盖层情况来确定大网整体的回落优先级，然后根据拉网测试情况来精细优化回落频点优先级。例如 LTE 网络中 FDD1800M 覆盖最好，则统一将 FDD1800M 设置为最高回落优先级，同时根据拉网情况发现某路段 FDD1800M 覆盖很差而 F1 频段覆盖很好，则把该路段 F1 频段的回落优先级设置为最高，并且调低 FDD1800M 回落优先级。

6）EPS FB 重定向次数压降：在 EPS FB 使用切换方式时，基于当前机制，当 EPS FB 最强邻区漏配，或 EPS FB 切换失败等场景下，基站会尝试基于重定向方式完成 EPS FB。因此语音重定向次数占比一定程度上也反映了 5G-4G 邻区配置的准确性，建议结合地图查看邻区配置，定期添加漏配邻区或删除冗余邻区。

7）EPS FB B1 门限优化：当前 EPS FB B1 门限较低，在无 5G 的室内高层等区域，可能会有 FDD1800M 等信号较弱，但又因其优先级高，导致优先回落室外的 1800M，因此可尝试提升 B1 门限，能在一定程度上避免该问题。

5.2.4.4　EPS FB 时延专项提升

1. EPS FB 时延分段划分

将 EPS FB 端到端时延拆解为不同阶段，精准量化各阶段时延，快速发现时延异常问题，并给出针对性优化建议，实现 EPS FB 全流程时延可视可管可优，见图 5-58。

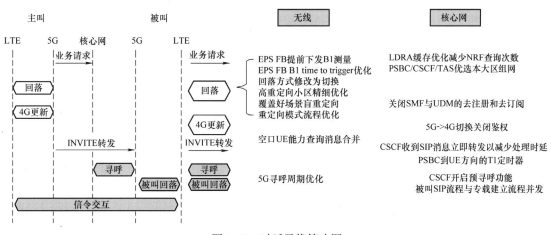

图 5-58　时延寻优策略图

2. EPS FB 时延降低措施

（1）核心侧优化措施

1）PSBC/CSCF/TAS 优选本大区组网：MME/SAE-GW 优选本大区组网。

2）关闭 SMF 与 UDM 的去注册和去订阅：SMF 可以不向 UDM 发送去注册和去订阅。

3）CSCF 修改转发模式：将缓存转发修改为立即转发，降低单消息时延。

4）被叫 IMS 串改并：对 SBC 被叫 SIP 流程和专载建立流程并行方案进行优化（见图 5-59）。

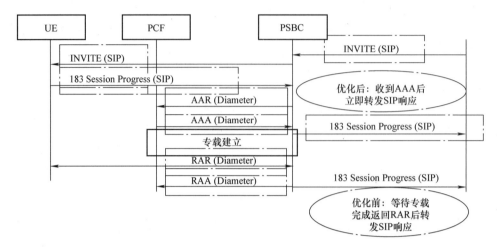

图 5-59　SIP 信令解析对比

5）LDRA 缓存优化：DRA 可存储的单个 BSF 地址段进行扩充。

6）EPS FB MME 后鉴权安全模式优化：EPS FB 后到 MME 的 TAU 流程不进行强制鉴权。

7）T1 定时器优化：缩短 P-CSCF 与 UE 方向的 T1 定时器，缩短消息重发场景重发间隔。

8）CSCF 开启预寻呼：可以降低 UPF 收到 INVITE 下行数据时被叫处于空闲态的概率（见图 5-60）。

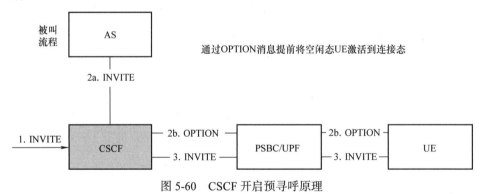

图 5-60　CSCF 开启预寻呼原理

（2）无线侧优化措施

1）回落方式优化：回落方式从重定向逐步优化为切换，降低 EPS FB 与其他业务流程冲突的概率，回落方式对比见表 5-25。

表 5-25　EPS FB 回落方式对比

回落方式	优点	缺点
基于盲重定向	部署简单，快速达到商用指标要求	可能回落到信号较差或者干扰较大的 LTE 小区
基于测量重定向	可以保证回落 LTE 小区时的信号质量	回落时延最大
基于切换	可以保证回落 LTE 小区时的信号质量，回落时延最小	邻区优化工作量大

2）EPS FB B1 time to trigger 优化：缩短 EPS FB B1 time to trigger 定时器。

3）提前下发 B1 测量：空闲态用户触发语音呼叫的接入时，初始接入完成前提前下发 B1 测控，以减少等待时延。

4）重定向并行机制：RRC Release（消息）和 Context Release Request 并发，节省等待 Context Release CMD 的时延。

5）UE 能力查询合并：回落后需查询 LTE/NSA/NR/GU 等共三次终端能力，可将其合并为两次，以降低空口交互信令的时延。

6）切换失败转重定向压降：导出 EPS FB 切换失败转重定向时对应的 4G、5G 两两小区对的信息，以便有针对性地开展优化。

7）快速 EPS FB 试点：被叫振铃前采用不生效 DRX、主动连续调度、延迟 UE 能力查询等手段来综合改善 EPS FB 时延。

5.2.4.5　EPS FB 优化案例

1. 案例 1　4G 基站侧 MME 配置问题导致 SA 语音 EPS FB 切换准备失败

（1）现象描述

在 SA 组网下，语音回落为基于切换测量的方式，在进行语音 EPS FB 测试时发现，终端上报 B1 测控后，并没有收到 MobilityFromNRCommand 切换命令，后出现 NR RRC 连接释放，语音回落走重定向方式。SA 语音回落走重定向方式较切换方式，其呼叫时延较大，影响 5G 语音感知，如图 5-61 所示。

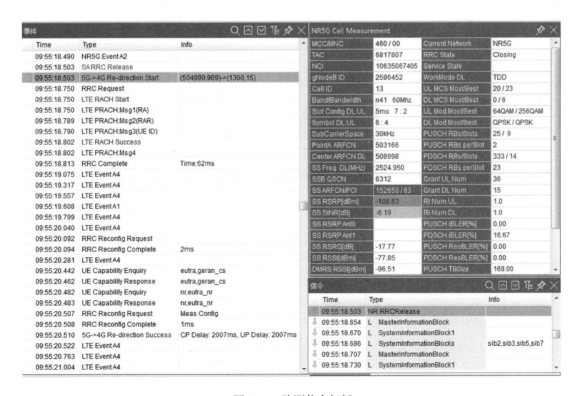

图 5-61　路测信令解析

（2）原因分析

1）从基站侧跟踪信令分析 Release（释放）的原因是切换准备失败，gNB 向 AMF 发送了 Handover Require 但是没有收到 Handover Command。

2）语音回落 4G 的切换是 AMF 根据 TAI 选择的 MME POOL，然后从 POOL 内随机选择一台 MME，MME POOL 是由多个 MME 组成的，MME POOL 内的 eNB 需要与所有 MME 全互联，目前现网有 6 台 MME 组成 1 个 MME POOL，6 台 MME 都有可能被选到。

3）核查 4G 基站与核心网 MME 的传输配置，发现语音回落的目标 4G 基站在传输中只配置了 1 台 MME，造成很大概率与切换选择的目标 MME 不一致，导致切换准备失败。

（3）解决方案

在 4G 基站侧修改传输配置，新添加 5 个 MME 的传输配置后，语音回落切换失败问题得到解决（见图 5-62）。

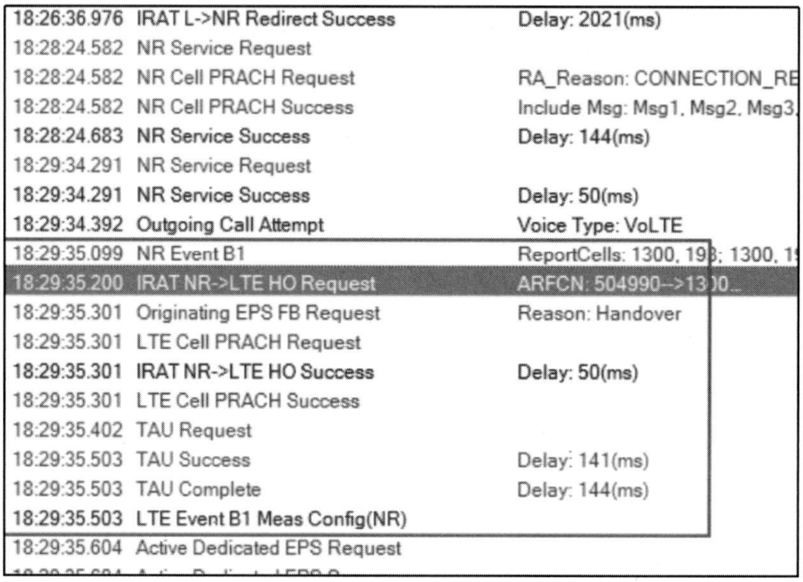

18:26:36.976	IRAT L->NR Redirect Success	Delay: 2021(ms)
18:28:24.582	NR Service Request	
18:28:24.582	NR Cell PRACH Request	RA_Reason: CONNECTION_RE
18:28:24.582	NR Cell PRACH Success	Include Msg: Msg1, Msg2, Msg3,
18:28:24.683	NR Service Success	Delay: 144(ms)
18:29:34.291	NR Service Request	
18:29:34.291	NR Service Success	Delay: 50(ms)
18:29:34.392	Outgoing Call Attempt	Voice Type: VoLTE
18:29:35.099	NR Event B1	ReportCells: 1300, 19B; 1300, 1
18:29:35.200	IRAT NR->LTE HO Request	ARFCN: 504990-->13 0
18:29:35.301	Originating EPS FB Request	Reason: Handover
18:29:35.301	LTE Cell PRACH Request	
18:29:35.301	IRAT NR->LTE HO Success	Delay: 50(ms)
18:29:35.301	LTE Cell PRACH Success	
18:29:35.402	TAU Request	
18:29:35.503	TAU Success	Delay: 141(ms)
18:29:35.503	TAU Complete	Delay: 144(ms)
18:29:35.503	LTE Event B1 Meas Config(NR)	
18:29:35.604	Active Dedicated EPS Request	

图 5-62　调优后信令流程解析

2. 案例 2　SA 测试中 EPS FB 时延较高

（1）现象描述

外场测试 DT 语音 5G 到 5G 拉网测试后发现，5G 到 5G 接通时延整体较高，达到 5975ms，且小于 5s 的比例只有 52.86%，明显异常。测试结果见表 5-26。

表 5-26　调优前 EPS FB 时延测试结果

EPS FB 呼叫时延 /ms	EPS FB 挂机后快速返回时延 /ms	EPS FB 呼叫时延占比（5G -> 5G）		EPS FB 挂机后快速返回时延占比	
		小于 4.5s 的比例	小于 5s 的比例	小于 2s 的比例	小于的 2.5s 比例
5975	2079	22.86%	52.86%	95.45%	95.45%

（2）原因分析

抽取一个时延较长的话单查看，发现主叫侧从收到 ActivateDedicatedEPSBearerContextRequest 到收到 SIPInviteRinging180 振铃消息的时间过长，达到 4955ms，时延较大（见图 5-63）。

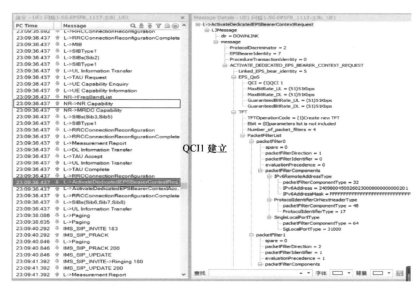

图 5-63　信令分段时延解析

查看被叫在 23:09:36 到 23:09:40 左右发生了 NR 系统内切换，被叫 UE 在完成切换后才回落至 4G，然后后续 SIP 信令接续，导致回落时延较长（见图 5-64）。

图 5-64　异常信令解析

（3）解决方案

查看正常呼叫流程，发现 ActivateDedicatedEPSBearerContextRequest 到 SIPInviteRinging180 振铃消息之间的时延仅为 1650ms 左右，故此段为影响时延的重要因素（见图 5-65）。

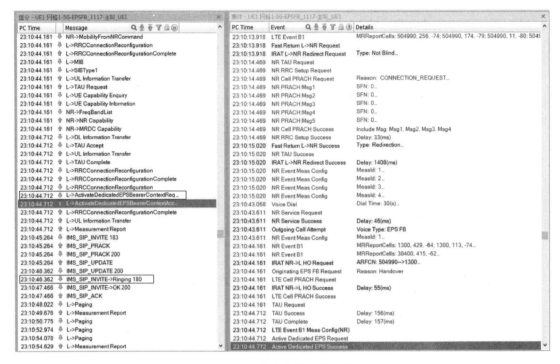

图 5-65　信令分段时延解析

查看整体呼叫流程信令，发现大量呼叫均存在较多 NR 侧切换问题，通过核查现网数据发现网络调高了 A2 门限，因此怀疑是由 UE 起测过早导致的，通过对部分切换过多的小区进行 A2 门限优化，时延提升明显（见表 5-27）。

表 5-27　调优后 EPS FB 时延测试结果

EPS FB 呼叫 时延 /ms	EPS FB 挂机后 快速返回时延 /ms	EPS FB 呼叫时延占比（5G -> 5G）		EPS FB 挂机后快速返回时延占比	
		小于 4.5s 的比例	小于 5s 的比例	小于 2s 的比例	小于 2.5s 的比例
3795	1525	92.86%	95.71%	97.50%	97.50%

5.2.5　VoNR（ViNR）语音质量提升

VoNR 是指基于 IMS 网络的 NR 语音解决方案。它是架构在 NR 网络上、全 IP 条件下、并基于 IMS 的端到端语音方案，全部业务承载于 5G 网络上，可实现数据与语音业务在同一网络下的统一。下面我们重点阐述一下 VoNR（ViNR）的覆盖、容量特性及质量提升策略。

5.2.5.1　覆盖分析

不同的业务类型对速率的要求不同，结合 3GPP TS 36.873 的无线传播模型进行路损仿真分析，见图 5-66。

Scenario		Path loss /dB Note: f_c is given in GHz and distance in meters!	Shadow fading std /dB	Applicability range, antenna height default values
Indoor (InH)	Hotspot LOS	$PL = 16.9\log_{10}(d) + 32.8 + 20\log_{10}(f_c)$	$\sigma = 3$	$3\text{ m} < d < 100\text{ m}$ $h_{BS} = 3\sim6\text{ m}$ $h_{UT} = 1\sim2.5\text{ m}$
	NLOS	$PL = 43.3\log_{10}(d) + 11.5 + 20\log_{10}(f_c)$	$\sigma = 4$	$10\text{ m} < d < 150\text{ m}$ $h_{BS} = 3\sim6\text{ m}$ $h_{UT} = 1\sim2.5\text{ m}$
Urban Micro (UMi)	LOS	$PL = 22.0\log_{10}(d) + 28.0 + 20\log_{10}(f_c)$ $PL = 40\log_{10}(d_1) + 7.8 - 18\log_{10}(h'_{BS}) - 18\log_{10}(h'_{UT}) + 2\log_{10}(f_c)$	$\sigma = 3$ $\sigma = 3$	$10\text{ m} < d_1 < d'_{BP}$ $d'_{BP} < d_1 < 5000\text{ m}$ $h_{BS} = 10\text{ m}, h_{UT} = 1.5\text{ m}$

图 5-66 无线传播模型路损分析

不同速率的业务的最大允许路损（MAPL）见表 5-28，其中 VoNR（24.4kbit/s）最大允许路损为 118.6dB，在所有业务中值最大，即覆盖能力最强，720P 视频业务最大允许路损为 109.7dB，与上行 5Mbit/s 数据业务（四）覆盖能力相当。在 5G 数据业务浅层覆盖组网情况下，ViNR 视频深度覆盖相对不足。

表 5-28 不同业务的 MAPL 汇总表

链路预算 - PUSCH	480P	720P	1080P	数据业务（一）	数据业务（二）	数据业务（三）	数据业务（四）	VoNR
数据速率 /（Mbit/s）	1	3	4	1	3	4	5	0.0244
最大允许路损 /dB	114.5	109.7	108.6	116.5	111.7	110.6	109.5	118.6

注：上述表格中为固定编码速率下的结果。对于 VoNR 语音和视频业务，终端可以通过进一步降低编码速率从而增加其覆盖范围。

5.2.5.2 容量分析

1. VoNR 容量分析

VoNR 语音包发送周期为 20ms，静默包发送周期为 160ms，VoNR 数据包通常为 32～61B，并且 5QI1 属于 GBR 业务，优先级较高，业务信道通常不受限。因此，容量主要受限于控制信道。

（1）2.6G VoNR 容量分析

VoNR 控制信道 CCE 数量见表 5-29。

表 5-29 VoNR 控制信道 CCE 数量

2.6G 频段 N_{RB} 个数	单 tti 的 CCE 数量（3 个符号用于控制信道，CCE 利用率为 90%）	每秒总的 CCE 数量（0.5ms/tti，子帧配比为 7:1:2）	每秒用于下行业务的 CCE 数量（控制信道上下行比例为 1:1）	每秒用于上行业务的 CCE 数量（控制信道上下行比例为 1:1，现网 k 值为 2）
273	122	195200	170800	24400

VoNR 用户调用次数计算如下，根据现网配置：语音静默因子为 0.5，语音包发送周期为 20ms，静默包发送周期为 160ms。

VoNR 用户调用次数（次 /s）：

$$1000 \times 0.5 /20 + 1000 \times 0.5/160 = 28.125 \text{ 次 /s}$$

VoNR 语音用户容量（个数）：

用户容量 =CCE 数量 / 用户所在信道条件占用的 CCE 数量（见表 5-30）/VoNR 用户调用次数

$$\begin{cases} \text{VoNR用户数}=\text{PDCCH占用符号数} \times \dfrac{\left(\dfrac{N_{RB}}{6}\right)}{4} \times \dfrac{1000}{28.125} \times 0.9, & 52 \leqslant N_{RB} \leqslant 79 \\ \text{VoNR用户数}=600, & N_{RB} > 79 \end{cases}$$

表 5-30　各个信道条件的 CCE 数量

极好点用户	好点用户	中点用户	差点用户	极差点用户
（占用 1 个 CCE）	（占用 2 个 CCE）	（占用 4 个 CCE）	（占用 8 个 CCE）	（占用 16 个 CCE）
400	400	216	108	54

注：1. 极好点：控制信道占用 1 个 CCE，SINR>9dB。
2. 好点：控制信道占用 2 个 CCE，3.2dB<SINR<9dB。
3. 中点：控制信道占用 4 个 CCE，−0.8dB<SINR<3.2dB。
4. 差点：控制信道占用 8 个 CCE，−3.8dB<SINR<−0.8dB。
5. 极差点：控制信道占用 16 个 CCE，SINR<−3.8dB。

见表 5-30，在 100MHz 带宽下，5G 网络可承载约 400 个用户（用户在极好点、好点时可以满足），当用户都在极差点时，理论上最多可承载 54 个用户。

（2）700M VoNR 容量分析

VoNR 控制信道 CCE 数量见表 5-31。

表 5-31　VoNR 控制信道 CCE 数量

700M 频段 N_{RB} 个数	单 tti 的 CCE 数量（3 个符号用于控制信道，CCE 利用率为 90%）	每秒总的 CCE 数量（1ms/tti）	每秒用于下行业务的 CCE 数量（控制信道上下行比例为 1:1）	每秒用于上行业务的 CCE 数量（控制信道上下行比例为 1:1）
160	72	72000	36000	36000

VoNR 用户调用次数计算如下，根据现网配置：语音静默因子为 0.5，语音包发送周期为 20ms，静默包发送周期为 160ms。

VoNR 用户调用次数（次 /s）：

$$1000 \times 0.5 /20 + 1000 \times 0.5/160 = 28.125 \text{ 次 /s}$$

VoNR 语音用户容量（个数）：

用户容量 = CCE 数量 / 用户所在信道条件占用的 CCE 数量（见表 5-32）/VoNR 用户调用次数

$$\begin{cases} \text{VoNR用户数}=\text{PDCCH占用符号数} \times \dfrac{\left(\dfrac{N_{RB}}{6}\right)}{4} \times \dfrac{1000}{28.125} \times 0.9, & 52 \leqslant N_{RB} \leqslant 79 \\ \text{VoNR用户数}=600, & N_{RB} > 79 \end{cases}$$

对于 2×30MHz 带宽的 700M 5G 网络可支持约 600 个用户（用户在极好点、好点时可以满足）；当用户都在极差点时，理论上最多可承载 80 个用户。

2. ViNR 容量分析

视频电话（ViNR）对网络上下行要求一致，且视频数据包较语音包大，小区边缘容量受限于业务信道。终端的 ViNR 的视频清晰度可以根据网络变化自适应调整（见表 5-33）。

表 5-32　各个信道条件的 CCE 数量

极好点用户 （占用 1 个 CCE）	好点用户 （占用 2 个 CCE）	中点用户 （占用 4 个 CCE）	差点用户 （占用 8 个 CCE）	极差点用户 （占用 16 个 CCE）
600	600	321	160	80

注：1. 极好点：控制信道占用 1 个 CCE，SINR > 9dB。
　　2. 好点：控制信道占用 2 个 CCE，3.2dB<SINR<9dB。
　　3. 中点：控制信道占用 4 个 CCE，−0.8dB<SINR<3.2dB。
　　4. 差点：控制信道占用 8 个 CCE，−3.8dB<SINR< −0.8dB。
　　5. 极差点：控制信道占用 16 个 CCE，SINR< −3.8dB。

表 5-33　不同分辨率对应参数表

视频分辨率或标准	480P（标清）	720P（高清）	1080P（全高清）(H265)
分辨率	640×480	1280×720	1920×1080
像素（pixel）	307200	921600	2073600
色深（color）/（bit/Pixel）	8	8	8
每像素 bit 数（RGB 标准）	24	24	24
每像素 bit 数（YUV 预处理）	12	12	12
帧率（frame/s）	30	30	30
编解码压缩比	200	200	400
所需码率/（Mbit/s）	0.55	1.15	2.1
速率码率比	1.9	1.9	1.9
所需速率带宽/（Mbit/s）	1.05	2.2	4

（1）2.6G ViNR 容量分析

用户数 = min{ 下行小区容量 /ViNR 网络需求，上行小区容量 /ViNR 网络需求 }

2.6G 网络承载能力见表 5-34。

表 5-34　2.6G 网络承载能力

网络承载能力（5G 2.6GHz，100MHz 带宽，64 通道）	速率/（Mbit/s）
下行平均吞吐量	1024
上行平均吞吐量	179
单用户边缘下行吞吐量	93（平均占用 100%RB 资源）
单用户边缘上行吞吐量	2～3（平均占用 20%RB 资源）

注：2.6G 按照上行 1Mbit/s 的速率进行规划，实际拉网测试最低为 2～3Mbit/s。

基于业务信道容量的 ViNR 用户数见表 5-35。

表 5-35　不同分辨率下的用户数

业务类型	5QI=2 承载的业务需求	小区平均承载并发用户数	小区边缘承载并发用户数
1080P 分辨率视频电话	4Mbit/s	44	0
720P 分辨率视频电话	2.21Mbit/s	80	5
480P 分辨率视频电话	1.1Mbit/s	162	10

小区平均可承载 44 个 1080P 用户，或者 80 个 720P 用户，或者 162 个 480P 用户。目前，小区边缘无法承载 1080P 用户，但可承载 5 个 720P 用户或者 10 个 480P 用户。

（2）700M ViNR 容量分析

用户数 = min{下行小区容量 /ViNR 网络需求，上行小区容量 /ViNR 网络需求 }。

700M 网络承载能力见表 5-36。

表 5-36　700M 网络承载能力

网络承载能力（5G 700MHz，2×30MHz 带宽，4 通道）	速率 /（Mbit/s）
下行平均吞吐量	199
上行平均吞吐量	65
单用户边缘下行吞吐量	24（平均占用 100%RB 资源）
单用户边缘上行吞吐量	5（平均占用 20%RB 资源）

基于业务信道容量的 ViNR 用户数见表 5-37。

表 5-37　不同分辨率下的用户数

业务类型	5QI=2 承载的业务需求	小区平均承载并发用户数	小区边缘承载并发用户数
1080P 分辨率视频电话	4Mbit/s	16	6
720P 分辨率视频电话	2.21Mbit/s	29	11
480P 分辨率视频电话	1.1Mbit/s	59	22

小区平均可承载 16 个 1080P 用户，或者 29 个 720P 用户，或者 59 个 480P 用户。目前，小区边缘可承载 6 个 1080P 用户，或者 11 个 720P 用户，或者 22 个 480P 用户。

5.2.5.3　VoNR 与 VoLTE 的区别

VoNR 为 5G 网络所独有的语音业务解决方案。由于 5G 的网络架构其实承袭自 4G，只支持分组交换，不支持电路交换，也就是说自身的 5GC（核心网）是没法支撑语音业务的，必须依赖于 IMS（IP 多媒体子系统）。

在 SA 模式下，5G 语音方案比较复杂，有四种场景。总体思路是，5G 网络优先使用 VoNR，如不支持，则回落到 4G 的 VoLTE，以及最后由 3G 或者 2G 进行兜底。

1）场景 1：5G 网络支持 VoNR，则可直接在 5G 上接通电话，然后在 5G 信号不好的时候回落到 4G 的 VoLTE。如果用户跑到了 4G 覆盖也不好的地方，还可以再次通过 SRVCC 切换到 3G 或者 2G。

2）场景 2：5G 网络支持 VoNR，则可直接在 5G 上接通电话，同时在 5G 信号不好的时候发现 4G 信号也不好，则直接通过 SRVCC 把电话由 5G 切换到 3G。

5G 到 3G 的 SRVCC 刚刚在 3GPP R16 版本中标准化，目前暂无手机支持。

既然能从 5G 切换到 3G，未来也会支持切到 2G 吧？实际上没有那个必要，因为一般情况下 3G 已经覆盖得很好，足够用来兜底了，再说 2G 已经开始全面退网了，不值得再花钱投资。

3）场景 3：5G 网络不支持 VoNR，则在打电话的时候先通过 EPS FB 返回到 4G 的 VoLTE，在 4G 覆盖不好的地方再次通过 SRVCC 切换到 3G 或者 2G。

4）场景 4：5G 网络不支持 VoNR，则在打电话的时候先通过 EPS FB 返回到 4G，但是很不幸，4G 也不支持 VoLTE，只能再次通过 CSFB 返回到 3G 或者 2G 来打电话。

可以看出，在这几个场景中，手机在打电话过程中，很可能从 5G 跑到了 4G，甚至还很可能从 4G 再跑到 3G 或者 2G。在打完电话之后，需要尽快让手机返回 5G。

同样是基于 IMS 的语音业务，VoNR 和 VoLTE 相比到底有什么优势呢？

首先，当手机驻扎在 5G 小区时，使用 VoNR 简单直接，否则还要经过 EPS FB 返回到 4G，信令流程增加了，时延也必然增加，从而影响用户体验。同时，VoNR 下强制支持一种新的语音编解码方案，可以有效提升语音通话的音质到 Hi-Fi 的级别，这就是 EVS（Enhance Voice Service, 增强语言服务），也称为超高分辨率语音（Super HD Voice）。其实 EVS 早在 3GPP R12 版本中就已经定义了，彼时 LTE 的发展正如日中天，但由于大家对语音质量还不够非常重视，一直少有手机支持。这一拖，就到了 5G 时代。

那么 EVS 是如何提升音质的呢？

声音是由物体振动产生的，以波的形式在空气等介质中传播。而人的耳朵只能听到有限频率内的声波，频率范围是 20Hz ～ 20kHz。

人的声带能发出的频率范围要更窄一些，为 85Hz ～ 1100Hz。在以前的语音编解码方案中，只包含了人的听觉频率范围中的一小段，有些甚至连人的发声频率范围都没有完全编码。比如最早的标准语音编码的频率范围是 300Hz ～ 3400Hz，而人的发声频率范围是 85Hz ～ 1100Hz，也就是说，从 85Hz ～ 300Hz 这一段的声音根本就没有被传输。这种窄带编码导致了音色的损失，最直观的感受是，在打电话时，虽然对方说的语句是能辨认的，含义也能听明白，但却经常分辨不出是谁在说话，像被变声了一样。而 EVS 直接实现了对人的听觉频率范围全带宽的编码，除了人的声音之外，连背景声音里"汪星人"和"喵星人"的叫声也真真切切，甚至可媲美 CD 的音质。

VoNR 采用 EVS 作为语音编解码方案。EVS 与其他常用语音编码方式（如 AMR-WB（Adaptive Multi-Rate Wideband, 自适应多码率宽带））相比，可以提供更高的语音质量。

EVS 包括 EVS-NB（EVS NarrowBand）、EVS-WB（EVS WideBand）、EVS-SWB（EVS Super WideBand）、EVS-FB（EVS FullBand）和 AMR-WB I/O（AMR-WB Input/Output）五种编码方式，各种编码方式支持的编码速率见表 5-38。具体采用哪种 EVS 编码方式由 UE 与 IMS 之间通过 SIP 信令进行协商。

表 5-38　EVS 不同编码方式支持的编码速率

编码方式	支持的语音编码速率 /（kbit/s）
EVS-NB	5.9、7.2、8.0、9.6、13.2、16.4、24.4
EVS-WB	5.9、7.2、8.0、9.6、13.2、16.4、24.4、32、48、64、96、128
EVS-SWB	9.6、13.2、16.4、24.4、32、48、64、96、128
EVS-FB	16.4、24.4、32、48、64、96、128
AMR-WB I/O	6.6、8.85、12.65、14.25、15.85、18.25、19.85、23.05、23.85

当通话呼叫的一方或双方的 UE 能力不支持 EVS 编解码时，如果能够支持 AMR 编解码，则也可以使用 VoNR 功能。用户 VoNR 通话模型如图 5-67 所示。

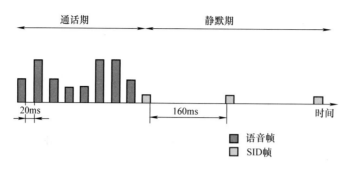

图 5-67　用户 VoNR 通话模型

语音业务存在两个状态：

1）通话期（Talk Spurt）：指 UE 上行链路发送语音帧或下行链路接收语音帧的时期。语音帧的发送周期为 20ms，语音帧大小取决于当前采用的编码速率。

2）静默期（Silent Period）：指 UE 上行链路发送 SID（Silence Insertion Descriptor，静默指示）帧或下行链路上接收到 SID 帧的时期。SID 帧的发送周期为 160ms，SID 帧长度是 64bit。

MAC CE 调速功能支持 gNB 根据上行空口能力，来通过 MAC CE 向 UE 提供推荐速率信息；同时支持 UE 在空口能力提升时向 gNB 查询推荐速率，以配合 UE 实现语音速率调整功能。本功能包含语音降速和语音提速两个方面，如下：

1）当 gNB 检测到 UE 的空口速率低于门限（64kbit/s）时，根据检测结果通过 MAC CE 主动通知 UE 推荐的空口速率调整为 40kbit/s，UE 根据推荐的空口速率进一步协助其判断是否要降低语音编码速率。当 gNB 检测到 UE 的空口速率高于门限时，根据检测结果通过 MAC CE 主动通知 UE 推荐的空口速率调整为 72kbit/s，UE 根据推荐的空口速率进一步协助其判断是否要提升语音编码速率。

2）当 UE 上行空口能力提升时，UE 通过 MAC CE 通知 gNB 查询推荐速率。此时，gNB 先检测 UE 的空口速率，当检测到 UE 的空口速率高于门限（64kbit/s）时，通过 MAC CE 通知 UE 推荐的空口速率调整为 72kbit/s，UE 根据推荐的空口速率进一步协助其判断是否要提升语音编码速率。

5.2.5.4　VoNR 功能特性促进质量提升

1. 弱场起呼转 EPS FB 功能

当网络中同时支持 VoNR 功能和 EPS FB 功能时，UE 在弱场起呼时选择进入 EPS FB 语音呼叫流程。

当处于空闲态或 Inactive 态的 UE 发起呼叫建立请求时，发送 RRCSetupRequest、RRCResumeRequest 或 RRCResumeRequest1 消息，如果消息中的信元 EstablishmentCause 取值为 "moVoiceCall"，那么 gNB 由此判断即将建立的是 5QI1 承载并下发 A2 测量。当处于空闲态或 Inactive 态的 UE 被呼叫时，发送 RRCSetupRequest、RRCResumeRequest 或 RRCResumeRequest 1 消息，如果消息中的信元 EstablishmentCause 取值为 "mt-Access"，gNB 将下发 A2 测量。

gNB 根据 5QI1 承载建立请求前是否上报 A2 测量来判断该主叫或被叫 UE 是否处于弱覆盖区域，如果上报 A2 测量则判断该 UE 处于弱覆盖区域。此时，gNB 将拒绝建立 5QI1 语音承载，并进入 EPS FB 语音呼叫流程。如果 UE 处于非弱覆盖区域，则进入 VoNR 语音呼叫流程。本功能中的 A2 测量的相关门限支持通过参数配置。

2. VoNR 包头压缩（ROHC）

VoNR 是基于 IP 网络传输的语音业务，并且语音包采用的都是小包高频传输（语音帧大小为 20ms），因此语音包的头部开销占整个数据包的比例较大。对于 IPv4 和 IPv6 语音数据包，头部开销分别达到了 40B 和 60B。语音数据包的净荷（有效负荷）大小与语音的编码速率有关，通常为 32 ~ 61B，以 IPv4 语音数据包为例，包头开销占到了语音数据包总数据量的 39.6%（40/101）~ 55.6%（40/72），即带宽资源的有效利用率只有 44.4% ~ 60.4%。同样的，IPv6 语音数据包对带宽资源的有效利用率只有 34.8% ~ 50.4%。这么低的资源利用率对于带宽资源稀缺的无线网络来说是不可接受的，会直接阻碍无线网络 IP 化的发展，因此有必要通过对包头部分进行压缩来提升无线资源的利用率。

ROHC 通过减少语音包头部负荷来降低无线链路误码率和时延、减少无线资源消耗。ROHC 支持 IPv4 和 IPv6 包头的压缩，最高可以将包头压缩成 1B（见图 5-68）。

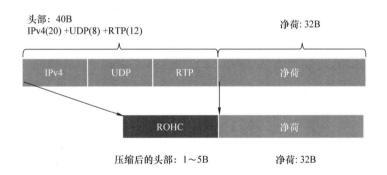

图 5-68　ROHC 压缩示意图

在 ROHC 协议框架中，ROHC 功能位于 UE 和 gNB 的用户面 PDCP 实体内。ROHC 功能分为两部分：压缩端（对包头进行压缩）和解压端（对压缩包头进行解压，恢复出原始包头），压缩原理示意如图 5-69 所示。

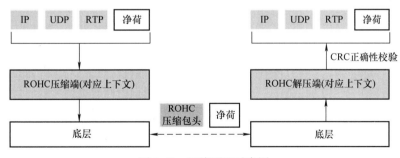

图 5-69　压缩原理示意图

3. 基于语音质量的切换

基于语音质量的切换是指基站实时监控终端语音质量，终端在无线环境尚未达到互操作门限时，如果语音质量变差，则下发异频异系统测量，如果达到切换门限就切换至目标小区以保障语音质量，该功能主要用于弱覆盖、高干扰以及下行质差等场景，用于改善语音质量。

网络侧根据 VoNR 上下行 RTP 丢包率来判断语音用户感知,如果 RTP 丢包率在连续 N 个周期 T 内满足丢包率门限 L,则触发语音质切测控消息,其中 N、T、L 可配置。

如果同时开启异频异系统质切,在满足质差门限时,网络侧会同时下发异频和异系统测控,NR 异频测量频点 measID 排在 4G 异系统频点前面,确保优先触发系统内质切。在下发测控后如果语音质量变好,网络侧会删除质切相关测控,同时继续监控语音质量。

4. VoNR 专用 C-DRX 功能

VoNR 每隔 20ms 发送一个语音包,根据 VoNR 的特点配置专用的 DRX 参数(见图 5-70),一方面可以保障语音质量,另一方面可以节约终端耗电量,提升 5G 用户感知。

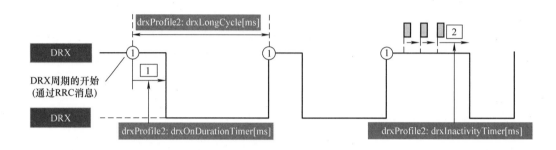

图 5-70 VoNR C-DRX 示意图

5. 基于覆盖的 VoNR 到 VoLTE 的切换

现网均已打通 AMF 与 MME 间的 N26 接口,可以支持 5G 到 4G 的切换,当 UE 在 5G 建立 VoNR 呼叫后,由于现网 5G 覆盖仍然不连续,存在个别区域的 5G 网络弱覆盖,同时 VoNR 业务相较于普通的数据业务对覆盖的要求更高,在这种情况下,为了保证用户语音业务的连续性,推荐采用提升 B2 算法门限 1 的方法提前启动基于覆盖的 VoNR 到 VoLTE 的切换,优先将 FDD1800 作为切换的目标小区,用户切换后占用频率上下行对称网络,更有利于语音用户感知的提升。

6. VoNR 5QI1/5QI5 上行预调度

VoNR 语音包通过 5QI1 承载传输,通过开启预调度功能,基站侧可以在 UE 发送 SR 之前分配上行资源,省去 UE 上报 SR 的步骤,以便语音包得到及时调度,预期可以改善远点语音感知。

基站每次识别到 5QI5 上有下行 BSR(Buffer Status Report,缓存状态报告)后,会在 5QI5 上行预调度预置 BSR 定时器超时后进行上行预授权,预授权的调度周期可以进行设置,在每个调度周期可以进行调度。

7. 上行 MCS 选阶优化

当 VoNR 用户上行 MCS 阶数偏高时,会导致语音业务的上行丢包率抬升,因此需确保 VoNR 用户上行 MCS 阶数合理,以保障语音包传输的可靠性。上行 MCS 选阶优化功能支持通过减小语音业务初传的上行 MCS 阶数来降低语音业务的上行丢包率,以提升语音传输质量。上行 MCS 选阶优化功能通过参数来配置语音业务初传的上行 MCS 下降的阶数。

8. VoNR 质差终端黑名单功能

对于上报了 VoNR 支持能力但是功能不完善或异常的某款终端,通过终端上报的 UE_CA-

PABILITY_INFORMATION 消息，识别出该特定款终端，并将该终端的 UE_ CAPABILITY（终端能力）特征码加入到基站黑名单中。当该款终端发起 VoNR 呼叫时，基站拒绝建立 5QI1，而是转向 EPS FB 流程，以便完成语音通话。该功能建议使用的场景：通过投诉或者性能数据分析到某款终端不成熟后，可以在特定的小区或者全网屏蔽该款终端使用 VoNR。

5.2.5.5　VoNR 语音业务质量提升

1. VoNR 事件类分析处理

事件类问题是 VoNR 测试优化的难点，可通过采用基于端到端信令流程，来梳理各阶段问题和优化思路（见图 5-71）。多数问题主要集中在主被叫 5QI1 建立阶段，其中弱覆盖等无线问题是主因，并包含部分与核心网流程冲突场景。

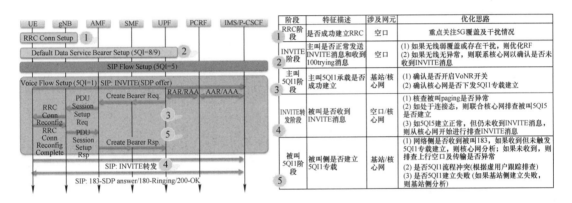

图 5-71　VoNR 各阶段优化思路

2. VoNR 丢包率精准优化

丢包对语音业务影响较大，下面对于 VoNR 现网常见的两种情况降低丢包率进行阐述。

（1）BWP2 对丢包率的影响

如图 5-72 所示，开启 BWP2 后，小包用户集中在 51RB 带宽上，易加剧用户间干扰，进而影响丢包率，关闭 BWP2 后，丢包率明显改善。建议对于 VoNR 用户，采用不进入 BWP2 状态。

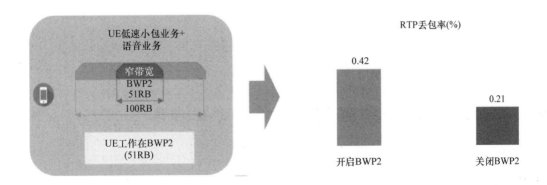

图 5-72　BWP2 对丢包率的影响

（2）定时器对丢包率的影响

如图 5-73 所示，核查 VoNR 涉及丢包强相关参数，基站侧配置 5QI1 PDCP SDU 丢弃时间为 500ms，通过对网管参数设置不同值后多次测试验证，发现终端信号强度在 −110 左右通话，PDCP SDU 的丢弃时间设置为 750ms 时，RTP 丢包率最低。日常优化过程中需要关注与 VoNR 强相关的定时器、计数器等，通过与现网实际结合，有效提升语音通话质量。

数据名称	PDCP SDU的丢弃时间/ms	NR平均SSB RSRP	尝试次数(5G)	接通次数	接通成功率(%)	呼叫建立时延/ms	RTP丢包率(%)
2022.01.10_091559_DT_100−1	100	−106.2	10	10	100.0	3168	0.34
2022.01.10_093157_DT_300−1	300	−105.3	10	10	100.0	3396	0.38
2022.01.10_090055_DT_500−1	500	−104.8	10	10	100.0	3528	0.24
2022.01.10_094846_DT_750−1	750	−105.7	10	10	100.0	2617	0.13
2022.01.10_100249_DT_无穷−1	infinity	−103.6	10	10	100.0	3460	0.26
汇总		−105.1	50	50	100.0	3220	0.27

图 5-73　PDU 定时器对丢包率的影响

3. 700M VoNR 场景化驻留方案

新增 700M 频段后，VoNR 场景化驻留策略将是影响语音业务的重要环节之一，下面我们重点讲解一下不同场景的 VoNR 驻留方案。

（1）市区：2.6G 主力承载，700M 基于干扰强度及时切回 4G

市区场景：开启 700M 到 2.6G 的 5QI1 分层，使 VoNR 优先驻留 2.6G。部分 700M 边缘场景，基于不同干扰强度下的 MOS4.0 分拐点，差异化互操作门限，提前离开 LTE。

如图 5-74 所示，在无干扰及轻干扰场景下，建议 <−105dBm 时切回 4G；在中度干扰场景下，建议 <−95dBm 时切回 4G；在重度干扰场景下，建议 <−85dBm 时切回 4G。

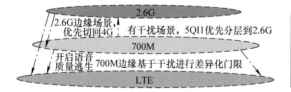

各干扰与覆盖组合下VoNR MOS测试情况

	RSRP −85dBm	RSRP −90dBm	RSRP −95dBm	RSRP −100dBm	RSRP −105dBm	RSRP −110dBm
重度干扰(−80dBm)	4.34	3.81	3.52	3.91	3.44	1.01
中度干扰(−90dBm)	4.41	4.44	4.08	3.93	3.63	2.04
轻度干扰(−100dBm)	4.37	4.4	4.01	4.34	4.12	3.98
无干扰(−110dBm)	4.5	4.28	4.28	4.46	3.94	4.2

图 5-74　市区 700M VoNR 互操作方案

（2）县城：无干扰场景 700M 主力承载，减少异频切换

县城无干扰场景：开启 2.6G 到 700M 的 5QI1 分层，700M 优先承载 VoNR。同时 700M 部署 VoNR 和 EPS FB 自适应、语音质量切换等及时返回 4G，见图 5-75。

（3）农村：700M 踏空场景，优先驻留 VoNR

农村场景：基于 700M 覆盖优势，部分农村区域可能出现有 700M 但是无 4G 的场景，即 700M 踏空场景。针对该场景，不建议开启 VoNR 和 EPS FB 自适应。同时以 MOS3.5 分作为边缘体验标准，适当下探 5G->4G 切换门限，尽量使语音驻留 700M，见图 5-76。

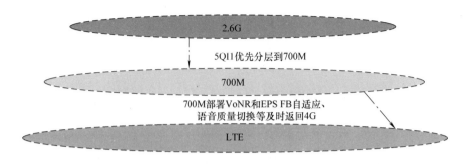

图 5-75 县城 700M VoNR 互操作方案

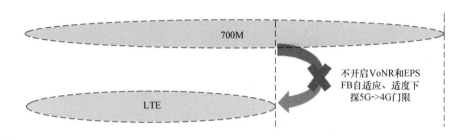

图 5-76 农村 700M VoNR 互操作方案

4. VoNR 拖尾优化

现网大量住宅楼宇以及低业务场景未部署 5G 室分，从而导致电梯、地下车库出入口等区域存在大量室外 5G 到室内 4G 的切换场景，易发生由于切换不及时导致 VoNR 感知差的问题。针对上述问题，可开展分业务的 5G->4G 切换门限精细优化，以减少感知洼地。

数据业务及 VoNR 业务的 5G->4G 切换若采用的是 A2+B2 的方式，对于快衰场景可将语音业务的异系统 A2 从 −105dBm 抬升到 −100dBm、Time to trigger 缩短至 1s，让 UE 提前进行测量，并可快速切换至 4G 网络，从而实现语音从 5G->4G 平滑切换，避免 5G 拖尾造成语音质差。

5.2.5.6 VoNR 优化案例

1. 案例 1：切换 SMTC 测量配置研究

（1）SMTC 原理

SSB 为周期性发送且周期可配置，但 UE 不需要像 SSB 周期性地测量小区信号，为避免不必要的测量和减少 UE 的功耗，协议定义 SMTC 窗口来通知 UE 测量周期及测量 SSB 的时机，即当 UE 被基站通知 SMTC 窗口时，它检测并测量该窗口内的 SSB，并将测量结果报告给基站。

如图 5-77 所示，SMTC 窗口可设置与 SSB 的相同，即 5、10、20、40、80 或 160ms；窗口持续时间根据被测量小区的 SSB 数量可以设置为 1、2、3、4 或 5ms。测量 GAP 应大于 SMTC 窗口长度，SMTC 窗口持续时间应包含 SSB 时长，否则无法测量。

（2）某省 SSB 和 GAP 配置

1）NR2.6G（SCS 30kHz）采用 Case C 场景，SSB 配置位置为 $\{2, 8\} + 14n$（n=0、1、2、3）（见图 5-78）。

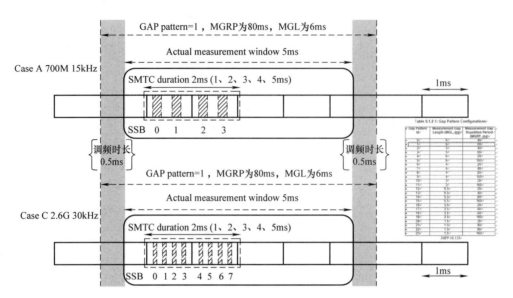

图 5-77　SMTC 原理图

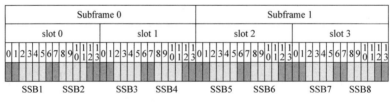

图 5-78　各厂家 2.6G SSB 波束配置

2）NR700M（SCS 15kHz）采用 Case A 场景，SSB 配置位置为 {2, 8} + 14n（n=0，1）（见图 5-79）。

（3）测量踏空案例

某地对 E 厂家 NR2.6G 向 H 厂家 700M 进行 VoNR 切换验证时，出现基站多次触发 A2 事件，但 UE 一直未上报 700M 测量报告（见图 5-80）。

中兴、华为配置0001，1个SSB波束位置如下

Subframe 0														Subframe 1													
slot 0														slot 1													
0	1	2	3	4	5	6	7	8	9	10	11	12	13	0	1	2	3	4	5	6	7	8	9	10	11	12	13

SSB1

爱立信、诺基亚配置1000，1个SSB波束位置如下

Subframe 0														Subframe 1													
slot 0														slot 1													
0	1	2	3	4	5	6	7	8	9	10	11	12	13	0	1	2	3	4	5	6	7	8	9	10	11	12	13

SSB1

图 5-79　各厂家 700M SSB 波束配置

图 5-80　测量踏空示意图

1）参数设置：E 厂家和 H 厂家 SMTC 周期与 SSB 周期一致，均为 20ms，SMTC duration 为 5ms，SMTC offset 为 0。H 厂家的 gap 起测位置可随测量小区的 SSB 位置进行自适应调整，E 厂家的 gapOffset 需通过 SMTC duration 和 SMTC offset 计算得到。

2）问题分析：2.6G 和 700M 帧头不对齐（见图 5-81），2.6G 配置的异频 SMTC 测量窗口未包含 700M 小区 SSB，从而导致 UE 测量踏空，UE 无法测量到 700M 的 SSB。

3）解决方案：将 H 厂家 700M 帧偏设置为 70728TS，帧头对齐后，2.6G 的 SMTC 异频测量窗口包含 700M 的 SSB，正常触发异频测量后可正常进行切换。

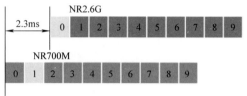

图 5-81　2.6G 和 700M 帧头不对齐示意图

（4）研究过程

对异厂家 2.6G 与 700M 进行帧头对齐，同时 SMTC duration 在 1 ～ 5ms 不同设置中进行验证（见表 5-39），当 SMTC duration 为 1 时，由于 H 厂家、Z 厂家 700M 小区 SSB 配置在第二个子帧，因此无法测量到 700M 频点；当为 2 ～ 5ms 时，能正常测量并进行切换（见图 5-82）。

表 5-39　不同方案下的 DT 指标

方案	2.6G SMTC duration	gapOffset	DT 指标					
			平均 SSB-RSRP/dBm	平均 SSB-SINR/dB	下行速率 / (Mbit/s)	异频切换次数	切换成功率	切换时延 /ms
方案 1	1	19	−75.4	5.4	589.26	0	0%	—
方案 2	2	39	−71.1	7	381.03	52	100%	55
方案 3	3	59	−71.5	6.5	379.35	68	100%	62
方案 4	4	59	−71.7	6.9	377.25	62	100%	67
方案 5	5	59	−71.9	6.7	361.59	52	100%	70

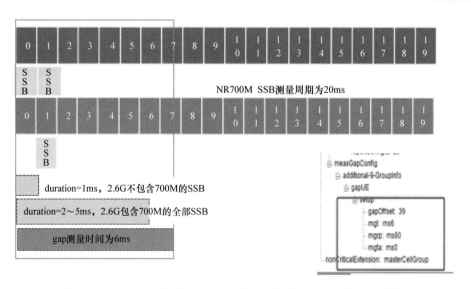

图 5-82　帧头对齐前提下 SMTC 不同持续时长对 SSB 的包含情况

（5）经验总结

总结归纳帧头对齐场景下，不同厂家异频组网的相关测量类参数的配置建议，见表 5-40。

表 5-40　SMTC duration 设置建议

类型	波束位置及个数	参数	默认值	取值建议	影响
2.6G 测量 700M	700M SSB 波束配置 0001	SMTC duration	5ms（取值范围 1、2、3、4、5）	2 ~ 5ms（不可配置为 1ms，若 2.6G 侧 duration 设置为 1ms，则由于当前 700M 仅为 1 个波束，且处于 4 个可配置位置的最后一个位置，无法测到 700M 的 SSB，导致无法异频切换）	SMTC 持续时间：该参数配置越大，终端测量异频 SSB 的持续时间更长，更容易测量到邻区 SSB，用户切换及时，但对应的 GAP 窗口越大，异频测量用户吞吐率下降更多。该参数配置越小，终端测量异频 SSB 的持续时间更短，更难测量到邻区 SSB，但对应的 GAP 窗口越小，异频测量用户吞吐率下降更少
	700M SSB 波束配置 1000			可在 1 ~ 5ms 间取值	
700M 测量 2.6G	2.6G SSB 波束配置 10000000			可在 1 ~ 5ms 间取值（2.6G 仅为 1 个波束，且处于 8 个可配置位置的第一个位置，所以可配置为 1ms）	
	2.6G SSB 波束配置 11111111			可在 1 ~ 5ms 间取值，建议在 2 ~ 5ms 间取值（2.6G 为 8 个波束，在 2 个 solt 里，若配置为 1ms，仅可测到 4 个波束，测量欠准确）	

2. 案例 2：基站上行闭环功率控制问题导致 RTP 丢包

某地区域内 VoNR 功率控制参数设置不合理导致好点 RTP 丢包率波动性突高，具体分析思路如下。

1）现象概述：在某区域进行 VoNR 语音测试，发现在好点（RSRP=-70dBm、SINR=15dB 左右）位置测试时也会出现 RTP 丢包率高的现象，RTP 丢包基本都发生在基站功控下调 UE 发射功率的时候。通过统计，此次路测中几乎一半的 RTP 丢包都是由该问题引起的。

2）问题分析：在 SSB-RSRP 较高时，相应的路损较低，此时 gNB 通过上行闭环功率控制调低 UE 发射功率，但过低的发射功率可能导致 gNB 不能正常解调 PUSCH（PUSCH 误包率增大），从而导致 RTP 包未能成功发送到网络侧。在 PUSCH 重传增多时，上行误包率增大，因此 gNB 又通过上行闭环功率控制调高 UE 发射功率，此后 PUSCH、RTP 包发送正常（见图 5-83 和图 5-84）。

当 PUSCH BLER 低时，基站闭环功率控制持续下调，导致上行发射功率过低，从而影响上行数据的接收。发生连续 NACK，导致丢包。分析发现，Z 厂家的参数配置主要针对数据业务，内环调控周期相对较长，调控兼顾小区间干扰水平，UE 功率抬升相对平稳，尽量降低干扰水平。相对语音实时类业务，就显示出外环对内环影响滞后。

3）解决方案：针对上述问题现象，调整内环控制策略，修改参数配置，功控滤波周期因子 UlSinrFilterFactor 从 64 调整为 16。调整后更为匹配语音业务，同时也兼顾数据业务。

3. 案例 3：无线链路失败且 RRC 重建后，UE 收到网络下发的 RRC Release 导致呼叫失败

1）现象概述：无线链路失败后发生基于回落模式的 RRC 重建，随后 UE 收到 RRC Release 消息，导致呼叫失败。

2）问题分析：在 H 厂家基站进行远点测试时，被叫 UE 发送 SIP 183 过程中在 PCI 357 发生无线链路失败，随后在同一小区发起 RRC 重建，基站回复 RRC Setup，说明发生了基于回落模式的 RRC 重建（疑似基站无法获得 / 保留合法的 UE Context）。

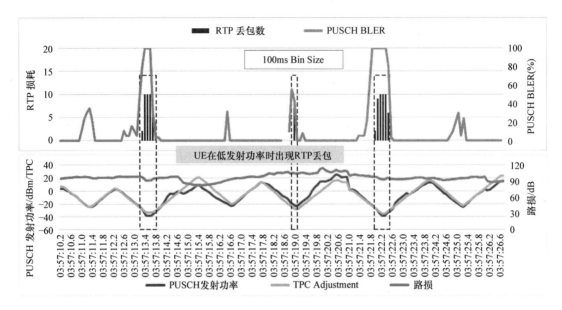

图 5-83　UE 在低发射功率时出现 RTP 丢包

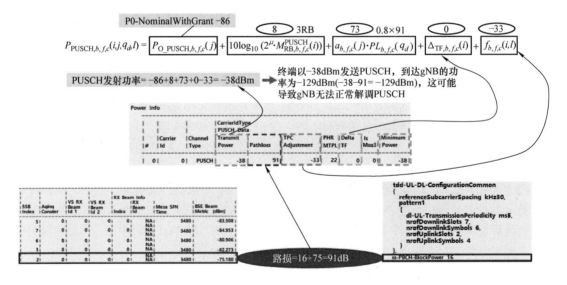

图 5-84　PUSCH 发射功率计算

　　RRC 重建后，被叫 UE 再次发送 SIP 183 成功，并随后进行 SIP PRACK 流程，但是基站并没有给 UE 配置 5QI=1 的 DRB，大约在重建流程 1.5s 后收到基站下发的原因为空的 RRC Release 消息。

　　之后由于 Tqos（6s）超时，被叫 UE 发送 SIP 580 "PRECONDITION FAILURE" 给网络侧，呼叫建立失败（见图 5-85）。

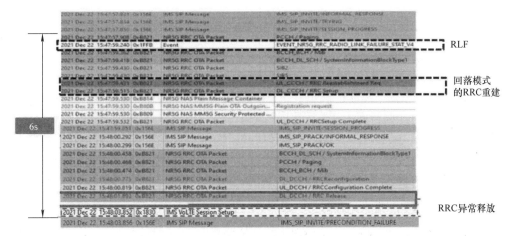

图 5-85　信令解析

3）解决方案：该问题与 H 厂家 5GC 和基站都有相关性。5GC 在版本 20.6.2.10 中得到解决，5QI=1 在用户跨站重建的保活优化（VoNR 业务在跨站重建转建立 5QI=1 并建立成功后，核心网保持 5QI=1，以保障语音业务延续）。

5.2.6　语音数据业务差异化保障

语音业务由于其地位的特殊性，需要与数据业务差异化对待，从总体策略以及功能化服务均与数据业务区分开，下面重点阐述语音业务的差异化调优。

5.2.6.1　语音业务多网协同策略

为打造高品质 VoNR 语音，需要依托 4G 连续覆盖协同，以保证业务感知连续性，同时要制定最优的互操作策略，夯实覆盖是基础，通过多网协同策略发挥多频段优势，采用语音多功能增强来保障感知。

分阶段定制语音协同策略，发挥多频段优势，可将策略定位为 700M 未连续覆盖和未清频、700M 连续覆盖和完成清频两种大的策略。

（1）700M 未连续覆盖和未清频

针对 700M 未连续覆盖及未清频区域，系统内，VoNR 承载以 2.6G 为主，异频切换事件和门限与数据业务分开配置；系统间，NR 覆盖边缘区域，语音业务由 VoNR 向 VoLTE 迁移，4G 频点优先级复用 EPS FB。当用户挂机后，FR 优先快速返回至 2.6G 网络。同时注意在 VoNR 与非 VoNR 交界区域禁止发起向非 VoNR 站点的切换。

（2）700M 连续覆盖和完成清频

针对 700M 连续覆盖同时完成清频的区域，系统内，充分利用 700M 上行资源优势，VoNR 承载主要以 700M 为主，2.6G 可开启基于业务的切换，将语音业务迁移至 700M 网络。系统间，NR 覆盖边缘区域，语音业务由 VoNR 向 VoLTE 迁移，当 NR 覆盖变好后，再从 VoLTE 切换回 VoNR。

语音业务呼叫主要分为三个阶段：起呼阶段、呼叫阶段、挂机后阶段，需要对不同的阶段制定功能策略，以达到促协同保感知的目的。

1）起呼阶段：需要低时延、高接通。那么在缩短时延层面，可采用 SIP 承载预调度、DRX 配置等策略来降低接通时延。在提升接通层面，可采用流程冲突时优先语音业务呼叫建立的策略，同时当用户起呼弱场时迁移至 4G 网络，确保提升接通。

2）呼叫阶段：在保障感知维度，可启动 5QI 预调度功能，降低抖动。同时采用 ROHC 技术提升频谱效率，加速包传输效率。开启 EVS 语音编码自适应，增强弱场用户覆盖。采用 PDCP RLC SN 短序列，降低传输冗余等。在促进网络协同维度，采用基于语音质量的频间（700M 和 2.6G）协同、系统间干扰覆盖协同策略。

3）挂机后阶段：采取语音、数据业务参数分层管理，保证语音、数据差异控制。当语音业务挂机后，可适当保持连接态，降低连续呼叫时延。对回落 4G 语音的用户，用户挂机后配置快速返回策略，保证 5G 用户感知。

5.2.6.2　语数业务差异化需求的应对

由于语音业务 RLC 层为 UM，传输对无线环境要求更高，而现网 VoNR 用户和数据业务用户采用相同功控策略，会导致语音丢包率抬升。因此需要通过差异化的参数策略，保障语音业务感知。具体主要体现在差异化功率控制和差异化预调度两方面。

（1）差异化功率控制

具体方案：增加语音与数据的相对功率，语音业务相对数据业务发射功率相对抬升 3dB，在高负荷和弱覆盖小区中，语音业务相对数据业务发射功率相对抬升 5dB，（见图 5-86）。

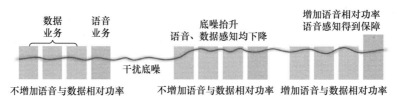

图 5-86　语音、数据差异化功率控制

在某试点地实施后，外场 VoNR 测试上行平均 PUSCH 发射功率抬升 2.17dB，VoNR 上行丢包率由 0.13% 下降至 0.08%。

（2）差异化预调度

具体方案：筛选高负荷小区，将小区级预调度策略改为 5QI 级的策略，语音和数据采用差异化的预调度方案，将小区的语音业务预调度持续时间保持为 50ms，同步关闭数据业务预调度功能，在确保语音质量的同时，不会影响小区整体的网络底噪和上行利用率（见图 5-87）。

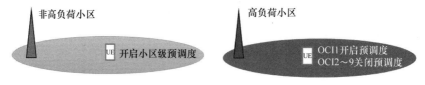

图 5-87　差异化预调度

某地试点针对 136 个高负荷小区，将小区级预调度策略改为 5QI 级的策略。关闭数据业务预调度后，仅开启语音业务预调度。质量类指标有效提升，上行平均干扰从 −106.6dBm 下降至 −108.7dBm，VoNR 上行丢包率由 0.29% 下降至 0.17%。

5.2.6.3　高负荷场景的语音动态保障

部分医院、高速路口、车站等场景容易出现用户聚集现象，导致小区负荷和底噪抬升，用户感知劣化明显。为保障语音业务感知，可采用实施基于监控负荷的 4G、5G 语音保障参数动态调整策略。

1）首先定制触发条件，如某个时段 5G 小区 PRB 利用率 >80%、RRC 用户数 >200，且流量 >10G 时，通过实时负荷状态监控，当连续 2 个 15min 粒度满足负荷条件时触发参数修改。

2）满足条件后进行参数修改，将满足条件的高负荷小区及其第一层邻区预留部分 RB 资源给语音，预留的 RB 数由上个时段中 QCI=1 或 5QI=1 的业务请求次数来决定。

某地试点医院为 24 小时定点检查医院，主服小区频发高负荷问题，最大 PRB 利用率达到 90%，现场 VoNR 高概率出现断续、卡顿等问题。基于监控负荷的动态参数策略下发后，小区整体底噪为 −105dB，预留给语音的 RB（RB120 ~ 140）的平均底噪为 −112dB，避免了数据业务高负荷情况对语音业务的干扰，实测 VoNR RTP 丢包率由 1.34% 下降至 0.32%，保障了语音业务感知（见图 5-88）。

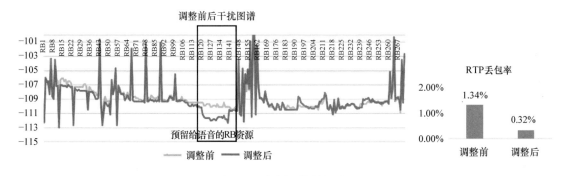

图 5-88　案例调优效果对比

5.3　5G 分流优化

5.3.1　5G 分流的意义

5G 分流比的提升对用户上网体验、满意度提升有拉动作用，同时也是运营商收入的增长点。在 5G 分流比提升过程中，基于广度深度覆盖和 5G 倒流情况的分析，对网络拓扑结构优化和 5G 网络建设方向有一定的指导意义。

随着网络成熟、终端发展，5G 流量占比将持续增长，鉴于 5G 网络成本高、能耗高，因此需快速实现 5G 网络的价值、持续提升 5G 网络的分流比。

5.3.2　5G 分流能力的评估指标及影响因素

判断 5G 分流能力的指标如下：

5G 分流比 =5G 网络上产生的流量 /（4G+5G 网络上产生的总流量）

5G 倒流流量 = 5G 登网用户产生的 4G 流量

影响 5G 分流的主要因素包括以下几项：

（1）终端方面，5G 终端渗透率、5G 开关打开占比、5G DOU

1）5G 终端渗透率，即 5G 终端占 4G、5G 终端总量的比例，表征某个地区 5G 终端市场发达程度。渗透率越高，5G 分流的潜力越大。

2）5G 开关打开占比，表征用户使用 5G 的习惯是否养成，同时也侧面反映 5G 网络覆盖的好坏。开关打开的比例越高，占用 5G 网络的用户才会越高。

3）5G DOU（Dataflow of usage），即 5G 用户平均每户每月上网流量，侧面反映用户的使用习惯、资费接受程度等。5G DOU 越高，5G 流量比例越大，分流能力越高。

（2）网络方面，5G 网络规模、参数设置、天馈工参

5G 网络规模越大，覆盖到的 5G 终端越多，分流能力越高。同时建网规划阶段对 5G 用户聚集区域分析得越准确，越能充分发挥 5G 网络，提高 5G 网络覆盖效益。

5.3.3　基于终端业务提升分流

根据 5G 终端渗透率和终端数据分析，开展短信开关营销、引导用户打开 5G 软开关；精准匹配终端业务，线上、线下多重手段结合，引导用户使用 5G 网络；差异化设计用户业务套餐，推广优惠机型与套餐，引导用户换机换卡。

5.3.4　通过网络精准规划提升分流

快速、精准地识别潜在的 5G 高价值站点，对于发挥网络效益、实现有限资源的精准投放具有重要的作用。

（1）精准建网

建网初期，基于现网数据进行洞察分析，识别 5G 用户典型特征，构建 5G 用户的评估指标。根据现有数据分析，可以发现 5G 潜在用户与普通 4G 用户的区别：用户消费行为差异，主要体现在 ARPU、DOU 及终端价格等方面，5G 终端用户相比 4G 用户具有显著差异；业务使用习惯差异，视频和游戏业务占比均较高，5G 终端用户视频和游戏业务占比更高。用户主要分布在居民区、高校、写字楼等重点场景，其中 5G 终端用户在商业中心、写字楼等场景下的分布数量具有一定优势。

基于上述数据分析用户分布，可精准识别潜在的 5G 高价值站点，指导 5G 精准需求规划，提升分流能力。

（2）拆闲补忙

针对部分区域无 5G 基站覆盖同时存在高倒流的情况，可针对高倒流站点部署 5G 站点，短期内快速、高效地提升 5G 驻留比及分流比。

针对用户较少、价值不足的区域，市场发展潜力低、优化效果不明显，可将容量层 5G 站点搬迁至其他高业务需求区域。

5.3.5　通过参数设置提升分流

5.3.5.1　互操作类参数设置

为提升 5G 分流，让 5G 终端优先驻留 5G，并尽可能地在 5G 网络上产生业务，减少与 4G

间的互操作，需精细配置 4G、5G 间关键互操作参数设置（见图 5-89）。

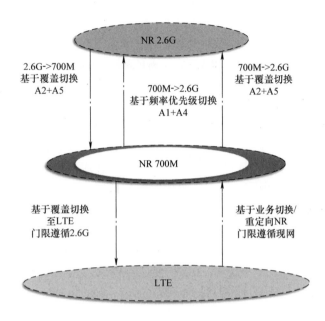

图 5-89　互操作参数设置

1. 服务小区重选优先级（cellReselectionPriority）

该参数表示服务频点的小区重选优先级，数字越小表示优先级越低。该参数在 5G 服务小区配置，在 UE 驻留 5G 的空闲态生效。该参数设置得越大，绝对优先级就越高，则 UE 就越优先重选到该频点

2. E-UTRAN 邻区重选优先级（cellReselectionPriority）

该参数表示 NR 小区的 E-UTRAN 邻频点的小区重选优先级。该参数在 5G 侧的 4G 外部频点中配置，在 UE 驻留 5G 的空闲态生效。该参数设置得越小，UE 越难对该频点的邻区进行测量，越难令 UE 重选至 4G。

3. 异频异系统重选起测门限（RSRP s-NonIntraSearchP）

该参数表示异频异系统小区重选测量触发 RSRP 门限。对于重选优先级大于服务频点的异系统，UE 总是启动测量。对于重选优先级小于等于服务频点的异频或者重选优先级小于服务频点的异系统，当测量 RSRP 值大于该值时，UE 无须启动异系统测量；当测量 RSRP 值小于等于该值时，UE 需启动异系统测量。该参数在 5G 服务小区中配置，在 UE 驻留 5G 的空闲态生效。UE 在驻留的 5G 服务小区电平低于（s-NonIntraSearchP + q-RxLevMin）后，启动测量。该参数设置得越小，则会提高异频异系统小区重选测量的触发难度。

4. 服务小区低优先级重选门限（RSRP threshServingLowP）

该参数表示服务频点向低优先级异频异系统重选时的 RSRP 门限。该参数在 5G 服务小区中配置，在 UE 驻留 5G 的空闲态生效。UE 在驻留的 5G 服务小区电平低于（threshServingLowP + q-RxLevMin）后，满足服务小区侧重选条件。该参数设置得越小，越难触发低优先级异频或异系统的小区重选。

5. 异频异系统低优先级目标小区重选门限（RSRP threshX-Low）

该参数表示异系统 E-UTRAN 频点低优先级重选 RSRP 门限，在目标频点的绝对优先级低于服务小区的绝对优先级时，作为 UE 从服务小区重选至目标频点下小区的接入电平门限。该参数在 5G 侧的 4G 外部频点中配置，在 UE 驻留 5G 的空闲态生效。UE 在测量到 4G 频点电平高于（threshX-Low + q-RxLevMinEUTRA）后，满足目标小区侧重选条件。该参数设置得越大，触发 UE 对低优先级小区重选的难度就越大。

6. 异系统切换 A2 RSRP 门限（a2-Threshold）

低于此门限时可认为 NR 信号质量较差，将开始测量异系统。该参数在 5G 服务小区中配置，在 UE 驻留 5G 的连接态生效。A2 设置得越小，NR 用户越难切换到异系统，增加了掉话风险；A2 设置得越大，NR 用户越容易切换到异系统，NR 用户数可能减少 A1、A2 门限但应保持同步修改，并确保 A2 门限低于 A1 门限。

7. 切换 / 测量重定向至 E-UTRAN B2 RSRP 门限 1（b2-Threshold1）

该参数表示异系统切换 / 测量重定向的 B2 事件的 RSRP 门限 1。该参数在 5G 服务小区中配置，在 UE 驻留 5G 的连接态生效。该参数设置得越小，B2 事件触发的难度越大，会延缓切换，从而影响用户感受；该参数设置得越大，B2 事件越容易被触发，容易导致误判和乒乓切换。

8. 切换 / 测量重定向至 E-UTRAN B2 RSRP 门限 2（b2-Threshold2EUTRA）

该参数表示异系统切换 / 测量重定向的 B2 事件的 RSRP 门限 2。该参数在 5G 服务小区中配置，在 UE 驻留 5G 的连接态生效。该参数设置得越小，B2 事件越容易被触发，从而 UE 容易停止异系统测量；该参数设置得越大，B2 事件触发的难度越大，从而 UE 会延缓停止异系统测量。

9. NR 频点高优先级重选 RSRP 门限（threshX-High-r15）

该参数表示异系统 NR 频点高优先级重选门限，在目标频点的小区重选优先级比服务小区的小区重选优先级要高时，作为 UE 从服务小区重选至目标频点下小区的接入电平门限。UE 启动对目标频点下小区的小区重选测量后，如果在重选延迟时间内，目标频点下小区的接入电平一直高于该门限，则 UE 可以重选至该小区。该参数在 4G 侧的 5G 外部频点中配置，在 UE 驻留 4G 的空闲态生效。该参数设置得越小，对 NR 的重选信号质量要求越低，越容易发起 L2NR 重选，但是 NR 侧远点用户会增多。该参数设置得越大，对 NR 的重选信号质量要求越高，越难发起 L2NR 重选。

10. 基于覆盖的 E-UTRAN 切换至 NR B1 事件 RSRP 触发门限（b1-ThresholdNR-r15）

该参数表示基于覆盖的 E-UTRAN 切换至 NR 的 B1 事件的 RSRP 触发门限。如果邻区 RSRP 测量值高于该触发门限，则上报 B1 测量报告。该参数在 4G 服务小区中配置，在 UE 驻留 4G 的连接态生效。该参数设置得越小，则切换到 NR 小区的难度越小；该参数设置得越大，则切换到 NR 小区的难度越大。

5.3.5.2　功率设置

NR 下行功率分配以符号为粒度分配到每个子载波上，不同信道和信号的功率可以相同，也可以不同，可以根据实际场景来配置。对分流起主要作用的参数为 SSB 发射功率。

SSB 发送功率 ss-PBCH-BlockPower 如下：

1）定义：是 SSB 中辅同步信号（SSS）每 RE 的平均 EPRE（Energy Per Resource Element，每 RE 上发射的能量），单位为 dBm。

2）所在消息：ServingCellConfigCommonSIB。

3）设置的影响：该参数取值影响小区覆盖，取值越大，小区覆盖越远。

4）典型值：

100M 带宽（SCS 30kHz），200W 发射功率，对应 SSB 发射功率为 17.8dBm。

30M 带宽（SCS 15kHz），240W 发射功率，对应 SSB 发射功率为 20.9dBm。

5.3.5.3 特性功能设置

不同设备厂家为实现某些特性功能，具有厂家特有的参数配置，可满足用户的个性化需求。

1. SSB 波束寻优

SSB 波束情况对小区覆盖范围和 5G 网络的客户体验有着显著影响，在优化过程中，需要重点考虑 SSB 的覆盖情况。SSB 反映广播信道的质量，影响 5G 终端的初始接入和切换性能，决定小区在路面及整网的覆盖范围。

根据协议规定，在 FR1 频段，SSB 最大配置为 8 波束。设置每个波束组合后的水平、垂直 3dB 波宽，以满足不同场景的覆盖需求。

1）水平 3dB 波宽计算（见图 5-90）：基于基站与楼宇的距离、楼宇宽度，计算水平 3dB 波宽。例如，当 B=88m、D=70m，则可计算出 α=65°。

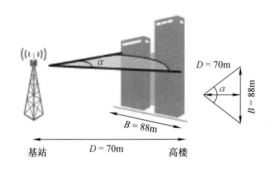

图 5-90 水平 3dB 波宽计算

2）垂直 3dB 波宽计算（见图 5-91）：基于天线挂高、与楼宇的距离，计算垂直 3dB 波宽。例如，当 D=70m、h=20m、H=30m，则可计算出 β=23°。

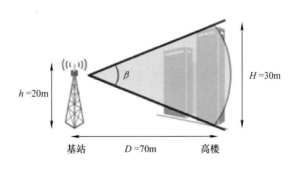

图 5-91 垂直 3dB 波宽计算

典型场景的权值设置建议见表 5-41。

表 5-41　典型场景的权值设置

应用场景	场景介绍	水平 3dB 波宽	垂直 3dB 波宽
默认场景	典型 3 扇区组网，普通连续组网场景	105°	6°
广场场景	适用于水平宽覆盖，比如广场场景和宽大建筑	110°	6°
干扰场景	当邻区存在强干扰源时，可以收缩小区的水平覆盖范围，减少邻区干扰的影响。由于垂直覆盖角度较小，适用于低层覆盖	65°、90°	6°
楼宇场景	低层楼宇，热点覆盖	25°、45°	6°
中层覆盖广场场景	水平覆盖比较大，且带中层覆盖的场景	110°	12°
中层覆盖干扰场景	当邻区存在强干扰源时，可以收缩小区的水平覆盖范围，减少邻区干扰的影响。由于垂直覆盖角度变大，适用于中层覆盖	65°、90°	12°
中层楼宇场景	中层楼宇，热点覆盖	15°、25°、45°	12°
广场 + 高层楼宇场景	水平覆盖比较大，且带高层覆盖的场景	110°	25°
高层覆盖干扰场景	当邻区存在强干扰源时，可以收缩小区的水平覆盖范围，减少邻区干扰的影响。由于垂直覆盖角度更大，适用于高层覆盖	65°	25°
高层楼宇场景	高层楼宇，热点覆盖	15°、25°、45°	25°

2. 4G->5G 重定向及 FastReturn 功能

在 5G 用户处于 4G 连接态时，为使 5G 用户能返回 5G 网络，需要打开 4G 向 5G 重定向开关，以及 EPS FB（语音回落）后的 FastReturn（快速返回）开关，以便让 5G 用户处于 4G 时能尽快返回 5G。该功能可能受 LIC 管控，需注意 4G 小区是否配置了 LIC，以免出现 5G 用户占用 4G、无法返回 5G 的情况。

1）基于业务的 4G->5G 重定向功能。

当 5G 用户在 4G 网络进入连接态或发生业务承载变更时，如果 eNB 判断 UE 能力支持 NR，则启动基于业务的 4G->5G 重定向流程。其中当用户存在 QCI=1 的业务时（即正在进行语音通话），不进行本流程。

2）FastReturn 功能介绍。

在 EPS FB 语音业务结束后，eNB 给 UE 下发异系统 B1 事件测量控制，UE 在 MR 中向 eNB 上报 B1 事件测量报告。此时 eNB 根据测量报告来选择信号质量最好的小区对应的频点，并通过 RRCConnectionRelease 消息，通知 UE 重定向的 NR 频点。UE 根据 RRCConnectionRelease 消息里携带的 NR 频点信息，重定向到 NR 小区。

3. 基于上行质量的切换

在某些场景下用户使用 5G 网络的体验不好，可以通过互操作策略在一定程度上解决，但互操作是小区级门限评估，标准较粗，会误伤一部分感知较好的用户，在此基础上引入基于上行质量的切换功能，对每个用户的感知进行评估，精确引导质差用户到更好的网络进行业务。

质量切换功能可以识别出 NR 小区边缘上行质差的用户，并将这些边缘用户切换到覆盖较好的 NR 或者 LTE 小区，以提升用户的感知（见图 5-92）。

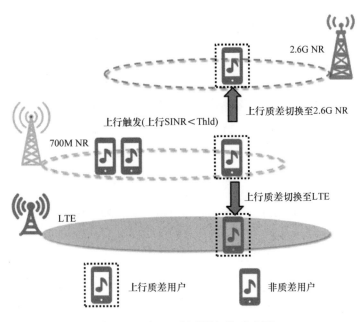

图 5-92 基于上行质量切换示意图

以某厂家设备为例，参数设置如下：

1）基于上行 SINR 迁移至 E-UTRAN B2 RSRP 门限 1。

含义：低于此门限时认为 NR 信号质量可能存在差点，将开始测量上行 SINR。该参数在 5G 服务小区中配置，在 UE 驻留 5G 的连接态生效。

该参数设置得越大，越容易触发基于上行质量的切换，可能降低 5G 驻留，但提升用户感知。

2）NR 迁移到 E-UTRAN 的上行 SINR 低门限。

含义：低于此门限时触发切换，向 4G 回落。该参数在 5G 服务小区中配置，在 UE 驻留 5G 的连接态生效。

该参数设置得越大，越容易触发基于上行质量的切换，可能降低 5G 驻留，但提升用户感知。

5.3.6 通过天馈工参调整提升分流

天馈工参调整主要通过调整方位角、机械下倾角，基于 4G AOA 与 5G 最优波束开展方位角优化。

5.3.6.1 方位角优化

方位角优化的主要思路是通过判断用户业务密度，进行 5G 天馈方向优化。

1. 基于 SSB 最优波束优化

5G NR 改进了 LTE 时期基于宽波束的广播机制，而采用 SSB 广播波束窄波束轮询扫描覆盖整个小区（见图 5-93）。各 SSB 子波束在不同时段分别覆盖不同方向，最终轮询整个小区的覆盖包络，从而可以将发射能量对准目标用户，提高目标用户的解调信噪比。在接收端，用户会测量各波束的信号强度，以选择最优波束并将波束 Index 上报给基站。

因此，可在基站侧记录不同 SSB 子波束下的用户数、产生的流量等信息，评估用户业务密度聚集波束，从而判断用户业务密度聚集方向。

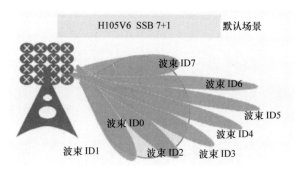

图 5-93　SSB 波束 7+1 设置

2. 基于共址 4G AOA（Angel Of Arrive，到达角，图 5-94）优化

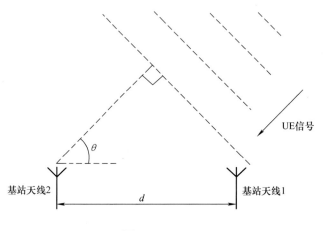

图 5-94　AOA

MR.AOA 是一个用户相对参考方向的估计角度，共计 72 个统计区间，可判断用户聚集方向。

假设接收端天线阵列的天线间距是 d，接收信号相位差是 ψ，信号的波长是 λ，光程差是 s，根据上述信息可以推导出 θ，具体步骤如下：

1）光每走一个波长 λ，相位变化 2π，则 $s = \psi\lambda /2\pi$。

2）$\cos\theta= s/d = \psi\lambda/2\pi d$，则 $\theta = \arccos（\psi\lambda/2\pi d）$。

因此基于 AOA 可判断用户位置，在 4G 北向 MR 中已包含 AOA 数据，测量参考方向应为正北，注意是逆时针方向。同时基站需提前按照顺时针方向配置扇区天线方位角，如 0° 到小于 5° 为一个区间，对应 MR.AOA.00；355° ~ 360° 为一个区间，对应 MR.AOA.71，依此类推。由于 AOA 体现的是参考正北方向和逆时针的偏移值，因此在实际优化调整中，需要将逆时针结果调整到顺时针结果后再开展优化，如 AOA 用户最多在 340°，则说明实际用户在 20° 左右。

5.3.6.2　下倾角优化

下倾角包括机械下倾角与电子下倾角两类。下倾角优化的主要思路是避免因下倾角设置过大、覆盖距离近导致 5G 小区分流能力差的情况。

针对独立天面 5G 小区，主要为 2.6G/3.5G 等频段的 AAU 设备，根据规划站间距、天面挂高等信息，计算下倾角需求。粗粒度通过机械下倾角控制、细粒度通过电子下倾角微调。机械下倾角设置过大容易导致覆盖过近，设置过小容易导致过覆盖、网内干扰抬升。

针对与 4G 共天面的 5G 小区，主要为 700M/900M 等频段的 RRU 设备，机械下倾角继承原 4G 小区，通过电子下倾角进行覆盖控制。在避免影响 4G 网络结构的情况下，进行 5G 覆盖优化。

5.3.7　重点场景提升方案

网络侧提升 5G 分流的方式主要为提升覆盖、保障驻留，不同的无线覆盖场景，设备选型及调优手段有所差异。可优先选择业务量占比高的场景进行专项提升，如高层居民区、高校、4G 高负荷区域等，更易拉动整网业务分流。

5.3.7.1　高层居民区场景

建网初期，5G 宏站主要覆盖低层建筑物和道路，随着业务发展，需进行精细优化，因地制宜确定高层的覆盖方案。面向多栋高层居民区的扇区方向应该根据宏站天线挂高、楼宇高度和距离，适度上抬下倾角、应用 SSB 垂直波束等手段，提升高层楼宇深度覆盖。

常见提升思路如下：

1）方位角，朝成片楼宇打，避免朝向路面。

2）下倾角，在高层楼宇间减小下倾角，用好 64TR 垂直覆盖能力，视情况可调整至负值。

3）波束权值，结合建筑物情况进行波束优化。

5.3.7.2　高校场景

需对高校站点所在位置是否合理，及天线挂高、方位角、下倾角进行评估，通过调整天馈及参数增强覆盖；需关注对教学楼、宿舍楼、食堂、操场等不同场景的覆盖方案，对高业务聚集的区域进行针对性的覆盖优化。

由于高校环境较为封闭，可逐校分析，对校园进行整体测试，形成独立方案开展精细优化，逐扇区优化调整覆盖方向，细化至覆盖宿舍楼、食堂、教学楼等具体场景。

5.3.7.3　4G 高负荷场景

针对 4G、5G 同覆盖区域，利用 5G 资源提升 5G 分流比的同时，缓解 4G 容量压力。现场需关注 4G、5G 挂高、方位角不合理站点，如 4G 挂高较高、5G 挂高较低，或 4G、5G 容量层方位角偏差过大，导致 5G 无法起到分流效果等。

常见处理思路如下：

1）4G 高负荷或高流量站点，同时共站 5G 方位角存在差异，可参考 4G 小区方位角进行调整，提升 5G 流量，降低 4G 负荷。

2）定期进行 4G、5G 邻区、互操作等参数核查优化，确保 5G 用户可及时占用 5G 网络。

5.3.8　分流提升案例

（1）案例 1　楼顶站天线遮挡

某超市站点，挂高为 25m，方位角为 0、120、300，下倾角为 5、7、7，挂高低且 1、2 扇区覆盖方向近距离内有友商天线阻挡。调整方位角避开阻挡后，1、2 扇区流量大幅提升。

（2）案例 2　4G、5G 天线方位角偏差大

某 5G 站点 1 扇区方位角为 90°，同站 4G 小区 1 扇区方位角为 180°，4G、5G 方位角偏差 90°。调整 5G 方位角与 4G 一致后，该扇区 5G 流量大幅增长，5G 分流比有明显提升。

（3）案例 3　5G 功率余量释放

5G 基站入网功率通常留有余量，根据 5G 设备功率能力来计算扇区可用功率余量，通常可提升功率范围在 2~3dBm。针对某地进行功率提升后，流量有小幅增长，流量激发效果较明显。

（4）案例 4　场景化权值寻优

对某地中高层居民区场景，基于楼高、楼宽、与基站的距离、天线挂高等进行波宽计算，将 SSB 波束配置由默认权值调整为垂直宽波束权值配置，增加垂直波宽。调整后 5G 日均流量有小幅增长。

（5）案例 5　互操作门限下探

随着 5G 覆盖水平提升，在对 5G 到 4G 互操作门限下探时会导致边缘用户出现上行速率变差的问题，为提升 5G 分流同时兼顾边缘用户感知速率，可部署基于上行质量切换的功能。

参数约束如下：

1）4G 切 5G 的 B1 门限必须高于基于上行质量的 5G 切 4G B2-1 门限，避免基于上行质量切换到 4G 网络后，产生乒乓切换。

2）基于上行质量的 5G 切 4G B2-1 门限，必须高于覆盖的 5G 切 4G A2 门限，避免功能无法触发，但 UE 已经基于覆盖切换到 4G。

在某区域下调互操作门限并开启质量切换功能，调整后 5G 分流比略有提升，接通、掉线等基础 KPI 正常波动，上行感知速率较大。

（6）案例 6　异厂家功能兼容性导致无法切换 5G

在某地发现，5G 终端由无 5G 网络覆盖区域进入 5G 覆盖区域后，5G 终端占用 5G 网络慢，部分终端长时间无法占用 5G 网络。

分析 log 发现由于 A 厂家开启某功能开关后，A、B 厂家在 4G 切换时丢失终端 NR 能力信息，导致终端在 4G 进行业务时网络不下发 5G 频点测量对象、不返回 5G。

进行整改后，区域内，4G 到 5G 重定向次数明显增长，5G 分流比略有提升。

（7）案例 7　未配置 4G、5G 互操作 LIC

在某低分流孤岛站调研发现，在站下仍占用 4G 网络，核查参数，工参无异常，发现共址 4G 互操作 LIC 存在遗漏，导致占用漏配的 4G 小区时，无法及时返回 5G。

在添加 LIC 后复测正常，日均 5G 流量显著增长，分流比有明显提升。

5.4　5G 端到端感知优化

5.4.1　5G 端到端感知分析的意义

随着移动运营商业务发展由增量挖掘逐渐转变为存量保有，服务品质提升越发显得关键。网络优化方向也由单纯的网络侧指标优化逐渐向基于业务的客户感知提升转变。5G 基于自身特点，可提供更高速率、更低时延的业务体验，天然对用户满意度提升有较好的拉动作用。对 5G

开展端到端感知优化更贴近于用户体验，有助于提升运营商服务品质。

5.4.2　5G 端到端感知分析与问题处理思路

导致端到端业务感知差的原因是多方面的，包括终端、无线、承载、核心网、内容服务器等。通常需要大数据平台等系统（集成信令分析平台、O 域数据、B 域数据等），基于端到端分析体系对感知差的业务话单进行定界定位、给出原因，最终汇总出导致该业务感知差的主要原因（见图 5-95）。

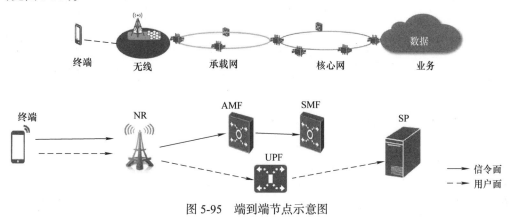

图 5-95　端到端节点示意图

构建端到端分析体系可分为评估、定界、定位三个阶段。

1）评估阶段：需要构建端到端指标体系，制定质差判定标准，量化评价用户感知和网络质量。评估的目的是发现问题，评估的三要素包括指标、维度和标准。

指标可以是 KPI、KQI 或者 QoE（感知打分，KPI 和 KQI 的逻辑组合）。维度可以唯一确定不同领域网络实体的 ID，如 IMSI、小区、UPF、业务类型、SP IP 地址等。标准即质差判定标准，可以是指标门限，或者失败标记。

2）定界阶段：依赖端到端数据（探针数据），初步判定问题根本原因所在的领域，以便后续开展问题定位。

定界基本方法：非失败类问题（速度低、时延大），观察不同维度的统计指标（或者指标的组合）是否差于质差门限，统计指标可以是 KPI、KQI。失败类问题，根据失败原因的指向性定界。

定界优先级：如果不同维度间存在从属关系，则父节点优先；如果无从属关系，则波及影响大者优先。

见表 5-42，综合不同类别的指标表现值，对问题进行定界。

3）定位阶段：依赖领域内部的数据（例如无线 MR、无线网管性能告警等），分析出导致问题出现的根本原因。

定位的常用数据，无线方面包括网管性能指标、无线 MR、故障告警等，常见问题主要包括故障、容量、覆盖、干扰四大类，包括弱覆盖、过覆盖、重叠覆盖、深度覆盖不足、上行干扰等根本原因。核心网方面主要通过网管的告警、性能统计、内部失败日志、XDR 等数据开展根本原因分析。终端方面主要通过信令分析平台等工具对比不同终端间差异性，以及涉及信令处理机制等方面的差异。

表 5-42　不同指标定界示意

分类	定界指标	问题判断门限	问题方向	定界分类
时延	终端侧 RTT/ms	根据实际待定	S1-U/NG-U 接口以下问题	无线、终端、用户
	TCP 第三次握手时延 /ms	根据实际待定	S1-U/NG-U 接口以下问题	无线、终端、用户
	服务器侧 RTT/ms	根据实际待定	S1-U/NG-U 接口以下问题	核心网、服务器
	TCP 第二次握手时延 /ms	根据实际待定	S1-U/NG-U 接口以下问题	核心网、服务器
重传率	无线侧下行重传比率（%）	根据实际待定	S1-U/NG-U 接口以下问题	无线、终端、用户
	核心网侧上行重传比率（%）	根据实际待定	S1-U/NG-U 接口以下问题	核心网、服务器
乱序率	无线侧上行乱序比率（%）	根据实际待定	S1-U/NG-U 接口以下问题	无线、终端、用户
	核心网侧下行乱序比率（%）	根据实际待定	S1-U/NG-U 接口以下问题	核心网、服务器
丢包率	无线侧上行丢包比率（%）	根据实际待定	S1-U/NG-U 接口以下问题	无线、终端、用户
	核心网侧下行丢包比率（%）	根据实际待定	S1-U/NG-U 接口以下问题	核心网、服务器

5.4.3　无线网对感知的影响

无线网主要负责空口阶段的业务承载，受无线覆盖信号强度、内外部干扰水平、无线小区负荷等因素影响，用户的业务感知可能存在内容卡顿、时延长、语音通话吞字等问题情况，需结合无线环境对具体情况进行问题定位分析，详见 5.1 节。

5.4.4　核心网对感知的影响

核心网涉及网元较多，且网元间交互复杂，为简化判断难度，可以根据感知问题现象进行定界，包括注册、数据业务、语音过程中的异常问题等。

5.4.4.1　注册流程问题

注册流程问题如图 5-96 所示。

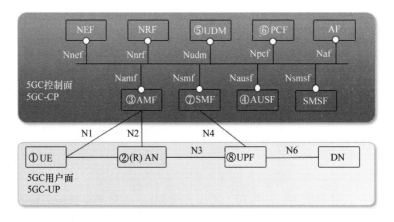

图 5-96　注册流程问题

UE 向（R）AN 发送 AN 消息注册请求，（R）AN 使用 AN 参数寻址 AMF。

AMF 通过请求 AUSF 决定发起 UE 鉴权。

AUSF 负责校验 SEAF 请求合法性，并向 UDM 发送请求消息。

AMF 发起 PCF 通信，AMF 选择 PCF。

AMF 请求 PDU 会话相关的 SMF 来激活 PDU 会话的用户面连接。

SMF 根据 UE 位置、DNN、S-NSSAI 等信息选择 UPF，SMF 为 UE 分配 IP 地址。

1. 问题现象

UE 注册失败，手机上无法显示 5G 图标，核心网 AMF 拒绝用户注册。

UE 激活失败，手机有 5G 图标但是无法上网等。

2. 问题排查流程

① 终端问题判定：如终端软件版本、终端网络设置等。

② 无线问题判定：如存在故障告警，包括系统内外干扰、规划数据错误、参数配置错误等。

5GC 问题判定：

③ AMF：如 TAC 数据未添加或配错。

④⑤ AUSF/UDM：如鉴权流程 UDM 用户信息配错。

⑥ PCF：如 PCF 策略数据未添加或配错。

⑦⑧ SMF/UPF：如 SMF 配置数据与 UPF 不一致。

5.4.4.2　数据业务异常问题

数据业务控制面和业务面建立完成后，按照驻网流程排查无线和终端问题，在核心网侧主要排查传输带宽、PCF 策略设置、计费模式设置、防火墙和外网服务器。

1. 问题现象

使用下载业务时出现速率掉坑的现象（数据业务速率掉 0）。

在业务使用过程中，每隔一段时间后网络无法使用，多次刷新或者重新注册后，可以继续使用。

2. 问题排查流程

如图 5-97 所示，数据业务异常分析判断从控制面建立完成进行排查，控制面建立排查见驻网流程。

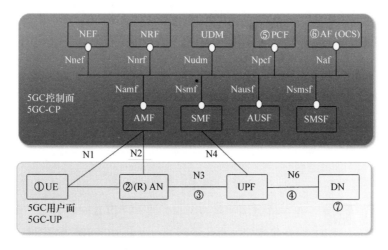

图 5-97　数据业务异常问题

①② 参考驻网流程中终端和无线侧排查方法。

③ N3：如带宽不足影响 SA 网络速率。

④ N6：如 UPF 和 DN 之间防火墙等异常。

⑤ PCF：如 PCF 策略限制影响网络驻留。

⑥ OCS：如计费方式影响网络速率。

⑦ 外网服务器：如访问的服务器资源不足导致业务异常。

5.4.4.3 语音业务异常问题

5G SA 网络下进行语音 EPS FB，终端先要通过 SMF、PCF、UPF 等网元完成 IMS PDU 会话创建，并通过该会话的默认承载完成 IMS 域注册，此过程与 VoLTE 基本一致。当终端进行语音业务时，以主叫终端为例，EPS FB 基本呼叫流程主要包括 UE 尝试在 5GC 建立承载、NG RAN 判断回落、回落流程，以及在 4G 网络下完成 IMS 默认承载、语音专载的建立，主要流程如图 5-98 所示。

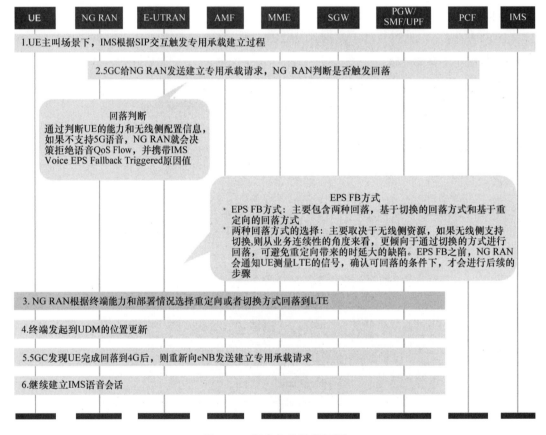

图 5-98 语音业务异常问题

目前在 VoLTE 方案中，由于终端的"挽救主叫"机制，以及网络侧的"挽救被叫"机制，会在主被叫无法完成 VoLTE 语音接续的异常场景行下，触发 UE 回落 2G 完成语音业务。

1）"挽救主叫"：当主叫处于 VoLTE 呼叫状态时，网络侧没有及时响应 INVITE（一种是没有任何响应，另一种是有临时响应但没有 18x 响应），导致定时器反转时终端会进行 CSFB，主叫回落 2G。

2）"挽救被叫"：当被叫处于 VoLTE 被叫状态，在 CSRetry 定时器（南区 14s，北区 13s）

反转时，会启动在 CS 寻呼流程，使被叫 UE 在 2G 接续。

在叠加了 5G SA 网络的 EPS FB 方案后，UE 设置、流程冲突、回落时延等场景会增加 UE 回落 2G 的概率。

1）问题现象，UE 在执行语音呼叫业务时，概率性出现 EPS FB 与 Xn 切换流程冲突导致语音呼叫失败。

UE EPS FB 存在大概率回落 2G 问题，且存在单通现象。

2）问题排查流程，排除无线、终端等设置后，EPS FB 异常情况在核心网侧概率最高的就是 MME 和 AMF 指向问题，即 AMF 和 MME 通信异常（数据配置问题），以及 5GC-EPC 之间网络不通或防火墙问题。

5.4.5　传输对感知的影响

5G 网络由于具备大带宽、低时延，及 ToB 切片业务等需求，对传输网的时延、速率要求更高，且基站东西向流量需求增大，对传统 L2+L3 传输网络造成压力。当前解决方案主要为部署 L3 到接入层，以实现站间低时延交互需求（见图 5-99）。

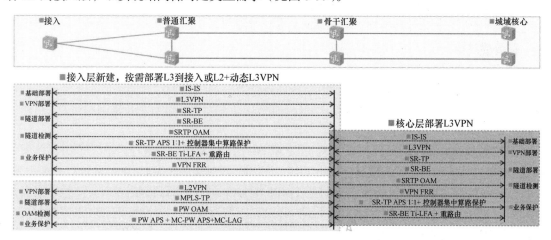

图 5-99　传输示意图

传输网络对 5G 感知的影响现象主要包括以下几点：

1）用户速率达不到峰值，当基站至核心网传输带宽偏小时（例如 GE 接口），空口峰值速率大于传输速率，导致传输受限，空口无法达到峰值速率。

2）用户可注册网络但无法开展业务，存在基站控制面正常但用户面故障的情况，由于 5GC 控制面、用户面彻底分离，导致用户面链路状态无法监控，只能依赖传输。

5.4.6　终端 APP 及 SP 内容服务对感知的影响

终端及 SP 内容服务器是用户业务的使用端和服务端，设备软硬件能力、服务器出口带宽、路由等直接影响用户业务感知。

对 5G 感知的影响现象可能有：

1）5G 测试速率达不到峰值，如终端不支持高阶调制；天线通道数少，不支持高 RANK 等；或服务端来水不足，线程少。

2）5G 终端功耗大易导致用户关闭 5G 开关，用户普遍感知 5G 终端耗电量至少要比 4G 终端耗电量增加 20%～30%，导致无法满足日常一天的基本使用。对比 4G、5G 终端各模块功耗，5G 终端通信模块功耗较 4G 终端大幅提升。综合网页浏览、即时通信、游戏、视频等多种业务来看，5G 耗电较 4G 平均增加 2 倍以上。

当前终端对功耗的应对主要包括：

1）根据业务量与电池情况，终端自动切换至 4G。

2）改进屏幕、芯片工艺，采用大容量电池、快速充电等。

针对 5G 终端节能，网络侧可通过不连续接收、自适应带宽、减少 RRM 测量等思路来减少终端功耗。

5.4.7　端到端问题处理案例

5.4.7.1　某地 5G 概率性不能上网问题

1. 问题现象

某日突然接到某地 5G 无法上网的投诉，5G 无线业务量（15min 粒度）有明显下降，无线侧的其他性能指标整体保持平稳，未发现明显恶化情况。

2. 分析过程

1）平台查看无线侧无突发告警。

2）本地至 UPF 传输在此时间段有几次闪断告警。

3）针对此类大范围、概率性问题，结合告警信息，初步判断怀疑为传输问题所致。

3. 定位结果

干线光缆故障引发省干 OTN 北环 OLP 倒换，引起 X 局主备落地 NPE 至 UPF 之间的 4×100G 链路同时闪断，发起快速重路由 FRR 切换后，流量无法转发至 UPF 导致 5G 业务中断。

FRR 切换期间流量转发路径：由于主备 NPE 至 UPF 同时检测到链路 down，NPE1 触发 IP FRR 指向 NPE2，NPE2 也触发 IP FRR 指向 NPE1，上行流量在主备 NPE 间互相转发，但无法转发至 UPF，业务处于中断状态。

当前基站侧针对 N3 故障处理机制如下：

（1）基本概念

AMF 选择 SMF，SMF 基于 UE 或者会话的粒度选择 UPF。

选择 UPF 的条件：UPF 位置、能力、负荷；UE 位置、用户数据配置；UE 会话信息，如 DNN、PDU 会话类型、会话及服务连续性、话务路由目的地。

UPF 与基站侧链路自创建，即有业务才建立。

（2）故障告警上报机制

1）A 厂家：GTP-U 静态检测开关。在传输自建立模式下开启静态检测功能，当链路 GTP-U 静态检测开关处于开启状态或者链路 GTP-U 静态检测开关在跟随状态，并且全局 GTP-U 静态检测开关处于开启状态时，系统每 1min 发送一次 ECHO 帧，如果在配置的 ECHO 帧超时次数内接收不到 ECHO 响应帧，则上报告警。GTP-U 实时检测传输链路，基站上报 IPPATH 故障告警（基站使用 LINK 模型手动配置 IPPATH）或用户面承载链路故障告警（基站使用 EP 模型自建立传输链路），指示该条链路置位不可用。有告警产生，且将问题 IP 设置为不可用。

2）B 厂家：N3 链路默认保活机制。默认的路径保活周期（echoPeriod）为 1min，当 PCS 向 BRS 发送路径保活请求时，在 20s（echoTimer）内未接收到保活响应时，则重发路径保活请求；若连续 3 次（echoReTxNum）均未收到路径保活响应，则保活失败，PCS 向 UDC 发送路径不可用的消息，UDC 上报路径告警至网管。有告警产生，但无上报解决机制，需人工介入。

3）C 厂家：LTE 及 NSA 设备可以实现用户面故障监控，但无法上报告警，5G 设备目前暂不支 SA 告警上报。基站侧无机制选择 UPF，通过 AMF 分配。后台无告警，目前仅能通过业务量判断，无法解决。

4. 解决方案

针对 N3 故障处理优化机制：

1）将 NPE 至 UPF 之间的 4×100G 链路物理路由进行分离。

2）传输优化端口保护及检测部署，以缩短故障影响业务时长。

3）推动 UPF 下沉，彻底规避省干故障导致链路中断的风险。

5.4.7.2　某浏览类 APP 卡顿问题

1. 问题现象

某日起陆续接到某 APP 业务使用异常的 VIP 投诉，通过平台分析发现投诉号码使用异常时段存在连续 1005 错误码（TCP 异常释放），并且上行重传率异常高。

分区域看，全网 5G 网络 1005 错误码增长明显，4G 网络增长不明显。

分业务看，浏览类业务页面下载速率中，某 APP 该日起明显低于同期水平，页面响应成功率出现明显劣化；视频类业务感知类指标无变化。

2. 分析过程

1）从 1005 原因值变化趋势看，5G 网络劣化更为严重。

2）从 403 原因值变化看，4G、5G 网络均有一定程度劣化，但几日后基本恢复。

3）大部分主流浏览页面类应用 1005 原因值均有不同程度劣化，初步判断非某个应用的问题。

4）查看 1005 原因值小时级变化趋势，劣化主要发生在某日凌晨。主要表现为 1005 失败原因值变多和核心网侧上行重传比率升高。

5）无明显 TOP 用户聚类特征。

6）查看几个典型用户的用户面单据看，出现问题时 MS IP 发生变更后，1005 失败原因值消失或变得很少。

3. 定位结果

将核心网、互联网、业务支撑（简称业支）和无线联合进行问题分析定位，一方面排查各自操作，一方面进行拨测复现分析。最终故障根本原因定位为业支计费侧上线新功能点导致的。

原因定位为计费侧上线"RG 老化"功能后，网络侧上报 QHT 消息，计费侧按照最新规范会将其当作 RG 已老化，本次消息不返回授权量，下次消息会正常授权。由于网络侧设备不具备"RG 老化"新功能，当计费侧开启新功能后，网络侧无法正常处理计费侧回复消息导致问题发生。

4. 解决方案

网络侧与计费侧均先不开启 RG 老化功能，待对接测试完成全国上线后统一开启。

第6章　ToB 行业应用实例

6.1　ToB 常见组网类型及业务应用介绍

随着 5G ToC 业务触顶，未来业务增长重点在于 ToB 类业务。工业和信息化部陆续发布了多个重点行业实践与典型应用场景：如电子设备制造业、装备制造业、钢铁行业、采矿行业和电力行业；协同研发设计、远程设备操控、设备协同作业、柔性生成制造、现场辅助装配、机器视觉质检、设备故障诊断、厂区智能物流、无人智能巡检和生产现场检测等场景。相关市场空间及特性需求如图 6-1 所示。

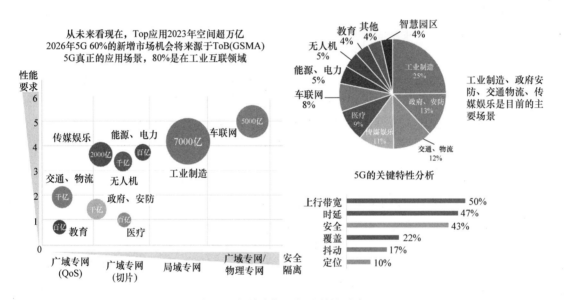

图 6-1　相关市场空间及特性需求

当前 5G ToB 网络连接关键能力主要包括大带宽能力、低时延和可靠性、移动性保障能力、定位能力等。

大带宽能力通过良好的覆盖、高优先级 QoS 调度或资源预留来实现，如采用上行增强技术、时隙配比调整、选择合适的产品。

低时延和高可靠通过网络架构调整和新技术引入来降低时延，通过 E2E 硬件主备和链路冗余来提升可靠性。如采用短 RTT、Mini-slot、自包含时隙、抢占技术、免上行调度等保障低时延。如采用 E2E 硬件主备容灾、E2E 路径冗余、双 3Tunnel 冗余、多 RLC 链路空口冗余、干扰拟制等保障高可靠。

移动性通过引入基于双连接的切换来满足切换零时延要求。

5G 网络定位技术包括邻近定位法（地磁、RFID 等）、三角定位法（TOA、AOA、RTT 等）、指纹定位法（LTE MiFi、蓝牙信标、ZigBee）等，在 R16 版本中为商业用户提供了室内 3m、室外 10m、垂直 3m 的定位精度，端到端延迟低于 1s。

针对 ToB 产品，三大运营商从公网公用、公网专用、专网专用等方面进行了分类设计（见图 6-2），包括移动 BAF "优、专、尊"，联通 "虚拟专网、混合专网、独立专网"，电信 "致远、比邻、如翼" 等品牌。

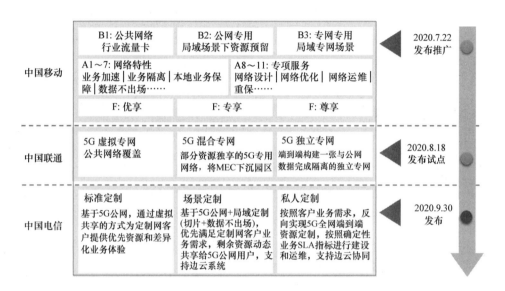

图 6-2　各运营商 ToB 产品分类设计

在各方推动下，5G ToB 核心能力逐步趋于成熟，如图 6-3 所示。

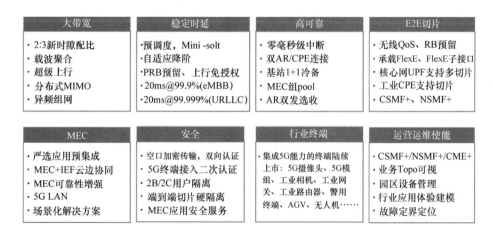

图 6-3　ToB 核心能力

其中，5G R16 版本引入 URLLC 以应对垂直行业的要求，协议定义了时延目标为 1ms，可靠性为 5 个 9（99.999%），同时不同的细分市场业务对时延的要求也千差万别（见图 6-4）。

场景	应用	端到端时延	抖动	网络可靠性
自动驾驶	队列控制	＜3ms	1μs	99.9999%
	协同控制	＜10ms	1ms	99.9999%
	透视	＜50ms	20ms	99.99%
	远程驾驶	10～30ms	5ms	99.9999%
	远程意图侦测	＜100ms	20ms	99.9%
	动态高精地图上传	～100ms	20ms	99.9%
虚拟/增强现实	VR关键业务	10～20ms	5ms	99.9999%
	VR360赛事直播	10～20ms	5ms	99.99%
	VR协同游戏	10～20ms	5ms	99.99%
	VR远程教育/购物	10～20ms	5ms	99.9%
	增强现实	20ms	5ms	99.9%
智能电网	高压电网通信	＜5ms	1ms	99.9999%
	中压电网通信	25ms	5ms	99.99%
智能制造	实时动作控制	≤1ms	1μs	99.9999%
	自动分离	10ms	100μs	99.99%
	远程控制	50ms	20ms	99.9999%
	监控	50ms	20ms	99.9%
医疗健康、智慧城市、无人机	远程手术	10ms	1ms	99.9999%
	智能运输系统	10ms	5ms	99.9999%
	传感回传	30ms	5ms	99.99%
	远程操作无人机	10～30ms	1ms	99.9999%

来源:3GPP,NGMN,Huawei Analysis

图 6-4　不同市场业务对时延的要求

6.1.1　ToC 与 ToB 组网规划差异

ToC 与 ToB 组网规划差异见表 6-1。ToC 与 ToB 面向的需求不同，在组网规划方面有较大的差异，ToC 业务面向人的连接，侧重全移动性、下行大流量、无用户级 SLA 保障；ToB 业务更多面向弱移动、用户 SLA 保障要求高。

表 6-1　ToC 与 ToB 组网规划差异

领域	差异点	ToB 规划	ToC 规划
总体特征	无线场景	固定/弱移动覆盖，室内场景多，穿透损耗小	全移动场景，多普勒频移高，室外室内都有，穿透损耗大
	用户行为	CPE，点位固定/弱移动	移动终端，全移动/高、中、低速移动
需求牵引	覆盖需求	定点覆盖，覆盖距离近，信号电平和信道质量一般不是瓶颈	区域覆盖，远点较多，强干扰、弱信号电平、覆盖概率是关键瓶颈
	容量需求	用户级/单位面积的容量需求，单位面积内超大上行容量	下行容量需求相对均匀分布，边缘用户速率概率保障是关键
业务体验	SLA 要求	确定性用户级 SLA（Service Level Agreement，服务等级协议）保障，需综合考虑用户和业务冗余系数等	无用户级 SLA 保障，边缘用户速率保障是关键
	业务需求	视频回传 + 实时交互等（智慧工厂 + 智能港口等），聚焦上行体验	传统 eMBB 业务，聚焦下行体验
规划内容	规划对象	单用户级	小区、站点、Cluster 级
	规划指标	上行覆盖、上行容量、上行速率、E2E 时延	下行覆盖、下行容量、下行速率

6.1.2 ToC 与 ToB 频率使用差异

频谱选择：坚持"既公又专"，2.6GHz、4.9GHz 频段既要服务于 ToC 客户、又要服务于 ToB 客户（见图 6-5）。

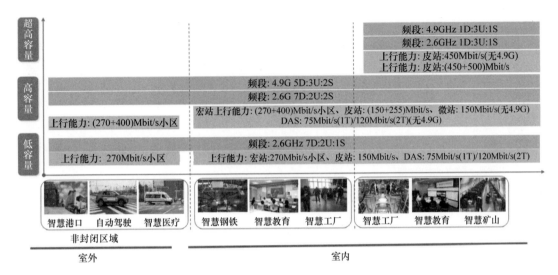

图 6-5 不同容量需求的频率特性

6.1.3 ToB 大上行需求

结合专属帧结构（1D3U）、载波聚合（CA）、全上行（SUL）等专属上行方案，分阶段提供分场景分档的大上行方案，以满足行业需求（见图 6-6）。

目前载波聚合已完成 700MHz+2.6GHz、2.6GHz 频段内、2.6GHz+4.9GHz 两载波聚合相关标准化工作，SUL 已完成 700MHz+2.6GHz 两载波相关标准化工作。

基站可同时支持两种技术，上行方面，二者性能基本相当。在 2.6GHz 下行覆盖较好、但上行受限的区域，可以采用 SUL 技术，目前 SUL 相关方案正在验证中。

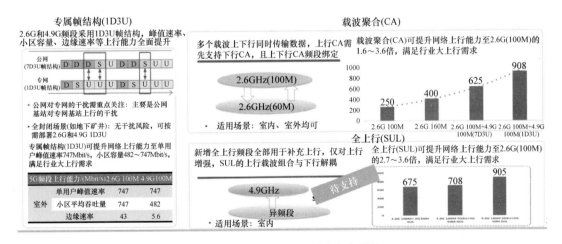

图 6-6 ToB 大上行业务技术方案设计

6.1.4　ToB 低时延需求

低时延方案选择：结合行业场景类型和时延需求，选择对应时延分档方案，启用对应原子能力（见图 6-7）。

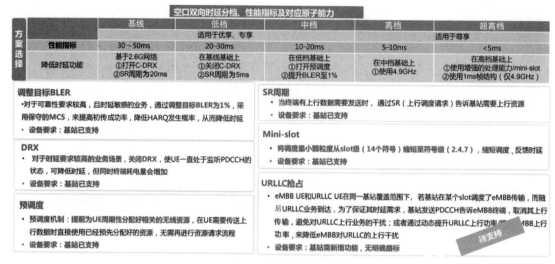

		基线	低档	中档	高档	超高档
方案选择			适用于优享、专享			适用于尊享
	性能指标	30～50ms	20~30ms	10~20ms	5~10ms	<5ms
	降低时延功能	基于2.6G网络 ①打开C-DRX ②SR周期为20ms	在基线基础上 ①关闭C-DRX ②SR周期为5ms	在低档基础上 ①打开预调度 ②提升BLER至1%	在中档基础上 ①使用4.9GHz	在高档基础上 ①使用增强的处理能力/mini-slot ②使用1ms帧结构（仅4.9GHz）

调整目标BLER
- 对于可靠性要求较高，且时延敏感的业务，通过调整目标BLER为1%，采用保守的MCS，来提高初传成功率，降低HARQ发生概率，从而降低时延
- 设备要求：基站已支持

DRX
- 对于时延要求较高的业务场景，关闭DRX，使UE一直处于监听PDCCH的状态，可降低时延，但同时终端耗电量会增加
- 设备要求：基站已支持

预调度
- 预调度机制：提前为UE周期性分配相关的无线资源，在UE需要传送上行数据时直接使用已经预先分配好的资源，无需再进行资源请求流程

SR周期
- 当终端有上行数据需要发送时，通过SR（上行调度请求）告诉基站需要上行资源
- 设备要求：基站已支持

Mini-slot
- 将调度最小颗粒度从slot级（14个符号）缩短至符号级（2.4.7），缩短调度、反馈时延
- 设备要求：基站已支持

URLLC抢占
- eMBB UE和URLLC UE在同一基站覆盖范围下，若基站在某个slot调度了eMBB传输，而随后URLLC业务到达，为了保证其时延需求，基站发送PDCCH告诉eMBB终端，取消其上行传输，避免对URLLC上行业务的干扰；或者通过动态提升URLLC上行功率/降低eMBB上行功率，来降低eMBB对URLLC的上行干扰
- 设备要求：基站需新增功能，无明确路标　（待支持）

图 6-7　ToB 低时延业务技术方案设计

6.1.5　ToB 无线侧资源预留

ToB 业务 RB 资源预留：先预留确定性比例无线资源，由一组切片用户占用，在其他切片用户发生拥塞时不受影响，提供较高的隔离性和性能确定性。

1）标准方案：在 3GPP R15 版本中引入，在 R16 版本中进一步完善。

2）应用场景：个别垂直行业客户对切片内所有用户使用的带宽有隔离性或更高保障性的需求，如园区希望保障 50MHz 空口带宽（类似专线）。通过将重点保障的 non-GBR 或 GBR 业务划分到切片用户组内，为其预留资源，以解决网络拥塞场景下的不确定性速率问题：预留带宽内，切片组内用户共享带宽，当其他切片用户发生拥塞时，切片内用户也不受影响，类似于公交专用道。

3）技术原理：基于切片，为一组用户预留无线资源，实现部分带宽资源的优先使用或专用，提供较高的隔离性和性能确定性，切片组内进一步基于 QoS 进行调度（见图 6-8）。

注意事项：为提高资源利用率，应重点考虑优先使用模式，谨慎使用专用模式（仅适用于对隔离、时延可靠性要求极高的行业用户）。

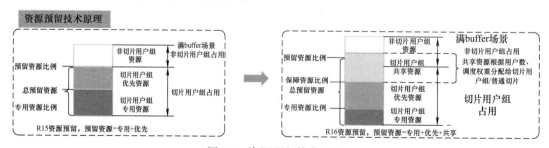

图 6-8　资源预留技术原理

6.2　智慧钢铁组网场景挑战及部署方案

钢铁厂全景：无人天车 + 生产线 / 安防监控摄像头分布示意图见图 6-9。

图 6-9　智慧钢铁厂监控分布示意图

智慧钢铁场景面临超大上行带宽需求、金属结构易遮挡多衰减、高站点密度干扰难控制、终端密度高驻留均衡难、终端间强干扰降低上行容量等五大挑战，需结合产品选型、组网规划、工程部署、频谱适配四个维度来应对。

1）大空间、多径复杂场景内，AAU 64TRX 更能满足容量和覆盖需求。

2）组网规划，充分考虑站点相背 + 建筑隔离 + 合适站高 + 无金属遮挡，保障覆盖可达和干扰可控。

3）容量规划，由于智慧钢铁场景对上行业务要求较高，下面以上行大带宽高流量业务需求估算为例进行讲解。4.9G、2.6G 小区速率和可支撑摄像头数量评估见表 6-2。

表 6-2　智慧钢铁场景容量需求估算

产品配置	频段	子帧配比	小区 UL 速率评估	摄像头种类	带宽需求（摄像头）	容量冗余系数	摄像头数量 / 小区（取整）
AAU 64TRX（异频组网）	4.9G，100MHz	7:3	450Mbit/s	2K	2Mbit/s	2K ~ 2.5K：3X	75
				2.5K	4Mbit/s	4K：6X	38
				4K	8Mbit/s		9
	2.6G，100MHz	8:2	300Mbit/s	2K	2Mbit/s		50
				2.5K	4Mbit/s		25
				4K	8Mbit/s		6

视频业务特征和摄像头典型配置下的带宽需求分析如下（见图 6-10）。

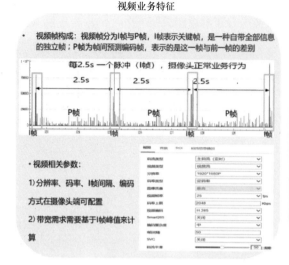

图 6-10　典型配置带宽需求分析

计算带宽需求，需考虑摄像头冗余，摄像头汇聚后 I 帧碰撞概率见表 6-3。

表 6-3　摄像头汇聚后 I 帧碰撞概率

摄像头数量	非碰撞概率	2 个 I 帧碰撞概率	3 个 I 帧碰撞概率	4 个 I 帧碰撞概率	5 个 I 帧碰撞概率	6 个 I 帧碰撞概率
1	100%	0	0	0	0	0
5	65%	34%	1%	0	0	0
10	13%	72%	14%	1%	0	0
15	0	56%	37%	6%	1%	0
20	0	25%	57%	15.60%	2.2%	0.2%

摄像头汇聚后的速率输出标准（以 400 万像素，4Mbit/s 码率为例）见图 6-11。

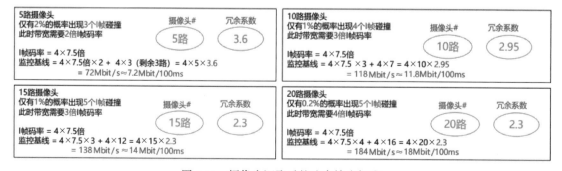

图 6-11　摄像头汇聚后的速率输出标准

不同摄像头典型码率 +I 帧带宽 + 冗余系数等指标见表 6-4。

表 6-4　不同摄像头关键指标

分辨率	关键指标要求						
	典型码率	帧率	I 帧带宽	摄像头数量 /CPE	冗余系数	总带宽需求 /CP	
2K、H.265	2Mbit/s	25fps	7.5 倍码率，UL 15Mbit/s	5	3.6	36Mbit/s	
				10	3	59Mbit/s	
				20	2.3	92Mbit/s	
2.5K、H.265	4Mbit/s	25fps	7.5 倍码率，UL 30Mbit/s	5	3.6	72Mbit/s	
				10	3	118Mbit/s	
				20	2.3	138Mbit/s	
4K、H.265	8Mbit/s	25fps	1.5 倍码率，UL 60Mbit/s	5	6.6	264Mbit/s	
				10	5.2	416Mbit/s	

I 帧、P 帧原理使摄像头速率存在峰值波动，在容量估算时要综合考虑典型码率和 I 帧速率；摄像头汇聚后根据摄像头数量分析 I 帧碰撞概率 /CPE，最终得出每 CPE 的上行速率要求。

6.3　智慧港口组网场景挑战及部署方案

港口环境主要包括海侧运输船、桥吊、内集卡、跨运车、轮胎吊、轨道吊、外集卡等，业务需求包括远程驾驶、视频回传等。5G ToB 港口总体地物特征和基本业务特征如图 6-12 所示。

图 6-12　智慧港口业务特征

1）4K 视频监控主要部署在堆场灯塔和岸桥桥吊，带宽要求为 40Mbit/s 以上。

2）门式起重机（俗称龙门吊）有 18 ~ 20 路摄像头，其中需回传给中控室的大致有 8 ~ 10 路，总带宽需求为 15Mbit/s 以上，对时延敏感。

3）另有用于堆场监控的无人机、高空定点直播和无人集卡等业务需求，时延要求在 100ms 以内，带宽需求为 80Mbit/s 以上。

表 6-5 为某港口容量评估：堆场五大业务场景带宽需求及保障。

1）6 台轮胎吊的视频带宽需求大致为 180Mbit/s，4.9G 7:3 大致可满足（考虑 2 倍冗余带宽保障）。

表 6-5　某港口不同业务容量评估

业务场景	CPE	业务分类	摄像头数量 /PLC	UL 速率需求	UL 空口带宽保障（2 倍冗余）	时延	载波驻留
轮胎吊	6	实时视频	10	15 × 6Mbit/s	180Mbit/s	eMBB	4.9G
		PLC 通信与控制	1	128B/16ms	2MHz	18ms	4.9G
高空直播	1	视频直播 4K	1	20Mbit/s	40Mbit/s	eMBB	2.6G
无人机 +机器人	2	视频回传 4K	2	30Mbit/s	60Mbit/s	eMBB	2.6G
无人集卡	1	实时视频（720P）	4	4 × 1.5=6Mbit/s	12Mbit/s	eMBB	2.6G
视频监控	2	视频监控 4K	2	2 × 15=30Mbit/s	60Mbit/s	eMBB	2.6G

2）高空直播 + 无人机、机器人的视频带宽需求为 100Mbit/s，2.6G 8∶2 基本可满足（考虑 2 倍冗余带宽保障）。

3）3 个 4K 视频监控 + 无人集卡的视频带宽需求为 72Mbit/s，2.6G 8∶2 基本可满足（考虑 2 倍冗余带宽保障）。

6.4　应用实例及成果经验

在初期，ToB 市场机会与网络风险并存，缺乏面向高价值的 5G ToB 园区专网场景的全生命周期解决方案，大量专网项目与客户生产深入融合后，将面临巨大的网络运维挑战。

以某龙头企业为例，整个园区上下游全链条涉及 8 个工业环节，可落地 10 项 ToB 应用业务，需满足带宽、时延、定位、可靠性等多个维度要求（见图 6-13 和图 6-14）。

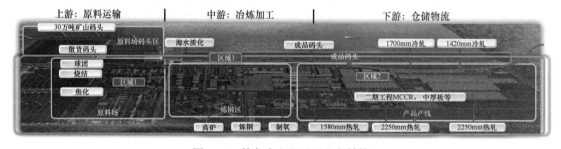

图 6-13　某龙头企业厂区业务结构

1）规划方面：对行业专业了解欠缺，前期需求挖掘能力有待加强。网络方案制定 ToC 化，ToB 网络规划能力欠缺。属地网络 5G 垂直行业对接人角色、职责不清晰。无适应行业的 SLA 标准，一事一议，无章可循。各专业制定独立方案，无一体化解决方案。

前期规划提出由 57 路高清视频摄像头监控 3 个库的天车控制，后期根据实际情况增加至 97 个才能满足监控需求。过程中提出 4.9G 容量补充方案，2.6G 停掉部分设备。同时出现因家用 CPE 不支持 4.9G 锁频的问题。

2）建设方面：缺乏 ToB 高可靠网络方案及落地方案。

3）维护方面：问题处理无法满足客户快速响应要求。

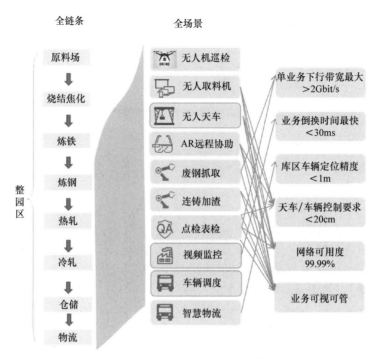

图 6-14　全产业链条业务需求

企业 SLA 要求 15min 响应、1h 故障恢复维护，但运营部门无参考标准，难以确认是否可满足。出现远控天车故障，经过定位为 5GC 故障所致，究其根因为方案设计中未对网络高可靠性进行充分考虑。

4）优化方面：ToB 场景业务保障调优能力不足。

中间库 5G 网络上线，3 月该库规划了 26 路摄像头，根据实际情况增长为 50 路，结果发现网络容量不足。进行小区划分扩容，造成同频干扰。

总结项目中的问题与实操经验，形成了钢铁行业专网的产品化框架，使能钢铁行业复制方案，构建多维度、端到端、场景化的 5G ToB SLA 指标管理体系（见图 6-15）。

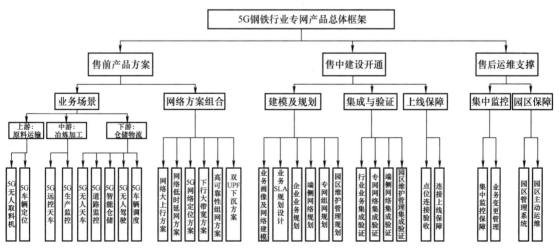

图 6-15　5G 钢铁行业专网产品总体框架

1）网络级保障：

覆盖接入和保持全阶段网络性能指标。

更细粒度用户面体验指标（1min）。

关注业务发展和终端异常的企业健康度指标。

2）行业应用和终端监控：

终端实时异常事件。

终端空口质量指标。

终端设备性能指标。

终端模拟测试指标。

3）定义业务不可用性基线标准：

服务端、客户端丢包率 ≥ 10%。

服务端、客户端 RTT 劣化，时延 ≥ 500ms、3 次 /min。

上行 RTT 劣化，时延 ≥ 100ms、3 次 / min。

上行异常速率，上行速率 ≤ 0.5M、3 次 / min。

上行丢包劣化，上行丢包率 ≥ 0.03%。

上行包间隔过大，大于 3s。

第 7 章　网络后续演进前瞻

7.1　超可靠低时延通信（URLLC）

7.1.1　URLLC 的演进

URLLC 是 ITU 提出的 5G 三大应用场景之一，目前国内运营商的 5G 网络主要是以面向 eMBB 业务为主，对于全面支持 URLLC 的业务仍存在一些差距。

当前帧结构配置，在 3.5GHz 频率上中国电信公司和中国联通公司采用了 2.5ms 双周期帧结构，具体配置如图 7-1 所示。仿真数据表明，针对初传，2.5ms 双周期帧结构可以实现 1.3ms 的下行单向时延和 1.9ms 的上行单向时延；针对重传，可实现 1.5ms 的下行单向时延和 2.2ms 的上行单向时延。因此，2.5ms 双周期帧结构可以满足 eMBB 业务对于空口单向 4 ms 时延的要求。

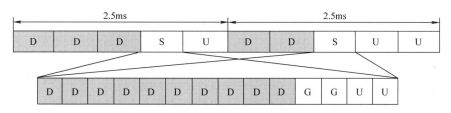

图 7-1　2.5ms 双周期帧结构

随着工业物联网（Industrial Internet of Things，IIoT）的兴起和工业 4.0 的提出，URLLC 在 IIoT 领域的应用获得了越来越多的关注。表 7-1 给出了 IIoT 领域部分场景对时延和可靠性的需求。具体来说，在 5G 初期，URLLC 主要应用于虚拟现实（Virtual Reality，VR）和增强现实（Augmented Reality，AR）等领域，具体需满足在 1ms 的用户面时延下 99.999% 的可靠性需求。随着 IIoT 的进一步发展，URLLC 业务将更多地应用于工厂自动化（运动控制、控制到控制通信）、传输业（远程驾驶）和电力分配（智能电网）等领域，这些场景对时延和可靠性提出了更高的需求，具体来说，远程驾驶的要求是在 3ms 的用户面时延下实现 99.999% 的可靠性，电力分配系统的要求是在 2ms 的用户面时延下实现 99.9999% 的可靠性，而工厂自动化场景的要求是在 1ms 的用户面时延下实现 99.9999% 的可靠性。

表 7-1　R15/R16 中部分 URLLC 用户场景需求

用户场景	可靠性（%）	空口时延 /ms	数据包大小
R15：AR、VR	99.999	1	32B 和 200B（FTP 模型 3）
传输业（远程驾驶）	99.999	3	1Mbit/s，数据包大小为 5220B
电力分布	99.9999	2～3	100B（FTP 模型 3）
工厂自动化	99.9999	1	32B（周期性、确定性业务）

与 eMBB 提出的在 4ms 的用户面时延内达到 99.9% 的可靠性需求相比，URLLC 业务的要求更为严苛，其要求在 1ms 的用户面时延内达到 99.999% 的可靠性。为了满足该可靠性需求，5G 通过采用中短码长的多元 LDPC（码）获得编码增益，同时 MIMO 技术可以通过在发射端和接收端同时配置多根天线，来实现空间分集增益以保证可靠性。仿真结果表明，当 AL 等于 8 时，无法满足 5G 初期提出的 99.999% 的可靠性需求，当 AL 等于 16 时，仅可以在上行链路中满足 99.999% 的可靠性需求。

结合上述分析可知，面向 eMBB 业务的 2.5ms 双周期帧结构无法满足 URLLC 业务提出的 1ms 单向用户面时延的需求，而且基于现有的物理层技术，也无法满足当前 IIoT 场景提出的 99.9999% 的可靠性需求。因此，为了在 5G 网络中更好地支持 URLLC 业务，需要通过 URLLC 增强技术来降低时延，提高可靠性。

7.1.2　降低空口传输时延方案

目前的 2.5ms 双周期帧结构还无法满足某些对于时延要求较高（如空口传输时延为 1ms 或者 2ms）的业务需求，本节将主要从降低空口时延和传输时延的角度分别分析 5G 网络降低时延的方案。

1. 引入更短周期帧结构

为了降低空口时延，可以考虑引入比 2.5ms 双周期帧结构更短周期的帧结构，如 1ms 单周期帧结构，通过缩短上行时隙间隔以降低上行业务资源等待时延。具体来说，1ms 单周期帧结构的具体配置如图 7-2 所示，其中一个周期内包含一个全下行时隙和一个特殊时隙，为了降低由传统特殊时隙带来的上行传输时延，该帧结构的特殊时隙中只包含保护间隔和上行符号，并通过上行符号传输上行数据。相比于 2.5ms 双周期中上行时隙的平均间隔，该帧结构降低了特殊时隙（上行符号）的平均间隔，从而降低了上行传输时延。

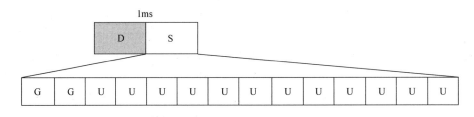

图 7-2　1ms 单周期帧结构

为了进一步对比两种帧结构下的空口传输时延，通过仿真得到了两种帧结构的上下行单向平均时延和考虑一次重传的平均时延（假设初传和重传比例为 9:1），其中，无线网络的用户面时延指的是空口时延（以 ms 为单位）。结合上述帧结构配置和下面的仿真结果可知，考虑到 1ms 单周期帧结构中两个特殊时隙的间隔小于 2.5ms 双周期帧结构中两个上行时隙的平均间隔，因此，针对上行用户面的平均时延（见图 7-3），无论是初传还是重传，1ms 单周期帧结构的平均时延都低于 2.5ms 双周期帧结构的平均时延。

同理，针对下行用户面的平均时延（见图 7-4），由于 2.5ms 双周期帧结构中两个下行时隙的平均间隔小于 1ms 单周期帧结构中两个下行时隙的平均间隔，因此，无论是初传还是重传，2.5ms 双周期帧结构的平均时延低于 1ms 单周期帧结构的平均时延。

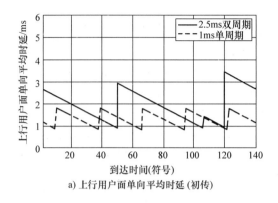
　　a) 上行用户面单向平均时延 (初传)

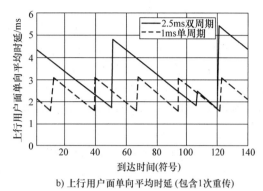
　　b) 上行用户面单向平均时延 (包含1次重传)

图 7-3　上行用户面单向平均时延

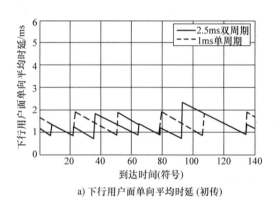
　　a) 下行用户面单向平均时延 (初传)

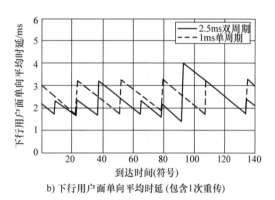
　　b) 下行用户面单向平均时延 (包含1次重传)

图 7-4　下行用户面单向平均时延

　　结合两种帧结构配置，综合考虑上下行用户面平均时延可知，1ms 单周期帧结构比 2.5ms 双周期帧结构更能满足 URLLC 对低时延的需求。

　　这种新型帧结构用于部署频点有两种方案：

　　1）方案一：同频部署，即在不同的区域中采用不同周期的帧结构以满足不同用户的需求，如对行业用户采用 1ms 单周期帧结构，对公众客户采用 2.5ms 双周期帧结构。

　　2）方案二：异频部署，即不同的频段采用不同的帧结构以满足不同类型的用户需求，如 3.5GHz 采用 2.5ms 双周期帧结构，而在 4.9GHz 或者其他频段上采用 1ms 单周期帧结构。

　　需要说明的是，两种方案都需要保持与同频和邻频的隔离距离要求，以避免因时隙配置不同造成对同频和邻频的干扰。

2. TSN 功能增强

　　为了降低 URLLC 业务的传输时延，可考虑将 5G 网络和 TSN（Time Sensitive Networking，时间敏感网络）进行深度融合。一般来说，TSN 业务具有周期性、确定性和数据大小固定的特点。TSN 根据该业务特点，可以实现 TSN 业务的确定性传输。为了给 TSN 业务提供确定性传输，TSN 可以从核心网获取该业务的周期、数据大小等信息，基于这些信息为 TSN 业务预先配置资源或者进行半静态调度，这样，当 TSN 数据到达时，不需要通过调度请求从网络侧获取资源，从而降低了等待资源的时间。

一般来说，无线网中的业务周期以 ms 为单位，而 TSN 业务的周期以 Hz 为单位，例如，在智能电网中，数据包的周期可能为 1Hz/1200Hz，即 0.833ms。因此，可能会出现无线资源配置周期与 TSN 业务周期不匹配的问题；为了降低该问题导致的 TSN 业务的资源等待时延，一方面，可以考虑根据 TSN 业务周期为其配置更短周期的半静态资源调度；另一方面，还可以根据业务周期为其配置多个具有相同周期但不同时间偏置的半静态调度。

最后，考虑到 TSN 是基于传统以太网发展的，因此，TSN 数据需要封装为以太网帧进行传输，但是考虑到 IoT 业务的数据包相对较小，以太网帧头部将占用较大的比例，为了降低其带来的时延，可以考虑对以太网帧头部进行压缩。

7.1.3　可靠性增强方案研究

根据 IMT-2020 中定义，可靠性指的是特定时间内数据包成功传输的概率。在 5G 发展初期，URLLC 业务的可靠性需求是在 1ms 的单向时延下实现 99.999% 的可靠性，但是随着需求的提高，现阶段 URLLC 关键技术需要考虑如何满足工业互联网场景在 1ms 的单向时延下实现 99.9999% 的可靠性需求。

1. 数据包重复传输

在 LTE 系统中，为了提高可靠性提出了 RLC 层的自动重复请求（Automatic Repeat Request，ARQ）机制、MAC 层的混合自动重传（Hybrid Automatic Repeat Request，HARQ）机制以及物理层的自适应调制编码机制。但是无论是 ARQ 的重传机制，还是 HARQ 的停等协议都是以时延为代价来提高可靠性的。为了降低时延，5G NR 考虑在 PDCP 层对数据进行复制，通过在不同路径上传输多个相同的数据包，从而实现分集增益，提高了可靠性。

目前，通过物理层技术可实现在 1ms 的单向时延下 99.99% 的可靠性，因此，可以考虑通过两条 PDU 复制链路实现 URLLC 业务提出的在 1ms 的单向时延下 99.9999% 的可靠性需求。但是，考虑到无线信道的随机性，为了保证业务可靠性，提出了支持最多四条复制链路的 PDCP 复制增强方案，具体可以通过 CA 复制、DC 复制，以及 CA 复制和 DC 复制的组合来实现（见图 7-5）。为了降低复制传输带来的资源浪费，标准中也提出了动态的复制激活 / 去激活的机制。

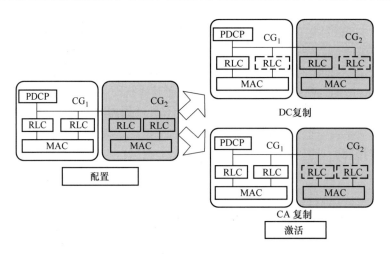

图 7-5　CA 复制和 DC 复制

5G 网络在未来引入多个载波后，可考虑引入数据包复制技术。基于该技术可以根据信道条件和业务的 QoS 要求，选择不同数量的复制链路，以更高的资源利用率来保证可靠性。

2. 通过多连接增强可靠性

为了进一步提升用户面的可靠性，标准中还引入了多连接方案。

1）方案一：基于 DC 的终端到终端的用户面冗余传输方案，即通过在 UE1 和 UE2 之间建立两条冗余 PDU 会话来提高数据传输可靠性。具体来说，一条会话从 UE1 出发，通过 MgNB 连接到用户面功能（User Plane Function 1，UPF1），以 UPF1 为会话锚点连接到 UE2，另一条也从 UE1 出发，通过 SgNB 连接到 UPF2，以 UPF2 为会话锚点连接到 UE2，从而实现分集增益，提高了可靠性。其中 MgNB 通过 Xn 接口控制 SgNB 的选择和 DC 功能设置。在该方案中，冗余路径会跨越整个系统，包括 RAN、核心网，甚至还会扩展到数据网络。

2）方案二：基于 N3 接口的冗余传输。首先，NG-RAN 复制上行数据包，然后通过两条冗余的 N3 通道发送给 UPF，其中每条 N3 通道与一个 PDU 会话关联。通过两条独立的传输层路径可以实现分集增益，提高可靠性。为了确保两条 N3 通道通过相互独立的传输层路径传输，NG-RAN 节点、会话管理功能或 UPF 将为每条 N3 通道提供不同的路由信息。

本节提到的两种多连接方案和前面提到的 PDCP 复制的基本原理类似，都是通过冗余传输实现分集增益来提高可靠性。但不同的是，PDCP 复制是 RAN 内部的冗余传输，DC 方案是基于 UE 和应用、DC 间的冗余传输，N3 接口方案是基于 RAN 和 UPF 间的冗余传输。相比于后两种方案，PDCP 复制方案占用资源较少，因此，当仅有两个频段时，可以考虑采用 PDCP 复制增强方案来实现 URLLC 业务的 99.9999% 的可靠性需求。

7.2　5G V2X

7.2.1　5G V2X 概述

近年来智能交通系统的开发将主要集中在智能公路交通系统领域，也就是俗称的车联网。其中 V2X 技术借助车与车、车与路侧基础设施、车与路人之间的无线通信，如何实时感知车辆周边状况并进行及时预警成为当前世界各国解决道路安全问题的一个研究热点。根据美国运输部提供的数据，V2X 技术可帮助预防 80% 各类交通事故的发生。

V2X 被视为一种无线传感器系统的解决方案，它允许车辆通过通信信道彼此共享信息，它可检测隐藏的威胁，扩大自动驾驶感知范围，能预见接下来会发生什么，从而进一步提升自动驾驶的安全性、效率和舒适性。因此 C-V2X（蜂窝车联网）也被认为是自动驾驶的关键推动因素之一。

V2X 主要包括 V2N（车辆与网络 / 云）、V2V（车辆与车辆）、V2I（车辆与道路基础设施）和 V2P（车辆与行人）之间的连接性（见图 7-6）。

由于国内之前对 V2X 的通信技术存在不同的解决方案，要实现车与一切事物之间的互联互通，必定要探讨通信的介质以及通信的标准。相关标准的发布为国内各车企及后装 V2X 产品提供了一个独立于底层通信技术的、面向 V2X 应用的数据交换标准及接口，以便在统一的规范下进行 V2X 应用的开发、测试，对于 V2X 大规模路试和产业化具有良好的推动效应。

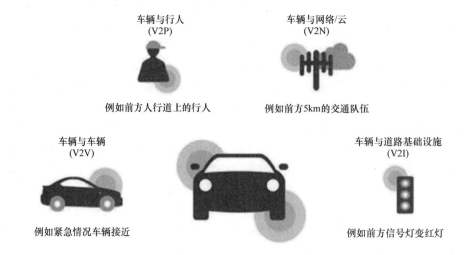

图 7-6　V2X 连接性展示

7.2.2　5G V2X 标准

NR V2X 架构分为独立组网和双连接组网两种类型，涵盖 6 种场景，如图 7-7 所示。其中场景 1～3 为独立场景，场景 4～6 为 MR-DC 场景，在 MR-DC 场景下，辅节点不能对侧行链路（sidelink）资源进行管理和分配。

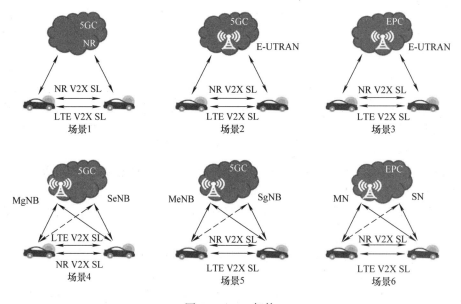

图 7-7　V2X 架构

场景 1～3 中，分别由 gNB、ng-eN 和 eNB 对在 LTE sidelink 和 NR sidelink 中进行 V2X 通信的 UE 进行管理或配置；场景 4～6 中，由主节点来对在 LTE sidelink 和 NR sidelink 中进行 V2X 通信的 UE 进行管理或配置。

sidelink 是为了支持 V2X 设备间直接通信而引入的新链路类型,最早是在 D2D 应用场景下引入的,在 V2X 体系中进行了扩充和增强。NR sidelink 主要由 PSCCH、PSSCH、PSBCH 和 PSFCH 组成。

sidelink 的设计和增强具体内容包括研究 sidelink 上的单播、多播和广播传输,具体包括基于 NR sidelink 的物理层架构和流程、sidelink 的同步机制、链路的资源分配模式、sidelink 的层 2/ 层 3 协议等。

1. sidelink 单播、多播和广播

NR-V2X 物理层支持单播、多播和广播,单播和多播需要引入 sidelink HARQ 反馈、高阶调制、sidelink CSI 以及 PC5-RRC。

2. V2X sidelink 物理层

1)物理 sidelink 信道和信号,NR-V2X sidelink 与 NR 上行 / 下行采用相同的子载波间隔。调制机制有 QPSK、16-QAM、64-QAM 和 256-QAM。

物理 sidelink 广播信道(PSBCH):承载来自 RRC 层的 MIB-V2X,并在位于 sidelink 带宽的 11 个 RB 上每隔 160ms 进行发送。

物理 sidelink 共享信道(PSSCH):在 sidelink 上传输数据,PSSCH 的传输资源可以由 gNB 进行调度,并通过 DCI 告知 UE,也可以通过 UE 自己的感知过程自主确定。数据可以传输多次。

物理 sidelink 控制信道(PSCCH):sidelink 控制信息(SCI),分为两阶段发送:第一阶段的 SCI 在 PSCCH 资源上发送,包含可以进行感知操作的信息以及第二阶段的 SCI 的资源分配信息。第二阶段的 SCI 在 PSSCH 资源上发送,并与 PSSCH 的 DMRS 相关,包含识别和解码对应 PSSCH 的必要信息、HARQ 过程的控制以及 CSI 反馈的触发条件信息等。

物理 sidelink 反馈信道(PSFCH):承载 sidelink 上接收 UE 对发送 UE 的反馈,具体形式可以是 ACK/NACK,或者 NACK-only。PSFCH 的时域资源(预)配置在第 1、2、4 时隙,频域 / 码域资源通过隐式方式获得。

此外,还有 S-PSS(侧行链路主同步信号)、S-SS(侧行链路辅同步信号)、DMRS、FR2(频率范围 2)的 PT-RS(相位追踪参考信号)、CSI-RS(信道状态信息参考信号)。

2)sidelink 同步,UE 的同步过程需要 UE 持续按照同步优先级进行搜索,找到自己能获得的最优的同步参考。V2X UE 进行同步的四种基本同步源:GNSS、gNB/eNB、其他发送 SLSS 的 UE,以及 UE 的内部时钟。

3)sidelink CSI,在单播通信中,接收 UE 向发送 UE 提供一些信息,帮助发送 UE 进行链路自适应。

4)sidelink HARQ,NR-V2X 针对 sidelink 单播和多播业务通过 ACK/NACK 支持 HARQ,针对多播业务还可采用 NACK-only HARQ。此外,还支持盲重传机制。sidelink HARQ 反馈是接收 UE 在 PSFCH 上经发送 UE 的。如果是在 gNB 控制下的资源分配模式 1,发送 UE 通过 PUCCH 将其收到的与某个特定动态或者配置,以及与 grant 相关的 sidelink HARQ 反馈状态通知给 gNB,以便辅助重传调度和分配 sidelink 资源。

5)LTE-V2X sidelink 和 NR-V2X sidelink 的设备内共存,如果有设备同时支持 LTE-V2X 和 NR-V2X,并且需要同时在系统中工作,而且如果这两个 RAT 还有足够的频域隔离,例如在不同的频段上,则各自使用各自频段上的射频进行工作即可。

如果两个 RAT 之间的频域间隔较小,则只能用一个射频,还要遵从半双工原则,半双工原

则就是不允许在 sidelink 上同时发送和接收。前面的限制表明两个 RAT 同时接收会有干扰，因此不允许同时发送。后限制表明一个 RAT 在接收 / 发送时，另一个 RAT 不能发送 / 接收。

如果可能，可以给两个 sidelink（预）配置完全不重合的资源池，否则，一般的原则就是在两个 RAT 同时发送时至少一个 RAT 需要放弃，但在两个 RAT 上的 V2X 业务优先级都已知时，自动选择较高的优先级。两个 RAT 上接收与接收重叠的情况一般留给 UE 处理。两个 RAT 上发送与发送重叠以及发送与接收重叠的处理，当两个 RAT 上的 V2X 业务的优先级都已知，自动选择较高的优先级。如果优先级相同或者并不是都已知的情况下，留给 UE 处理。

3. V2X sidelink 高层协议

1）与 NR sidelink 通信有关的测量和上报，NR V2X sidelink 有一些专用的测量和上报连接态的 UE，测量 CBR 并上报给 NG-RAN，以协助网络调度和 / 或传输参数调整。接收 UE 将基于 DMRS 进行 RSRP（参考信号接收功率）测量，并将 3 层过滤的 RSRP 发给发送 UE，以便发送 UE 用于单播通信中的开环功率控制。

2）移动性管理，UE 可以在小区切换和小区重选过程中进行 NR sidelink 传输。

3）辅助信息和 sidelink 配置信息的配置，NG-RAN 可以使用两种类型的配置——sidelink grant 给 UE 分配的 sidelink 资源：类型 1 和类型 2。对于进行 NR sidelink 通信的 UE，可能同时激活了多个配置 sidelink grant。为了给配置 grant 的配置提供辅助信息，UE 可以向网络上报一些有关业务 pattern 的辅助信息，如周期、时域偏差、消息大小、QoS 等。

4）上行链路和 NR sidelink 传输的协调，当上行链路和 sidelink 在共享 / 相同载波域同时发送，或者在不同载波频域上共用射频发送并分享功率时，就需要在二者之间进行有限选择。分别为 NR 上行链路和 NR sidelink 配置独立的逻辑信道优先级门限值。如果上行链路逻辑信道数据的最高优先级取值高于上行链路优先级门限值，并且 sidelink 逻辑信道数据的最高优先级取值低于 sidelink 优先级门限值，则将优先执行 sidelink 发送；反之，优先执行上行链路发送。

5）QoS 机制，基于数据流的 QoS 模型用于 sidelink 单播、多播和广播。对于处于 RRC 连接态的 UE，针对一个新的 PC5 QoS 数据流，UE 需要通过 RRC 专用信令上报该数据流的 QoS 信息，网络可基于 UE 上报的 QoS 信息，通过 RRC 专用信令提供 SLRB（sidelink 无线承载）配置，并配置该数据流和 SLRB 的对应关系。对于处于 RRC 空闲态的 UE，网络可通过 V2X 专用 SIB（系统信息块）提供 SLRB 配置，并配置 PC5 QoS 与 SLRB 的映射。对于覆盖外的 UE，SLRB 配置和 PC5 QoS 与 SLRB 的映射是预配置的。

6）sidelink RRC，对于 NR sidelink 单播通信，PC5-RRC 连接是源和目标层 ID 之间的逻辑连接。接入层配置可以通过 PC5-RRC 信令传达，并且接收和发送 UE 之间必须要达成一致的参数。如果接入层配置失败，可以使用明确的错误消息和基于定时器的指示来告知对端 UE。UE 之间可以通过 PC5-RRC 来相互了解 UE 能力；UE 也可以发送能力查询信息去查询对端 UE 的能力，并把自己的能力告知对方。

4. V2X 业务授权

与 LTE-V2X 类似，NG-RAN 节点接收核心网或者相邻 NG-RAN 节点提供的 UE 授权状态，来判断 UE 是否授权为一个车辆 UE 和 / 或行人 UE。只有授权 UE 才可以进行 V2X sidelink 通信。根据所支持业务的不同，通过不同的方式向 UE 提供 sidelink 无线资源。Uu 链路增强的高级 V2X 服务是由驻留在 Internet 上的应用服务器提供的，该应用服务器处理从 UE 接收到的信息，并发出指令来控制车辆。远程驾驶应用可允许远程驾驶员或 V2X 应用程序远程控制车辆。

高级驾驶可以通过应用服务器在车辆之间共享视频。在这些应用中，UE 与服务器通过蜂窝网络的 NR Uu 接口进行通信。

　　NR V2X 网络中的车辆通过 Uu 链路与基站 / 路边进行的高级业务对传输速率、时延和可靠性都有更高的要求，因而对 Uu 链路性能也提出了更高要求。R16 NR-V2X 主要包括 Uu 链路高速率低时延多播传输、更加灵活的半静态调度或免调度的传输模式等。

7.2.3　V2X R16 版本演进

　　众所周知，蜂窝车联网（C-V2X）旨在把车连到网，以及把车与车、车与人、车与道路基础设施连成网，以实现车与外界的信息交换，包括了 V2N（车辆与网络 / 云）、V2V（车辆与车辆）、V2I（车辆与道路基础设施）和 V2P（车辆与行人）之间的连接性（见图 7-8）。

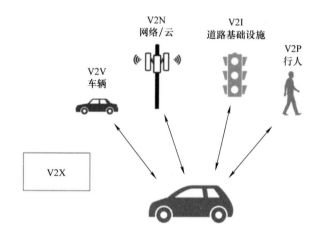

图 7-8　V2X 连接性示意图

　　V2X 消息可以通过 Uu 接口在基站和 UE 之间传输，也可通过 sidelink 接口（也称为 PC5）在 UE 之间直接传输，即设备与设备（D2D）之间直接通信。

　　为了将蜂窝网络扩展到汽车行业，3GPP 在 R14 版本引入了 LTE V2X，随后在 R15 版本对 LTE V2X 进行了功能增强，包括可在 sidelink 接口上进行载波聚合、支持 64QAM 调制方式，进一步降低时延等。

　　进入 5G 时代，3GPP R16 版本正式开始对基于 5G NR 的 V2X 技术进行研究，以便通过 5G NR 更低的时延、更高的可靠性、更高的容量来提供更高级的 V2X 服务。

　　R16 版本的 NR V2X 与 LTE V2X 互补互通（见图 7-9），定义支持 25 个 V2X 高级用例，其中主要包括四大领域：

　　1）车辆组队行驶，其中领头的车辆向队列中的其他车辆共享信息，从而允许车队保持较小的车距行驶。

　　2）通过扩展的传感器的协作通信，车辆、行人、基础设施单元和 V2X 应用服务器之间可交换传感器数据和实时视频，从而增强 UE 对周围环境的感知。

　　3）通过交换传感器数据和驾驶意图来实现自动驾驶或半自动驾驶。

　　4）支持远程驾驶，可帮助处于危险环境中的车辆进行远程驾驶。

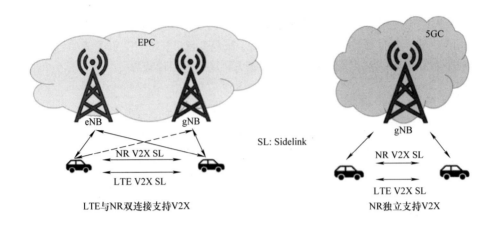

图 7-9　5G 双连接和独立组网支持 V2X 架构

7.3　5G 物联网演进

物联网的本质是传感 + 通信 +IT 技术，典型的端到端物联网结构示例如下。

1）蜂窝物联网（C-IoT）（见图 7-10）。

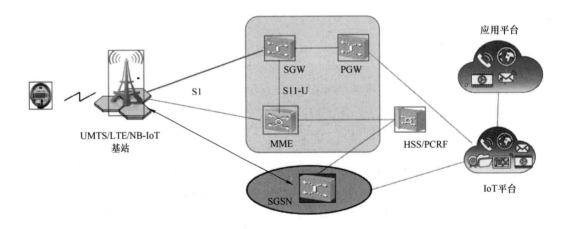

图 7-10　蜂窝物联网端到端联网结构

2）家庭网关（见图 7-11）。

3）LoRa 网关（见图 7-12）。

按照应用场景、网络要求分类可分为高速率（>1Mbit/s）、中速率（~1Mbit/s）低功耗、低速深覆盖 + 低成本 + 低功耗（LPWA）三类，对应蜂窝接入、Wi-Fi、LoRa、短距技术等无线接入技术（见图 7-13 和表 7-2）。

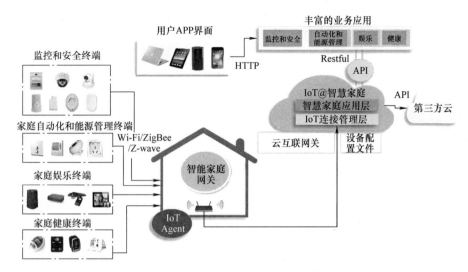

图 7-11　家庭网关端到端联网结构

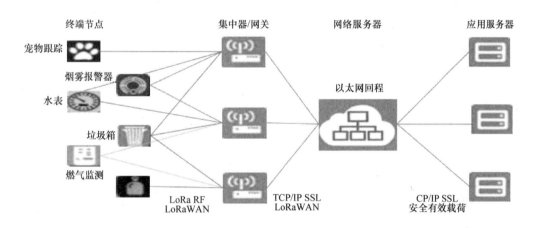

图 7-12　LoRa 网关端到端联网结构

IoT应用场景	网络要求	IoT无线接入技术
监控控制类（高速率） （>1Mbit/s） 视频监控、车联网、智慧医疗等	• 高速率(>1Mbit/s)	□ 3G/4G/CAT1/5G □ C-V2X □ Wi-Fi
交互协同类（中速率） 中速率(<1Mbit/s) 智能家居，智能建筑，POS机，电梯卫士等	• 中速率(~1Mbit/s) • 低功耗	□ 2G/3G □ eMTC
数据采集类（低速率） 低速率(<100kbit/s) 农林牧渔，传感，抄表，停车，路灯，物流，追踪业务等	• 低速率(<100kbit/s) • 深度覆盖(20dB) • 低功耗(10年) • 低成本(<5$)	□ NB-IoT □ SigFox □ LoRa □ 短距技术，如ZigBee、RFID、红外、蓝牙等

图 7-13　IoT 应用场景

表 7-2　主流物联网通信技术参数

协议	频段	速率	距离	功耗	有效时延	可靠性	安全性	传输带宽（频宽）	拓扑方式 / 能力
ZigBee	868MHz 欧洲 915MHz 美国 2.4GHz	250kbit/s	200m	1 年	< 百 ms	高	中	5MHz、2MHz	MESH
SUB1G	Sub1G	50kbit/s	1km	100 个月	< 百 ms	高	中	200kHz	星形 /MESH
2G	运营商授权频段	300kbit/s	依托运营商网络覆盖	3 个月	<700ms	高	依托运营商网络	NA	蜂窝
3G	运营商授权频段	3Mbit/s	依托运营商网络覆盖	1 个月	<300ms	高	依托运营商网络	5MHz	蜂窝
4G LTE	运营商授权频段	150Mbit/s	依托运营商网络覆盖	1 个月	< 百 ms	高	依托运营商网络	18MHz	蜂窝
LoRa	433MHz 470MHz	37.5kbit/s	20km	3 ~ 10 年	秒级	中	高（专有分层加密机制）	125kHz	星形 / LoRaWAN MESH：私有
NB-IoT	运营商授权频段	100kbit/s	20km	3 ~ 10 年	秒级	中	依托运营商网络	3.75kHz、15kHz	蜂窝
eMTC	运营商授权频段	1Mbit/s	15km	2 ~ 4 年	< 百 ms	高	依托运营商网络	800kHz	蜂窝
SigFox	欧洲 868MHz 美国 915MHz	100bit/s	市区 1km 郊区 50km	10 年	秒级	中	中	100Hz	蜂窝（新建）

7.4　R17 版本冻结

R17 版本于 2022 年 6 月完成冻结，重点研究方向如下。

7.4.1　频谱范围扩到 71GHz

5G NR 频谱范围（FR）分为 FR1 和 FR2，其中 FR1 为 410MHz ~ 7.125GHz，FR2 为 24.25GHz ~ 52.6GHz。现在，R17 版本将 5G NR 的频谱范围从 52.6GHz 扩展到了 71GHz，进一步增加了 24.25GHz ~ 27.5GHz、37GHz ~ 43.5GHz、45.5GHz ~ 47GHz、47.2GHz ~ 48.2GHz 和 66GHz ~ 71GHz。

7.4.2　轻量版 NR（NR-Lite）

5G 定义了 eMBB、URLLC 和 mMTC 三大场景，eMBB 主要针对 4K/8K、VR/AR 等大带宽应用，URLLC 主要针对远程机器人控制、自动驾驶等超高可靠超低时延应用，而 NB-IoT 和

eMTC 将演进为 mMTC，主要针对低速率的大规模物联网连接。

　　URLLC 针对的是"高端"物联网应用场景，mMTC 针对的是"低端"物联网应用场景，而 NR-Lite 的性能与成本介于 eMTC/NB-IoT 与 NR eMBB/URLLC 之间，仅占用 10MHz 或 20MHz 带宽，支持下行速率为 100Mbit/s，上行速率为 50Mbit/s，主要用于工业物联网传感器、监控摄像头、可穿戴设备等场景（见图 7-14）。

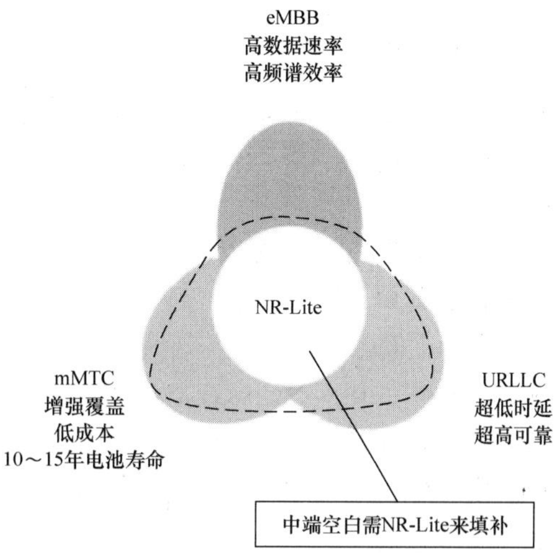

　　3GPP R16 版本已经研究 5G NR 与非地面网络的融合，R17 版本将进一步研究 NB-IoT/eMTC 与非地面网络集成，以支持位于偏远山区的农业、矿业、林业，以及海洋运输等垂直行业的物联网应用。

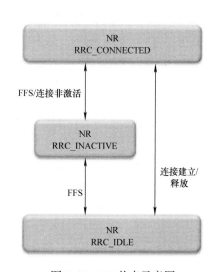

图 7-14　NR-Lite 补充三大场景空白

7.4.3　定位精度提升到厘米级

　　卫星定位在室内无法使用，LTE 和 Wi-Fi 定位技术又不精准，为此，5G 在 R16 版本中增加了定位功能，其利用 MIMO 多波束特性，定义了基于蜂窝小区的信号往返时间（RTT）、信号到达时间差（TDOA）、到达角测量法（AOA）、离开角测量法（AOD）等室内定位技术，定位精度可达到 3 ~ 10m。而 R17 版本将进一步把室内定位精度提升到厘米级（20 ~ 30cm）。

7.4.4　XR 评估

　　XR 指的是扩展现实，其中包括 AR、VR 和 MR（混合现实）。5G 边缘计算让云端的计算、存储能力和内容更接近用户侧，使得网络时延更低，用户体验更极致，因此使能 AR、VR 和 MR 等应用。得益于 5G 低时延、大带宽能力，终端侧的计算能力还可以上移到边缘云，使得 VR 头盔等终端更轻量化、更省电、成本更低。R17 版本持续演进边缘云 + 轻量化终端的分布式架构，并优化网络时延、处理能力和功耗等。

7.4.5　INACTIVE 态下小数据包传输

　　5G RRC 状态在 RRC_IDLE 和 RRC_CONNECTED 基础上引入了 RRC_INACTIVE（见图 7-15）。

图 7-15　NR 状态示意图

　　在 RRC_INACTIVE 状态下，UE 处于省电的睡眠状态，但它仍然保留部分 RAN 上下文（安全上下文、UE 能力信息等），始终保持与网络连接，并且可以通过消息快速唤醒，即从 RRC_INACTIVE 状态转移到 RRC_CONNECTED 状态。这样做可以减少信令开销，还可以快速接入，降低时延，还能更省电。R17 版本支持在 INACTIVE 状态下进行小数据包传输，最大限度地降低功耗。

7.4.6　NR sidelink 增强

车联网（V2X）是指车辆与可能影响车辆的任何实体之间的信息交互。基于蜂窝网络的车联网技术叫 C-V2X，包括 LTE V2X 和 NR V2X。

C-V2X 支持车辆与车辆、车辆与其他设备之间的直接通信和基于蜂窝网络的通信，包括 V2N（车辆与网络 / 云）、V2V（车辆与车辆）、V2I（车辆与道路基础设施）和 V2P（车辆与行人）之间的通信。其中，V2V 和 V2I 之间的通信采用 PC5 接口。在 3GPP 规范中，sidelink 指通过 PC5 接口进行直接通信。

NR V2X 进一步补充了 LTE V2X 解决方案，可提供更好的车联网服务。同时也引入了 NR sidelink，以支持 V2V 和 V2I 等设备之间直接通信。R17 版本的 NR sidelink 增强将直接通信的应用场景从 V2X 扩展到公共安全、紧急服务，甚至手机与手机之间直接通信。

7.4.7　IAB 增强

IAB（Integrated Access & Backhaul，无线接入和回传集成），其通过无线回传来代替光纤前传 / 回传，以组成无线网状网回传拓扑，从而避免挖沟架线费力地敷设光纤，让基站的部署更加灵活、简单、低成本（见图 7-16）。

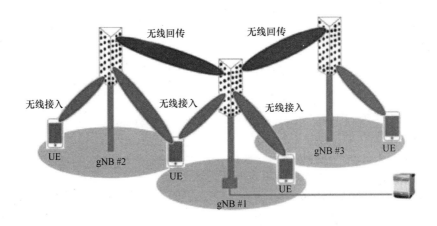

图 7-16　IAB 网络示意图

R17 版本的 IAB 增强致力于提升效率和支持更广泛的用例，例如让网状网拓扑更动态，以及将 IAB 应用于通信应急抢险。

附　　录

A.1　协议内容

5G无线部分技术规范（TS 38系列）的设计，主要是围绕着5G终端以及5G基站来进行的。协议内容主要包括终端以及基站之间的空口：NR的规范（含终端、基站的发送与接收，无线业务流程、协议栈）、基站之间和基站内部（CU和DU之间）各个5G网络接口相关的规范，以及终端和基站对协议符合性相关的测试规范。

1. 5G终端和基站无线发送与接收

内容分类	细分	协议	内容（英文）	内容（中文）
5G终端和基站无线发送与接收	5G终端无线发送与接收	TS 38.101	NR:User Equipment(UE)radio transmission and reception	用户设备（UE）无线发送与接收
		TS 38.101-1	NR:User Equipment(UE)radio transmission and reception,Part1:Range1 Standalone	用户设备（UE）无线发送与接收第一部分：（独立组网架构，频率范围1）
		TS 38.101-2	NR:User Equipment(UE)radio transmission and reception,Part2;Range2 Standalone	用户设备（UE）无线发送与接收第二部分：（独立组网架构，频率范围2）
		TS 38.101-3	NR:User Equipment(UE)radio transmission and reception,Part3:Range1 and Range2 interworking operation with other radios	用户设备（UE）无线发送与接收第三部分：（频率范围1和范围2与其他无线的互操作，含独立组网架构和非独立组网架构）
		TS 38.101-4	NR:User Equipment(UE)radio transmission and reception,Part4:Performance requirements	用户设备（UE）无线发送与接收第四部分：性能要求
	5G基站无线发送与接收	TS 38.104	NR:Base Station(BS)radio transmission and reception	基站（BS）无线发送与接收
		TS 38.113	NR:Base Station(BS)Electromagnetic Compatibility(EMC)	基站（BS）电磁兼容（EMC）
		TS 38.124	NR:Electromagnetic com patibility(EMC) requirements for mobile terminals and ancillary equipment	移动终端和辅助设备的电磁兼容（EMC）要求
		TS 38.133	NR:Requirements for support of radio resource management	支持无线资源管理的要求
		TS 38.141	NR:Base Station(BS)conformance testing	基站（BS）符合性测试
		TS 38.141-1	NR:Base Station(BS)conformance testing, Part 1:Conducted conformance testing	基站（BS）符合性测试第一部分：传导一致性测试
		TS 38.141-2	NR:Base Station(BS)conformance testing, Part 2:Radiated conformance testing	基站（BS）符合性测试第二部分：辐射一致性测试
		TS 38.171	NR:Requirements for support of Assisted Global Navigation Satellite System (A-GNSS)	支持辅助全球导航卫星系统（A-GNSS）的要求
		TS 38.173	TDD operating band in Band n48	频段n48上的TDD操作频段
		TS 38.174	NR:Integrated Access and Backhaul(IAB) radio transmission and reception	无线接入和回传集成（IAB）无线发送与接收

2. 5G 空口物理层

内容分类	协议	内容（英文）	内容（中文）
5G 空口物理层	TS 38.201	NR:Physical layer,General description	物理层：总体描述
	TS 38.202	NR:Services provided by the physical layer	物理层提供的服务
	TS 38.211	NR:Physical channel and modulation	物理信道和调制
	TS 38.212	NR:Multiplexing and channel coding	复用和信道编码
	TS 38.213	NR:Physical layer procedures for control	物理层控制流程
	TS 38.214	NR:Physical layer procedures for data	物理层数据流程
	TS 38.215	NR:Physical layer measurements	物理层测量

3. 物理层以上的 5G 无线流程及其协议栈

内容分类	协议	内容（英文）	内容（中文）
物理层以上的 5G 无线流程及其协议栈	TS 38.300	NR:Overall description:Stage-2	NR 和 NG-RAN 总体描述
	TS 38.304	NR:User Equipment（UE）procedures in idle mode and in RRC Inactive state	UE 在空闲态和 RRC 非激活态的流程
	TS 38.305	NG Radio Access Network（NG-RAN）:Stage 2 functional specification of User Equipment（UE）positioning in NG-RAN	5G 无线接入网中的 UE 定位功能
	TS 38.306	NR:User Equipment（UE）radio access capabilities	UE 无线接入能力
	TS 38.307	NR:Requirements on User Equipment（UE）supporting a release-independent frequency band	UE 对独立发布频段的支持要求
	TS 38.314	NR:Layer 2 measurements	5G 层 2 测量
	TS 38.321	NR:Medium Access Control（MAC）protocol specification	媒体接入控制层（MAC）协议规范
	TS 38.322	NR:Radio Link Control（RLC）protocol specification	无线链路控制层（RLC）协议规范
	TS 38.323	NR:Packet Data Convergence Protocol（PDCP）specification	分组数据聚合协议层（PDCP）规范
	TS 38.331	NR:Radio Resource Control（RRC）Protocol specification	无线资源控制层（RRC）协议规范
	TS 38.340	NR:Backhaul Adaptation Protocol	5G 回传自适应协议

4. 5G 网络接口

内容分类	协议	内容（英文）	内容（中文）
5G 网络接口	TS 38.401	NG-RAN:Architecture description	5G 无线接入网系统架构结构描述
	TS 38.410	NG-RAN:NG general aspects and principles	NG 接口：一般描述和原理
	TS 38.411	NG-RAN:NG layer1	NG 接口：层 1
	TS 38.412	NG-RAN:NG signalling transport	NG 接口：信令传输
	TS 38.413	NG-RAN:NG Application Protocol（NGAP）	NG 接口：应用协议（NGAP）
	TS 38.414	NG-RAN:NG data transport	NG 接口：数据传输
	TS 38.415	NG-RAN:PDU Session User Plane protocol	NG 接口：PDU 会话用户面协议
	TS 38.420	NG-RAN:Xn general aspects and principles	Xn 接口：一般描述和原理
	TS 38.421	NG-RAN:Xn layer1	Xn 接口：层 1
	TS 38.422	NG-RAN:Xn signalling transport	Xn 接口：信令传输
	TS 38.423	NG-RAN:Xn Application Protocol（XnAP）	Xn 接口：应用协议（XnAP）
	TS 38.424	NG-RAN:Xn data transport	Xn 接口：数据传输
	TS 38.425	NG-RAN:NR user plane protocol	NR 用户面协议
	TS 38.455	NG-RAN:NR Positioning Protocol A（NRPPa）	NR 定位协议 A（NRPPa）
	TS 38.460	NG-RAN:E1 general aspects and principles	E1 接口：一般描述和原理
	TS 38.461	NG-RAN:E1 layer1	E1 接口：层 1
	TS 38.462	NG-RAN:E1 signalling transport	E1 接口：信令传输
	TS 38.463	NG-RAN:E1 Application Protocol（E1AP）	E1 接口：应用协议（E1AP）
	TS 38.470	NG-RAN:F1 general aspects and principles	F1 接口：一般描述和原理
	TS 38.471	NG-RAN:F1 layer1	F1 接口：层 1
	TS 38.472	NG-RAN:F1 signalling transport	F1 接口：信令传输
	TS 38.473	NG-RAN:F1 Application Protocol（F1AP）	F1 接口：应用协议（F1AP）
	TS 38.474	NG-RAN:F1 data transport	F1 接口：数据传输
	TS 38.475	NG-RAN:F1 interface user plane protocol	F1 接口：用户面协议

5. 5G 终端符合性测试

内容分类	协议	内容（英文）	内容（中文）
5G 终端符合性测试	TS 38.508-1	5GS:User Equipment（UE）conformance specification,Part1:Common test environment	5G 系统 UE 符合性测试第一部分：通用测试环境
	TS 38.508-2	5GS:User Equipment（UE）conformance specification,Part2:Common Implementation Conformance Statement（ICS）proforma	5G 系统 UE 符合性测试第二部分：通用实现一致性声明（ICS）形式
	TS 38.509	5GS:Special conformance testing functions for User Equipment（UE）	5G 系统 UE 的特殊符合性测试功能
	TS 38.521-1	NR:User Equipment（UE）conformance specification:Radio transmission and reception, Part1:Range1 Standalone	5G 新空口 UE 符合性测试：无线发送与接收第一部分：频率范围1（FR1）独立组网
	TS 38.521-2	NR:User Equipment（UE）conformance specification:Radio transmission and reception, Part2:Range2 Standalone	5G 新空口 UE 符合性测试：无线发送与接收第二部分：频率范围2（FR2）独立组网
	TS 38.521-3	NR:User Equipment（UE）conformance specification:Radio transmission and reception, Part3:Range1 and Range2 Interworking operation with other radios	5G 新空口 UE 符合性测试：无线发送与接收第三部分：频率范围1（FR1）和频率范围2（FR2）与其他无线的互操作，含非独立组网
	TS 38.521-4	NR:User Equipment（UE）conformance specification:Radio transmission and reception, Part4:Performance	5G 新空口 UE 符合性测试：无线发送与接收第四部分：性能
	TS 38.522	NR:User Equipment（UE）conformance specification: Applicability of radio transmission, radio reception and radio resource management test cases	5G 新空口 UE 符合性测试：无线发送适用性、无线接收和无线资源管理测试用例
	TS 38.523-1	5GS:User Equipment（UE）conformance specification, Part1: Protocol	5G 系统 UE 符合性测试：第一部分：协议
	TS 38.523-2	5GS:User Equipment（UE）conformance specification, Part2: Applicability of protocol test cases	5G 系统 UE 符合性测试：第二部分：协议测试用例的适用性
	TS 38.523-3	5GS:User Equipment（UE）conformance specification, Part3: Protocol Test Suites	5G 系统 UE 符合性测试：第三部分：协议测试套件
	TS 38.533	NR:User Equipment（UE）conformance specification, Radio Resource Management（RRM）	5G 新空口 UE 符合性测试：无线资源管理（RRM）

A.2　5G 名词解释

缩略语

缩写	英文全称	中文名称	来源
5GC	5G Core Network	5G 核心网	TS 38.300
5GS	5G System	5G 系统	TS 38.300
5QI	5G QoS Identifier	5G QoS 标识	TS 38.300
A-CSI	Aperiodic CSI	非周期性信道状态信息	TS 38.300
AKA	Authentication and Key Agreement	身份验证和密钥协议	TS 38.300
AMBR	Aggregate Maximum Bit Rate	聚合最大比特率	TS 38.300
AMC	Adaptive Modulation and Coding	自适应调制和编码	TS 38.300
AMF	Access and Mobility Management Function	接入和移动性管理功能	TS 38.300
ARP	Allocation and Retention Priority	分配和保留优先级	TS 38.300
BA	Bandwidth Adaptation	带宽适应	TS 38.300
BCH	Broadcast Channel	广播信道	TS 38.300
BH	Backhaul	回传	TS 38.300
BL	Bandwidth reduced Low complexity	窄带低复杂度	TS 38.300
BPSK	Binary Phase Shift Keying	二进制相移键控	TS 38.300
C-RNTI	Cell RNTI	小区无线网络临时标识	TS 38.300
CAG	Closed Access Group	封闭接入组	TS 38.300
CAPC	Channel Access Priority Class	信道访问优先级	TS 38.300
CBRA	Contention Based Random Access	基于争用的随机接入	TS 38.300
CCE	Control Channel Element	控制信道单元	TS 38.300
CD-SSB	Cell Defining SSB	小区定义 SSB	TS 38.300
CFRA	Contention Free Random Access	无争用随机接入	TS 38.300
CHO	Conditional Handover	条件切换	TS 38.300
CIoT	Cellular Internet of Things	蜂窝物联网	TS 38.300
CLI	Cross Link Interference	交叉链路干扰	TS 38.300
CMAS	Commercial Mobile Alert Service	商业移动警报服务	TS 38.300
CORESET	Control Resource Set	控制资源集	TS 38.300
DFT	Discrete Fourier Transform	离散傅里叶变换	TS 38.300
DCI	Downlink Control Information	下行链路控制信息	TS 38.300
DL-AOD	Downlink Angle-of-Departure	下行偏离角	TS 38.300
DL-SCH	Downlink Shared Channel	下行链路共享信道	TS 38.300
DL-TDOA	Downlink Time Difference Of Arrival	下行到达时差	TS 38.300
DMRS	Demodulation Reference Signal	解调参考信号	TS 38.300
DRX	Discontinuous Reception	非连续接收	TS 38.300
E-CID	Enhanced Cell-ID (positioning method)	基于 Cell ID 的增强定位技术	TS 38.300
EHC	Ethernet Header Compression	以太网报头压缩	TS 38.300
ETWS	Earthquake and Tsunami Warning System	地震和海啸预警系统	TS 38.300
FS	Feature Set	功能集	TS 38.300
GFBR	Guaranteed Flow Bit Rate	保证流量比特率	TS 38.300
HARQ	Hybrid Automatic Repeat Request	混合自动请求重传	TS 38.300
HRNN	Human-Readable Network Name	可读网络名称	TS 38.300
IAB	Integrated Access and Backhaul	无线接入和回传集成	TS 38.300

（续）

缩写	英文全称	中文名称	来源
I-RNTI	Inactive RNTI	非激活 RNTI	TS 38.300
INT-RNTI	Interruption RNTI	竞争中断 RNTI	TS 38.300
LDPC	Low Density Parity Check	低密度奇偶校验	TS 38.300
MIB	Master Information Block	主系统信息块	TS 38.300
MICO	Mobile Initiated Connection Only	仅限移动端发起的连接	TS 38.300
MFBR	Maximum Flow Bit Rate	最大流量比特率	TS 38.300
MMTeL	Multimedia telephony	多媒体电话	TS 38.300
MT	Mobile Termination	移动终端	TS 38.300
MU-MIMO	Multi User MIMO	多用户 MIMO	TS 38.300
NB-IoT	Narrow Band Internet of Things	窄带物联网	TS 38.300
NCGI	NR Cell Global Identifier	NR Cell 全球标识符	TS 38.300
NCR	Neighbour Cell Relation	邻居小区关系	TS 38.300
NCRT	Neighbour Cell Relation Table	邻居小区关系表	TS 38.300
NGAP	NG Application Protocol	NG 应用协议	TS 38.300
NID	Network Identifier	网络标识符	TS 38.300
NPN	Non-Public Network	非公共网络（专网）	TS 38.300
NR	NR Radio Access	NR 无线接入	TS 38.300
P-RNTI	Paging RNTI	寻呼 RNTI	TS 38.300
PCH	Paging Channel	寻呼信道	TS 38.300
PCI	Physical Cell Identifier	物理小区标识符	TS 38.300
PDCCH	Physical Downlink Control Channel	物理下行链路控制信道	TS 38.300
PDSCH	Physical Downlink Shared Channel	物理下行链路共享信道	TS 38.300
PLMN	Public Land Mobile Network	公共陆地移动网	TS 38.300
PNI-NPN	Public Network Integrated NPN	公网集成专网	TS 38.300
PO	Paging Occasion	寻呼机会	TS 38.300
PRACH	Physical Random Access Channel	物理随机接入信道	TS 38.300
PRB	Physical Resource Block	物理资源块	TS 38.300
PRG	Precoding Resource block Group	预编码资源块组	TS 38.300
PS-RNTI	Power Saving RNTI	节能 RNTI	TS 38.300
PSS	Primary Synchronization Signal	主同步信号	TS 38.300
PUCCH	Physical Uplink Control Channel	物理上行链路控制信道	TS 38.300
PUSCH	Physical Uplink Shared Channel	物理上行链路共享信道	TS 38.300
PWS	Public Warning System	公共警报系统	TS 38.300
QAM	Quadrature Amplitude Modulation	正交振幅调制	TS 38.300
QFI	QoS Flow ID	QoS 流 ID	TS 38.300
QPSK	Quadrature Phase Shift Keying	正交相移键控	TS 38.300
RA	Random Access	随机接入	TS 38.300
RA-RNTI	Random Access RNTI	随机接入 RNTI	TS 38.300
RACH	Random Access Channel	随机接入信道	TS 38.300
RANAC	RAN-based Notification Area Code	基于 RAN 的通知区号	TS 38.300
REG	Resource Element Group	资源单元组	TS 38.300
RIM	Remote Interference Management	远程干扰管理	TS 38.300
RMSI	Remaining Minimum SI	剩余最小 SI	TS 38.300
RNA	RAN-based Notification Area	基于 RAN 的通知区域	TS 38.300

（续）

缩写	英文全称	中文名称	来源
RNAU	RAN-based Notification Area Update	基于 RAN 的通知区域更新	TS 38.300
RNTI	Radio Network Temporary Identifier	无线网络临时标识符	TS 38.300
RQA	Reflective QoS Attribute	反射 QoS 属性	TS 38.300
RQoS	Reflective QoS	反射 QoS	TS 38.300
RS	Reference Signal	参考信号	TS 38.300
RSRP	Reference Signal Received Power	参考信号接收功率	TS 38.300
RSRQ	Reference Signal Received Quality	参考信号接收质量	TS 38.300
RSSI	Received Signal Strength Indicator	接收信号强度指示	TS 38.300
RSTD	Reference Signal Time Difference	参考信号时间差	TS 38.300
SD	Slice Differentiator	切片区分符	TS 38.300
SDAP	Service Data Adaptation Protocol	服务数据适配协议	TS 38.300
SFI-RNTI	Slot Format Indication RNTI	时隙格式指示 RNTI	TS 38.300
SIB	System Information Block	系统信息块	TS 38.300
SI-RNTI	System Information RNTI	系统信息 RNTI	TS 38.300
SLA	Service Level Agreement	服务等级协议	TS 38.300
SMC	Security Mode Command	安全模式命令	TS 38.300
SMF	Session Management Function	会话管理功能	TS 38.300
S-NSSAI	Single Network Slice Selection Assistance Information	单网络切片选择辅助信息	TS 38.300
SNPN	Stand-alone Non-Public Network	独立组网专网	TS 38.300
SNPN ID	Stand-alone Non-Public Network Identity	独立组网专网标识	TS 38.300
SPS	Semi-Persistent Scheduling	半静态调度	TS 38.300
SR	Scheduling Request	调度请求	TS 38.300
SRS	Sounding Reference Signal	探测参考信号	TS 38.300
SRVCC	Single Radio Voice Call Continuity	单待无线语音呼叫连续性	TS 38.300
SS	Synchronization Signal	同步信号	TS 38.300
SSB	SS/PBCH block	同步信号和 PBCH 块	TS 38.300
SSS	Secondary Synchronization Signal	辅助同步信号	TS 38.300
SST	Slice/Service Type	切片 / 服务类型	TS 38.300
SU-MIMO	Single User MIMO	单用户 MIMO	TS 38.300
SUL	Supplementary Uplink	补充上行链路	TS 38.300
TA	Timing Advance	定时提前	TS 38.300
TPC	Transmit Power Control	发射功率控制	TS 38.300
TRP	Transmit/Receive Point	发射接收点	TS 38.300
UCI	Uplink Control Information	上行链路控制信息	TS 38.300
UL-AOA	Uplink Angles of Arrival	上行链路到达角	TS 38.300
UL-RTOA	Uplink Relative Time of Arrival	上行链路相对到达时间	TS 38.300
UL-SCH	Uplink Shared Channel	上行链路共享信道	TS 38.300
UPF	User Plane Function	用户面功能	TS 38.300
URLLC	Ultra-Reliable and Low Latency Communications	超可靠低延迟通信	TS 38.300
V2X	Vehicle-to-Everything	车联网	TS 38.300
Xn-C	Xn-Control plane	Xn 控制面	TS 38.300
Xn-U	Xn-User plane	Xn 用户面	TS 38.300
XnAP	Xn Application Protocol	Xn 应用协议	TS 38.300